高 等 学 校 教 材

土 力 学

龚晓南 主编

刘松玉　李广信　谢康和
　　　　　　　　　　　　参编
徐日庆　朱向荣　王　钊

中国建筑工业出版社

图书在版编目（CIP）数据

土力学/龚晓南主编. —北京：中国建筑工业出版社，2002（2023.2重印）
高等学校教材
ISBN 978-7-112-04823-6

Ⅰ. 土… Ⅱ. 龚… Ⅲ. 土力学-高等学校-教材 Ⅳ. TU43

中国版本图书馆 CIP 数据核字（2002）第 019813 号

　　本教材是根据全国高等学校土木工程专业教学指导委员会编制的教学大纲编写的。内容包括土的物理性质与工程分类、土的渗透性与渗流、地基中应力计算、土的压缩性与固结理论、地基沉降计算、土的抗剪强度、土压力与支挡结构、地基承载力、土坡稳定分析等。注重基本概念的阐述和基本原理的工程应用。

　　本书可作为土木工程专业各专业方向，如建筑工程、市政工程、地下工程、道桥工程等，以及水利工程等专业土力学课程教材，亦可供土建、水利专业人员学习参考。

高 等 学 校 教 材

土 力 学

龚晓南　主编

刘松玉　李广信　谢康和
　　　　　　　　　　　　　　参编
徐日庆　朱向荣　王　钊

*

中国建筑工业出版社出版、发行（北京西郊百万庄）
各地新华书店、建筑书店经销
北京建筑工业印刷厂印刷

*

开本：787×1092毫米　1/16　印张：14½　字数：353千字
2002年6月第一版　　2023年2月第十四次印刷
定价：**24.00**元
ISBN 978-7-112-04823-6
（20867）

前　　言

为了适应土木工程专业教学改革的需要，我们组织编写大学本科教材《土力学》，供各校选用。《土力学》教材不仅适用于土木工程各专业方向，如建筑工程、市政工程、地下工程、道桥等专业方向土力学课程的教学，也适用于水利工程等专业土力学课程教学。

《土力学》由浙江大学教授龚晓南博士主编，全书包括 10 章，章名和编写人为：绪论（龚晓南博士），土的物理性质与工程分类（东南大学教授刘松玉博士），土的渗透性与渗流（清华大学教授李广信博士），地基中应力计算（龚晓南博士），土的压缩性和固结理论（浙江大学教授谢康和博士），地基沉降计算与土的抗剪强度（龚晓南博士），土压力和支挡结构（浙江大学教授徐日庆博士），地基承载力（浙江大学教授朱向荣博士），土坡稳定分析（武汉大学教授王钊博士）。

在编写过程中，编者注重基本概念的阐述和基本原理的工程应用，强调土力学是一门技术科学。

在内容安排上注意兼顾土建、道路、市政、水利等工程领域的需要。教学时数各校可根据具体情况灵活选用，如打"＊"号的内容可以不作为教学要求，或用于因材施教。特殊土工程性质将在《基础工程》中特殊土地基部分介绍。

由于编者水平和能力限制，教材中肯定有不少不当之处，甚至错误，恳请读者指正。

目　　录

第1章 绪 论

1.1 土力学研究对象及其重要性

土力学研究对象是地球表面地层中的土体。土是由不同的岩石在物理的、化学的、生物的风化作用下，又经流水、冰川、风力等搬运、沉积作用而形成的自然历史产物。土的组成及其工程性质与母岩成分、风化作用性质和搬运沉积的环境条件有极其密切的关系。土的种类很多，按沉积条件可分为：残积土、坡积土、洪积土、冲积土、湖积土、海积土和风积土等。按土体中的有机质含量可分为无机土、有机土、泥炭质土和泥炭。按颗粒级配或塑性指数可分为碎石土、砂土、粉土和粘性土。根据土的工程性质的特殊性质又可分为软粘土、杂填土、冲填土、素填土、黄土、红粘土、膨胀土、多年冻土、盐渍土、垃圾土、污染土等。土是多相体，由固相、液相和气相三部分组成。只有固相和液相两部分的称为饱和土。土中水形态也很复杂，有自由水、弱结合水、强结合水、结晶水等形态。从上述分析可以看到土力学的研究对象是非常复杂的。在研究中常常需要作一些简化假设，忽略一些次要因素。为了满足工程建设的要求，土力学主要研究土的物理力学性质、土的强度理论、渗透理论和变形理论，为工程建设服务。

"万丈高楼从地起"，所有的建（构）筑物，包括房屋、桥梁、道路、堤坝等，均坐落在地球表面地层上。除少数直接坐落在岩层上外，大部分坐落在土层上。在上述荷载作用下，地层土体性状对建（构）筑物的安全及正常使用有直接影响。不仅要求地基土体保持稳定，还要求地基土体的变形在允许的范围内。对国内外土木工程事故原因统计分析表明，由地基原因造成的土木工程事故所占比例较高。这里地基原因主要指在荷载作用下地基失稳、地基沉降或沉降差过大等，这些都与土的强度特性、变形特性和渗透特性有关。土是自然历史的产物，地基中土层分布不均匀，即使是同一层土，其物理力学性质也存在不均匀性。而且同一类土，分布地区不同，其工程性质也有差异。这就要求工程师根据工程具体情况应用土力学知识处理好地基基础问题。另外，地基基础部分在土木工程建设中所占投资比例不少，以软土地基上多层建筑为例，地基基础部分投资约占总投资的25%～40%，甚至更多，而且该部分节约潜力大。应用土力学知识搞好地基基础设计和施工显得更加重要。上述分析表明：以土体作为研究对象的土力学在土木工程学科中具有非常重要的地位。土木工程师必须掌握土力学的理论知识和实际技能，才能正确解决土木工程中的地基基础技术问题。

1.2 土力学学科特点

土力学是土木工程学的一个分支，是应用材料力学、流体力学等基础知识研究土的工程性质以及研究与土有关的工程问题的技术学科。土力学创始人太沙基（Terzaghi）晚年曾指出：土力学不仅是一门科学，也是一门艺术。土力学学科这一特点是其研究对象土的特性决定的。

前面已经谈到，土是自然历史的产物。由于各地质时期、各地区的风化环境、搬运和沉积条件的差异，不仅土类不同、土的工程性质不同，而且同一类土，地区不同其工程性质也可能有较大差异。土的种类多，工程性质复杂。上述分析表明，土力学的研究对象土体与其他工程材料如钢材、塑料、混凝土等有很大的差异。土体的复杂性、区域性和个性决定了土力学的学科特点。

经典土力学的学科体系是建立在海相粘性土和石英砂的室内试验基础上的。由此建立的土力学原理具有一般性，也具有一定的特殊性。工程师学习土力学应该了解这一点。土类不同，土的工程性质有时差异很大。特别是一些称为特殊土，其工程性质有较大的特殊性，如湿陷性土、膨胀土、盐渍土等。应用土力学基础知识去研究其他土的工程性质和处理与其有关的工程问题时，一定要重视其特殊性。关于特殊土的工程性质的特殊性在基础工程中介绍。

在上节中已经谈到土的种类很多，而且在地基中分布很不均匀，在应用土力学知识处理地基基础问题时，需要重视工程地质勘察，重视土工试验，并重视工程师的经验。

20世纪60年代末至70年代初人们将土力学、岩体力学、工程地质学三者结合为一体，并应用于土木工程实践称为岩土工程学科。1936年建立并由太沙基担任首届主席的国际土力学及基础工程协会现已改名为国际土力学及岩土工程协会。

1.3　土力学发展概况

土力学的发展可以划分为三个阶段：1925年以前，1925年至1960年左右，1960年左右至今。

通常认为太沙基（1925）出版的第一本《土力学》著作标志着土力学学科的形成。1925年以前土力学尚未形成一门学科，应该说是土力学形成学科的奠基阶段。在人类发展过程中，最早接触的工程材料应是土。在挖洞、筑堤、修路的过程常遇到土体的强度和稳定问题。工程实践可追溯到远古时代。有文字记载的，可称为理论的最早贡献通常认为是库伦（Coulomb）于1773年根据试验建立的库伦强度理论，随后还发展了库伦土压力理论。1856年，达西（Darcy）研究了砂土的渗透性，发展了达西渗透公式。1857年朗肯（Rankine）研究了半无限体的极限平衡，随后发展了朗肯土压力理论。1885年布辛涅斯克（Boussinesq）求得了弹性半空间在竖向集中力作用下应力和变形的理论解答，1922年弗伦纽斯（Fellenius）建立了极限平衡法，应用于土坡稳定分析。这些理论的建立与发展为土力学学科的形成奠定了基础。到目前为止，在堤坝、边坡和挡土墙设计中，库伦或朗肯土压力理论，弗伦纽斯条分法仍被广泛应用。

太沙基根据试验研究提出了超孔隙水压力和有效应力概念，发展了有效应力原理，建立了土体一维固结理论。并于1925年出版第一本《土力学》著作。该书的出版、发行标志着土力学学科的形成，并促使土力学进入近代大发展阶段。继太沙基后，卡萨格兰德（Casagrande），泰勒（Taylor）、斯肯普顿（Skempton）以及世界各国许多学者对土的抗剪强度、土的变形、土的渗透性、土的应力-应变关系和破坏机理进行了大量研究工作，并逐渐将土力学的基本理论，普遍应用于解决各种不同条件下的工程问题。

20世纪60年代计算机及其应用的高速发展，有力促进了现代科学和技术的发展，土力学理论也不例外。计算机技术、计算技术以及现代测试技术的发展大大促进了土力学的发展。例如人们试图建立较复杂的考虑土的应力-应变-强度-时间关系的计算模型，并在工程计算中考虑较复杂的土的应力-应变关系。现代土力学将在理论、数值计算、试验和工程实用几个领域中得到更大的发展，并相互促进，使土力学发展到一个新的水平。

1.4 土力学课程内容和学习方法

土力学课程内容包括：土的物理性质与工程分类，土的渗透性与渗流，地基中应力计算，土的压缩性和固结理论，地基沉降计算，土的抗剪强度理论，土压力和支挡结构，地基承载力和土坡稳定分析等。

学习土力学不仅要重视理论知识的学习，还要重视土工试验和工程实例的分析研究。只有通过土工试验，通过工程实例分析才能逐步加深对土力学理论的认识、不断提高处理地基基础问题的能力。土的种类很多，工程性质很复杂，重要的不是一些具体的知识，而是要搞清土力学中的一些概念，而不要死记硬背某些条文和数字，土力学是一门技术学科，重要的是学会如何应用基本理论去解决具体工程问题。例如：学习一种分析土坡稳定分析的方法，你不仅要掌握计算方法本身，而且要搞清分析方法所应用的参数以及参数的测定方法，还要搞清它的适用范围。应用土力学解决工程问题要重视理论、室内外测试和工程师经验三者相结合，在学习土力学基本理论时就要牢固建立这一思想。

第2章　土的物理性质与工程分类

2.1　概　　述

土是岩石在风化作用下形成的大小悬殊的颗粒，经过不同的搬运方式，在各种自然环境中生成的没有粘结或弱粘结的沉积物。在漫长的地质年代中，由于各种内力和外力地质作用形成了许多类型的岩石和土。岩石经历风化、剥蚀、搬运、沉积生成土，而土历经压密固结、胶结硬化也可再生成岩石。

土的物质成分包括有作为土骨架的固态颗粒、孔隙中的水及其溶解物质以及气体。因此，土是由颗粒（固相）、水（液相）和气（气相）所组成的三相体系。各种土的颗粒大小和矿物成分差别很大，土的三相间的数量比例也不尽相同，而且土粒与其周围的水又发生了复杂的物理化学作用，所以，要研究土的性质就必须了解土的三相组成以及在天然状态下土的结构和构造等特征。

土的三相组成物质的性质、相对含量以及土的结构构造等各种因素，会在土的轻重、松密、干湿、软硬等一系列物理性质和状态上有不同的反映。土的物理性质又在一定程度上决定了它的力学性质，所以物理性质是土的最基本的工程特性。

在处理地基基础问题和进行土力学计算时，不但要知道土的物理性质特征及其变化规律，从而了解各类土的特性，而且还必须掌握表示土的物理性质的各种指标的测定方法和指标间的相互换算关系，并熟悉土的有关特征和指标来制订地基土的分类方法。

本章主要介绍土的成因和组成、土的物理性质与状态指标、无粘性土与粘性土的物理特征、土的结构性、击实性以及地基土的工程分类。

2.2　土的成因与组成

2.2.1　形成作用与成因类型

1. 形成作用

在自然界，土的形成过程是十分复杂的，地壳表层的岩石在阳光、大气、水和生物等因素影响下发生风化作用，使岩石崩解、破碎，经流水、风、冰川等动力搬运作用，在各种自然环境下沉积，形成土体，因此通常说土是岩石风化的产物。

风化作用主要包括物理风化和化学风化，它们经常是同时进行，而且是互相加剧发展的，物理风化是指由于温度变化、水的冻胀、波浪冲击、地震等引起的物理力使岩体崩解、碎裂的过程。这种作用使岩体逐渐变成细小的颗粒。化学风化是指岩体（或岩块、岩屑）与空气、水和各种水溶液相作用过程，这种作用不仅使岩石颗粒变细，更重要的是使岩石成分发生变化，形成大量细微颗粒（粘粒）和可溶盐类。化学风化常见的作用如下：

（1）水解作用——指矿物成分被分解，并与水进行化学成分的交换，形成新的矿物，如正长石经水解作用后，形成高岭石。

（2）水化作用——指水和某种矿物发生化学反应，形成新的矿物，如土中的 $CaSO_4$（硬石膏）水化后成为 $CaSO_4 \cdot 2H_2O$（含水石膏）。

（3）氧化作用——指某种矿物与氧结合形成新的矿物，如黄铁矿氧化后变成 $FeSO_4$（铁钒）。

其他还有溶解作用、碳酸化作用等。

在自然界，岩石和土在其存在、搬运和沉积的各个过程中都在不断进行风化，由于形成条件、搬运方式和沉积环境不同，自然界的土也就有不同的成因类型。

2. 土的主要成因类型及其基本特征

根据土的形成条件，常见的成因类型有：

（1）残积土——是岩石经风化后未被搬运而残留于原地的碎屑堆积物，它的基本特征是颗粒表面粗糙、多棱角、无分选、无层理。

（2）坡积土——残积土受重力和暂时性流水（雨水、雪水）的作用，搬运到山坡或坡脚处沉积起来的土，坡积土粒度有一定的分选性和局部层理。

（3）洪积土——残积土和坡积土受洪水冲刷、搬运，在山沟出口处或山前平原沉积下来的土，随离山远近有一定的分选性，颗粒有一定的磨圆。

（4）冲积土——河流的流水作用搬运到河谷坡降平缓的地带沉积起来的土，这类土经过长距离的搬运，颗粒是有较好的分选性和磨圆度，常具有层理。

（5）湖积土——在湖泊及沼泽等极为缓慢水流或静水条件下沉积起来的土，这类土除了含大量细微颗粒外，常拌有生物化学作用所形成的有机物，成为具有特殊性质的淤泥或淤泥质土。

（6）海积土——由河流流水搬运到海洋环境下沉积下来的土。

（7）风积土——由风力搬运形成的土，其颗粒磨圆度好，分选性好，我国西北黄土就是典型的风积土。

土的上述形成过程决定了它具有特殊物理力学性质，与一般建筑材料相比，土具有三个重要特点，即（1）散体性：颗粒之间无粘结或弱粘结，存在大量孔隙，可以透水、透气；（2）多相性：土往往是由固体颗粒、水和气体组成的三相体系，三相之间质和量的变化直接影响它的工程性质；（3）自然变异性：土是在自然界漫长的地质历史时期演化形成的多矿物组合体，性质复杂，不均匀，且随时间还在不断变化。

深刻理解、分析这些特点，可以帮助我们掌握土力学性质的本质。

2.2.2 土的组成

1. 土的固体颗粒

土中固体颗粒（简称土粒）的大小和形状、矿物成分及其组成情况是决定土的物理力学性质的重要因素。粗大土粒往往是岩石经物理风化作用形成的碎屑，或是岩石中未产生化学变化的矿物颗粒，如石英和长石等；而细小土粒主要是化学风化作用形成的次生矿物和生成过程中混入的有机物质。粗大土粒其形状都呈块状或粒状，而细小土粒其形状主要呈片状。土粒的组合情况就是大大小小土粒含量的相对数量关系。

(1) 土的颗粒级配

土的固体颗粒都是由大小不同的土粒组成。土粒的粒径由粗到细变化时,土的性质相应地发生变化,例如土的性质随着粒径的变细可由无粘性变化到有粘性。颗粒的大小通常以粒径表示,界于一定范围内的土粒,称为粒组。可以将土中不同粒径的土粒,按适当的粒径范围,分为若干粒组,各个粒组随着分界尺寸的不同而呈现出一定质的变化。划分粒组的分界尺寸称为界限粒径。目前土的粒组划分方法并不完全一致,表 2-1 提供的是一种常用的土粒粒组的划分方法,表中根据界限粒径 200、60、2、0.075 和 0.005mm 把土粒分为六大粒组:漂石(块石)颗粒、卵石(碎石)颗粒、圆砾(角砾)颗粒、砂粒、粉粒及粘粒。

土粒粒组的划分   表 2-1

粒组名称		粒径范围(mm)	一般特征
漂石或块石颗粒		> 200	透水性很大,无粘性,无毛细水
卵石或碎石颗粒		200 ~ 60	
圆砾或角砾颗粒	粗	60 ~ 20	透水性大,无粘性,毛细水上升高度不超过粒径大小
	中	20 ~ 5	
	细	5 ~ 2	
砂粒	粗	2 ~ 0.5	易透水,当混入云母等杂质时透水性减小,而压缩性增加,无粘性,遇水不膨胀,干燥时松散,毛细水上升高度不大,随粒径变小而增大
	中	0.5 ~ 0.25	
	细	0.25 ~ 0.1	
	极细	0.1 ~ 0.075	
粉粒	粗	0.075 ~ 0.01	透水性小,湿时稍有粘性,遇水膨胀小,干时稍有收缩,毛细水上升高度较大较快,极易出现冻胀现象
	细	0.01 ~ 0.005	
粘粒		< 0.005	透水性很小,湿时有粘性、可塑性,遇水膨胀大,干时收缩显著,毛细水上升高度大,但速度较慢

注:1. 漂石、卵石和圆砾颗粒均呈一定的磨圆形状(圆形或亚圆形);块石、碎石和角砾颗粒都带有棱角。

2. 粘粒或称粘土粒;粉粒或称粉土粒。

3. 粘粒的粒径上限也有采用 0.002mm 的。

4. 粉粒的粒径上限也有直接以 200 号筛的孔径 0.074mm 为准。

土粒的大小及其组成情况,通常以土中各个粒组的相对含量(各粒组占土粒总量的百分数)来表示,称为土的颗粒级配。

土的颗粒级配是通过土的颗粒大小分析试验测定的。对于粒径大于 0.075mm 的粗粒组可用筛分法测定。试验时将风干、分散的代表性土样通过一套孔径不同的标准筛(例如 20、2、0.5、0.25、0.1、0.075mm),称出留在各个筛子上的土重,即可求得各个粒组的相对含量。粒径小于 0.075mm 的粉粒和粘粒难以筛分,一般可以根据土粒在水中匀速下沉时的速度与粒径的理论关系,用比重计法或移液管法测得颗粒级配。实际上,土粒并不是球体颗粒,因此用理论公式求得的粒径并不是实际的土粒尺寸,而是与实际土粒在液体中有相同沉降速度的理想球体的直径(称为水力当量直径)。

根据颗粒大小分析试验结果,可以绘制如图 2-1 所示的颗粒级配累积曲线,其横坐标表示粒径，因为土粒粒径相差常在百倍、千倍以上，所以宜采用对数坐标表示；纵坐标则表示小于（或大于）某粒径的土重含量（或称累计百分含量）。由曲线的坡度可以大致判断土的均匀程度。如曲线较陡，则表示粒径大小相差不多，土粒较均匀；反之，曲线平缓，则表示粒径大小相差悬殊，土粒不均匀，即级配良好。

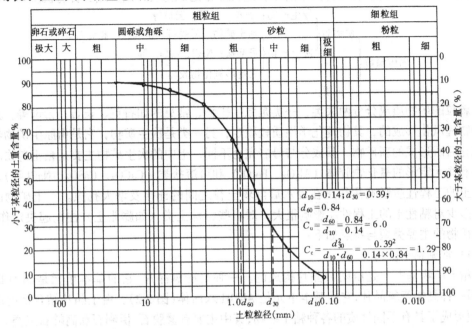

图 2-1　颗粒级配累积曲线

小于某粒径的土粒质量累计百分数为 10% 时，相应的粒径称为有效粒径 d_{10}。小于某粒径的土粒质量累计百分数为 30% 时的粒径用 d_{30} 表示。当小于某粒径的土粒质量累计百分数为 60% 时，该粒径称为限定粒径 d_{60}。

利用颗粒级配累积曲线可以确定土粒的级配指标，如 d_{60} 与 d_{10} 的比值 C_u 称为不均匀系数：

$$C_u = d_{60}/d_{10} \tag{2.2.1}$$

又如曲率系数 C_c 用下式表示：

$$C_c = \frac{d_{30}^2}{d_{10} \cdot d_{60}} \tag{2.2.2}$$

不均匀系数 C_u 反映大小不同粒组的分布情况。C_u 越大表示土粒大小的分布范围越大，其级配越良好，作为填方工程的土料时，则比较容易获得较大的密实度。曲率系数 C_c 描写的是累积曲线的分布范围，反映曲线的整体形状。

在一般情况下，工程上把 $C_u < 5$ 的土看做是均粒土，属级配不良；$C_u > 10$ 的土，属级配良好。实际上，单独只用一个指标 C_u 来确定土的级配情况是不够的，要同时考虑累积曲线的整体形状，所以需参考曲率系数 C_c 值。一般认为：砾类土或砂类土同时满足 $C_u \geqslant 5$ 和 $C_c = 1 \sim 3$ 两个条件时，则定名为良好级配砾或良好级配砂。

颗粒级配可以在一定程度上反映土的某些性质。对于级配良好的土，较粗颗粒间的孔隙被较细的颗粒所填充，因而土的密实度较好，相应的地基土的强度和稳定性也较好，透水性和压缩性也较小，可用作堤坝或其他土建工程的填方土料。对于粗粒土，不均匀系数 C_u 和曲率系数 C_c 是评价渗透稳定性的重要指标。

（2）土粒的矿物成分

土中固体颗粒的矿物成分如下所示，绝大部分是矿物质，或多或少含有机质。

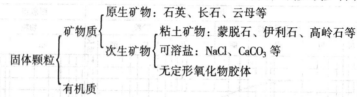

颗粒的矿物质成分分两大类，一类是原生矿物，常见的如石英、长石、云母等，是岩石经物理风化形成的，其物理化学性质较稳定；另一类是次生矿物，它是由原生矿物经化学风化后所形成的新矿物，其成分与母岩完全不同，土中的次生矿物主要是粘土矿物。此外还有些无定形的氧化物胶体（Al_2O_3、Fe_2O_3）和可溶盐类（$CaCO_3$、$CaSO_4$、NaCl 等），后者对土的工程性质影响往往是在浸水后削弱土粒之间的连接及增大孔隙。粘土矿物的种类、多少对粘性土的工程性质影响很大，对一些特殊土类（如膨胀土）往往起决定作用。粘土矿物的主要类型与特点如下：

1）常见粘土矿物

粘土矿物基本上是由两种晶片构成的。一种是硅氧晶片，它的基本单元是 Si-O 四面体；另一种是铝氢氧晶片，它的基本单元是 Al-OH 八面体（图2-2）。由于晶片结合情况的不同，便形成了具有不同性质的各种粘土矿物，其中主要有蒙脱石、伊利石和高岭石三类。

蒙脱石是化学风化的初期产物，其结构单元（晶胞）是两层硅氧晶片之间夹一层铝氢氧晶片所组成的。由于晶胞的两个面都是氧原子，其间没有氢键，因此连接很弱［图2-3（a）］，水分子可以进入晶胞之间，从而改变晶胞之间的距离，甚至达到完全分散到单晶胞为止。因此当土中蒙脱石含量较大时，则具有较大的吸水膨胀和脱水收缩的特性。

伊利石的结构单元类似于蒙脱石，所不同的是 Si-O 四面体中的 Si^{4+} 可以被 Al^{3+}、Fe^{3+} 所取代，因而在相邻晶胞间将出现若干一价正离子（K^+）以补偿晶胞中正电荷的不足［图2-3（b）］。所以伊利石的结晶构造没有蒙脱石那样活动，其亲水性不如蒙脱石。

高岭石的结构单元是由一层铝氢氧晶片和一层硅氧晶片组成的晶胞。高岭石的矿物就是由若干重叠的晶胞构成的［图2-3（c）］。这种晶胞一面露出氢氧基，另一面则露出氧原子。晶胞之间的连接是氧原子与氢氧基之间的氢键，它具有较强的连接力，因此晶胞之间的距离不易改变，水分子不能进入，因此它的亲水性比伊利石还小。

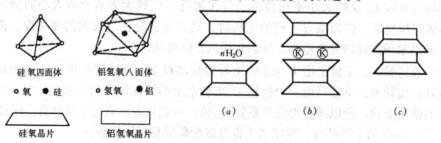

图2-2 粘土矿物的晶片示意图

图2-3 粘土矿物构造单位示意图
（a）蒙脱石；（b）伊利石；（c）高岭石

由于粘土矿物是很细小的扁平颗粒，颗粒表面具有很强的与水相互作用的能力，表面积愈大，这种能力就愈强。粘土矿物表面积的相对大小可以用单位体积（或质量）的颗粒总表面积（称比表面）来表示。例如一个棱边为 1cm 的立方体颗粒，其体积为 $1cm^3$，总表面积有 $6cm^2$，比表面为 $6cm^2/cm^3 = 6cm^{-1}$。若将 $1cm^3$ 立方体颗粒分割为棱边 0.001mm 的许多立方体颗粒，则其总表面积可达 $6 \times 10^4 cm^2$，比表面可达 $6 \times 10^4 cm^{-1}$。由此可见，由于土粒大小不同而造成比表面数值上的巨大变化，必然导致土的性质的突变，因此，对于粘性土，比表面积是反映粘性土特征的一个重要指标。

2) 粘土矿物的带电性

粘土颗粒的带电现象早在 1809 年为莫斯科大学列依斯发现。他把粘土块放在一个玻璃器皿内，将两个无底的玻璃筒插入粘土块中，向筒中注入相同深度的清水，并将两个电极分别放入两个筒内的清水中，然后将直流电源与电极连接。通电后即可发现放阳极的筒中水位下降，水逐渐变浑；放阴极的筒中水位逐渐上升，如图 2-4 所示。这说明粘土颗粒本身带有一定量的负电荷，在电场作用下向阳极移动，这种现象称为电泳；而水分子在电场作用下向负极移动，且水中含有一定量的阳离子（K^+，Na^+ 等），水的移动实际上是水分子随这些水化了的阳离子一起移动，这种现象称为电渗。电泳、电渗是同时发生的，统称为电动现象。

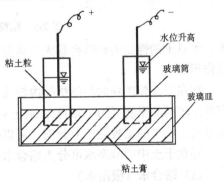

图 2-4 粘土膏的电渗、电泳试验

研究表明，片状粘土颗粒的表面，由于下列原因常带有不平衡的负电荷：①离解，指晶体表面的某些矿物在水介质中产生离解，离解后阳离子扩散于水中，阴离子留在颗粒表面；②吸附作用，指晶体表面的某些矿物把水介质中一些带电荷的离子吸附到颗粒的表面；③同象置换，指矿物晶格中高价的阳离子被低价的阳离子置换，产生过剩的未饱和负电荷，如粘土矿物铝八面体中的铝被镁或铁置换，这种现象在蒙脱石中尤为显著，故其表面负电性最强。

由于粘土矿物的带电性，粘土颗粒四周形成一个电场，将使颗粒四周的水发生定向排列，直接影响土中水的性质，从而使粘性土具有许多无粘性土所没有的性质。

土中有机质一般是混合物与组成土粒的其他成分稳固地结合在一起，按其分解程度可分为未分解的动植物残体、半分解的泥炭和完全分解的腐殖质，以腐殖质为主。腐殖质主要成分是腐殖酸，它具有多孔的海绵状结构，致使具有比粘土矿物更强的亲水性和吸附性。所以有机质比粘土矿物对土性质的影响更剧烈。

(3) 土的矿物成分与粒度成分的关系

土中矿物成分与粒度成分存在着一定的内在联系，如图 2-5 所示。各粒组矿物成分取决于矿物的强度与物理化学稳定性。强度高，物理化学稳定性差的原生矿物多集中于粗粒组，强度低，物理化学稳定性高的原生矿物多存在于细粒组，粘粒组几乎全部由次生矿物及有机质组成。

2. 土中的水

在自然条件下，土中水可以处于液态、固态或气态。土中细粒愈多即土的分散度愈

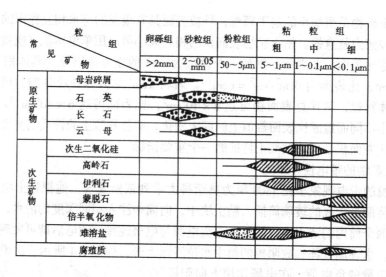

常见矿物\粒组	卵砾组	砂粒组	粉粒组	粘粒组		
				粗	中	细
	>2mm	2~0.05 mm	50~5μm	5~1μm	1~0.1μm	<0.1μm
原生矿物 母岩碎屑						
石英						
长石						
云母						
次生矿物 次生二氧化硅						
高岭石						
伊利石						
蒙脱石						
倍半氧化物						
难溶盐						
腐殖质						

图 2-5　颗粒大小与矿物成分间的关系

大，水对土的性质的影响也愈大。研究土中水，必须考虑到水的存在状态及其与土粒的相互作用。

存在于土粒矿物的晶体格架内部或是参与矿物构造中的水称为矿物内部结合水，它只有在比较高的温度（80~680℃，随土粒的矿物成分不同而异）下才能化为气态水而与土粒分离。从土的工程性质上分析，可以把矿物内部结合水当作矿物颗粒的一部分。

存在于土中的液态水可分为结合水和自由水两大类：

（1）结合水（吸附水）

结合水是指受电分子吸引力吸附于土粒表面的土中水，这种电分子吸引力高达几千到几万个大气压，使水分子和土粒表面牢固地粘结在一起。

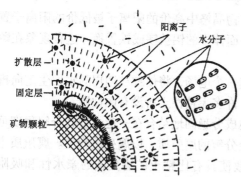

图 2-6　结合水分子定向排列简图

由于土粒（矿物颗粒）表面一般带有负电荷，围绕土粒形成电场，在土粒电场范围内的水分子和水溶液中的阳离子（如 Na^+、Ca^{2+}、Al^{3+} 等）一起吸附在土粒表面。因为水分子是极性分子（氢原子端显正电荷，氧原子端显负电荷），它被土粒表面电荷或水溶液中离子电荷的吸引而定向排列（图 2-6）。

土粒周围水溶液中的阳离子，一方面受到土粒所形成电场的静电引力作用，另一方面又受到布朗运动（热运动）的扩散力作用。在最靠近土粒表面处，静电引力最强，把水化离子和极性水分子牢固地吸附在颗粒表面上形成固定层。在固定层外围，静电引力比较小，因此水化离子和极性水分子的活动性比在固定层中大些，形成扩散层。固定层和扩散层中所含的阳离子（反离子）与土粒表面负电荷一起即构成双电层（图 2-6）。

水溶液中的反离子（阳离子）的原子价愈高，它与土粒之间的静电引力愈强，则扩散层厚度愈薄。在实践中可以利用这种原理来改良土质，例如用三价及二价离子（如 Fe^{3+}、

Al^{3+}、Ca^{2+}、Mg^{2+}）处理粘土，使得它的扩散层变薄，从而增加土的稳定性，减少膨胀性，提高土的强度；有时，可用含一价离子的盐溶液处理粘土，使扩散层增厚，而大大降低土的透水性。

从上述双电层的概念可知，反离子层中的结合水分子和交换离子，愈靠近土粒表面，则排列得愈紧密和整齐，活动性也愈小。因而，结合水又可以分为强结合水和弱结合水两种。强结合水是相当于反离子层的内层（固定层）中的水，而弱结合水则相当于扩散层中的水。

1）强结合水

强结合水是指紧靠土粒表面的结合水。它的特征是：没有溶解盐类的能力，不能传递静水压力，只有吸热变成蒸气时才能移动。这种水极其牢固地结合在土粒表面上，其性质接近于固体，密度约为 $1.2 \sim 2.4 g/cm^3$，冰点为 -78℃，具有极大的粘滞度、弹性和抗剪强度。如果将干燥的土移在天然湿度的空气中，则土的质量将增加，直到土中吸着的强结合水达到最大吸着度为止。土粒愈细，土的比表面愈大，则最大吸着度就愈大。砂土的最大吸着度约占土粒质量的1%，而粘土则可达17%。粘土中只含有强结合水时，呈固体状态，磨碎后则呈粉末状态。

2）弱结合水

弱结合水紧靠于强结合水的外围形成一层结合水膜，它仍然不能传递静水压力，但水膜较厚的弱结合水能向邻近的较薄的水膜缓慢转移。当土中含有较多的弱结合水时，土则具有一定的可塑性。砂土比表面较小，几乎不具可塑性，而粘性土的比表面较大，其可塑性范围就大。

弱结合水离土粒表面愈远，其受到的电分子吸引力愈弱小，并逐渐过渡到自由水。

（2）自由水

自由水是存在于土粒表面电场影响范围以外的水。它的性质和普通水一样，能传递静水压力，冰点为0℃，有溶解能力。

自由水按其移动所受作用力的不同，可以分为重力水和毛细水。

1）重力水

重力水是存在于地下水位以下的透水土层中的地下水，它是在重力或压力差作用下运动的自由水，对土粒有浮力作用。重力水对土中的应力状态和开挖基槽、基坑以及修筑地下构筑物时所应采取的排水、防水措施有重要的影响。

2）毛细水

毛细水是受到水与空气交界面处表面张力作用的自由水，毛细水存在于地下水位以上的透水土层中。

土中存在着许多大小不同的相互连通的弯曲孔道，由于水分子与土粒分子之间的附着力和水、气界面上的表面张力，地下水将沿着这些孔道被吸引上来，而在地下水位以上形成一定高度的毛细水带，这一高度称为毛细水上升高度。它与土中孔隙的大小和形状，土粒矿物组成以及水的性质有关。在毛细水带内，只有靠近地下水位的一部分土才被认为是饱和的，这一部分就称为毛细水饱和带，如图2-7所示。

毛细水带内，由于水、气界面上弯液面和表面张力的存在，使水内的压力小于大气压力，即水压力为负值。

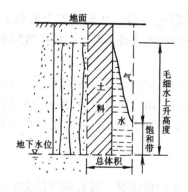

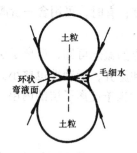

图 2-7　土层内的毛细水带　　　　图 2-8　毛细压力示意图

在潮湿的粉、细砂中孔隙水仅存在于土粒接触点周围，彼此是不连续的。这时，由于孔隙中的气与大气相连通，因此，孔隙水中的压力亦将小于大气压力。于是，将引起迫使相邻土粒挤紧的压力，这个压力称为毛细压力，如图 2-8 所示。毛细压力的存在，增加了粒间错动的摩擦阻力。这种由毛细压力引起的摩擦阻力犹如给予砂土以某些粘聚力，以致在潮湿的砂土中能开挖一定高度的直立坑壁。但一旦砂土被水浸没，则弯液面消失，毛细压力变为零，这种"粘聚力"也就不再存在。因而，把这种"粘聚力"称为假粘聚力。

在工程中，要注意毛细上升水的上升高度和速度，因为毛细水的上升对于建筑物地下部分的防潮措施和地基土的浸湿和冻胀等有重要影响。此外，在干旱地区，地下水中的可溶盐随毛细水上升后不断蒸发，盐分便积聚于靠近地表处而形成盐渍土。土中毛细水的上升高度可用试验方法确定。

3. 土中气体

土中的气体存在于土孔隙中未被水所占据的部位。在粗粒的沉积物中常见到与大气相连通的空气，它对土的力学性质影响不大。在细粒土中则常存在与大气隔绝的封闭气泡，使土在外力作用下的弹性变形增加，透水性减小。

对于淤泥和泥炭等有机质土，由于微生物（嫌气细菌）的分解作用，在土中蓄积了某种可燃气体（如硫化氢、甲烷等），使土层在自重作用下长期得不到压密，而形成高压缩性土层。

2.3　土的物理性质指标

由于土是三相体系，不能用一个单一指标来说明三相间的比例。三相间的比例关系不仅可以描述土的物理性质和它所处的状态，而且在一定程度上还可用来反映土的力学性质。所谓土的物理性质指标就是表示土中三相比例关系的一些物理量。土的物理状态指标对于粗粒土，主要指土的密实度，对于细粒土则是指土的软硬程度或称为粘性土的稠度。本节介绍土的物理性质指标。

土的物理性质指标可分为两类：一类是必须通过试验测定的，如含水量、密度和土粒比重；另一类是可以根据试验测定的指标换算的，如孔隙比、孔隙率、饱和度等。为了便于说明和计算，用图 2-9 所示的土的三相组成示意图来表示各部分之间的数量关系，图中符号的意义如下：

m_s——土粒质量；

m_w——土中水质量；

m——土的总质量，$m = m_s + m_w$；

V_s——土粒体积；

V_w——土中水体积；

V_a——土中气体积；

V_v——土中孔隙体积，$V_v = V_w + V_a$；

V——土的总体积，$V = V_s + V_w + V_a$。

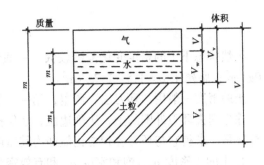

图 2-9 土的三相组成示意图

1. 土粒比重（土粒相对密度）d_s

土粒质量与同体积的 4℃时纯水的质量之比，称为土粒比重（无量纲），即：

$$d_s = \frac{m_s}{V_s} \cdot \frac{1}{\rho_{wl}} = \frac{\rho_s}{\rho_{wl}}$$ (2.3.1)

式中 ρ_s——土粒密度（g/cm³）；

ρ_{wl}——纯水在 4℃时的密度（单位体积的质量），等于 1g/cm³ 或 1t/m³。

实用上，土粒比重在数值上就等于土粒密度，但前者无因次。土粒比重决定于土的矿物成分，它的数值一般为 2.6~2.8；有机质土为 2.4~2.5；泥炭土为 1.5~1.8。同一种类的土，其比重变化幅度很小。

土粒比重可在试验室内用比重瓶法测定。由于比重变化的幅度不大，通常可按经验数值选用，一般土粒比重参考值见表 2-2。

土 粒 比 重 参 考 值　　　　　表 2-2

土的名称	砂 土	粉 土	粘 性 土	
			粉质粘土	粘 土
土粒比重	2.65~2.69	2.70~2.71	2.72~2.73	2.74~2.76

2. 土的含水量 w

土中水的质量与土粒质量之比，称为土的含水量，以百分数计，即：

$$w = \frac{m_w}{m_s} \times 100\%$$ (2.3.2)

含水量 w 是标志土的湿度的一个重要物理指标。天然土层的含水量变化范围很大，它与土的种类、埋藏条件及其所处的自然地理环境等有关。一般干的粗砂土，其值接近于零，而饱和砂土，可达 40%；坚硬的粘性土的含水量约小于 30%，而饱和状态的软粘性土（如淤泥），则可达 60% 或更大。一般说来，同一类土，当其含水量增大时，则其强度就降低。

土的含水量一般用"烘干法"测定。先称小块原状土样的湿土质量，然后置于烘箱内维持 100~105℃烘至恒重，再称干土质量，湿、干土质量之差与干土质量的比值，就是土的含水量。

3. 土的密度 ρ

土单位体积的质量称为土的密度（单位为 g/cm³），即：

$$\rho = \frac{m}{V} \tag{2.3.3}$$

天然状态下土的密度变化范围较大，一般粘性土 $\rho = 1.8 \sim 2.0 \text{g/cm}^3$；砂土 $\rho = 1.6 \sim 2.0 \text{g/cm}^3$；腐殖土 $\rho = 1.5 \sim 1.7 \text{g/cm}^3$。

土的密度一般用"环刀法"测定，用一个圆环刀（刀刃向下）放在削平的原状土样面上，徐徐削去环刀外围的土，边削边压，使保持天然状态的土样压满环刀内，称得环刀内土样质量，求得它与环刀容积之比值即为其密度。

4. 土的干密度 ρ_d、饱和密度 ρ_{sat} 和有效密度 ρ'

土单位体积中固体颗粒部分的质量，称为土的干密度 ρ_d，即：

$$\rho_d = \frac{m_s}{V} \tag{2.3.4}$$

在工程上常把干密度作为评定土体紧密程度的标准，以控制填土工程的施工质量。

土孔隙中充满水时的单位体积质量，称为土的饱和密度 ρ_{sat}，即

$$\rho_{sat} = \frac{m_s + V_v \rho_w}{V} \tag{2.3.5}$$

式中 ρ_w 为水的密度，近似等于 $\rho_{wl} \approx 1 \text{g/cm}^3$。

在地下水位以下，单位土体积中土粒的质量扣除同体积水的质量后，即为单位土体积中土粒的有效质量，称为土的有效密度（亦称浮密度）ρ'，即：

$$\rho' = \frac{m_s - V_s \rho_w}{V} \tag{2.3.6}$$

在计算自重应力时，须采用土的重力密度，简称重度。土的湿重度 γ、干重度 γ_d、饱和重度 γ_{sat}、有效重度 γ' 分别按下列公式计算：$\gamma = \rho \cdot g$，$\gamma_d = \rho_d \cdot g$，$\gamma_{sat} = \rho_{sat} \cdot g$，$\gamma' = \rho' \cdot g$，式中 g 为重力加速度，各指标的单位为 kN/m^3。在数值上有如下关系：$\rho_{sat} \geq \rho \geq \rho_d > \rho'$

5. 土的孔隙比 e 和孔隙率 n

土的孔隙比是土中孔隙体积与土粒体积之比，即：

$$e = \frac{V_v}{V_s} \tag{2.3.7}$$

孔隙比用小数表示，它是一个重要的物理性指标，可以用来评价天然土层的密实程度。一般 $e < 0.6$ 的土是密实的低压缩性土，$e > 1.0$ 的土是疏松的高压缩性土。

土的孔隙率是土中孔隙所占体积与总体积之比，以百分数表示，即：

$$n = \frac{V_v}{V} \times 100\% \tag{2.3.8}$$

6. 土的饱和度 S_r

土中被水充满的孔隙体积与孔隙总体积之比，称为土的饱和度，以百分率计，即：

$$S_r = \frac{V_w}{V_v} \times 100\% \tag{2.3.9}$$

7. 指标的换算

上述土的三相比例指标中，土粒比重 d_s、含水量 w 和密度 ρ 三个指标是通过试验测定的。在测定这三个基本指标后，可以导得其余各个指标。

常用图 2-10 所示三相图进行各指标间关系的推导，令 $\rho_{w1} = \rho_w$，并令 $V_s = 1$，则 $V_v = e$，$V = 1 + e$，$m_s = V_s d_s \rho_w = d_s \rho_w$，$m_w = w m_s = w d_s \rho_w$，$m = d_s (1 + w) \rho_w$，于是由图 2-10 可得：

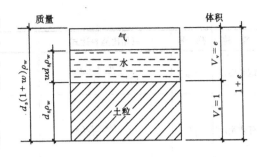

图 2-10 土的三相物理指标换算图

$$\rho = \frac{m}{V} = \frac{d_s(1 + w)\rho_w}{1 + e} \qquad (2.3.10)$$

$$\rho_d = \frac{m_s}{V} = \frac{d_s \rho_w}{1 + e} = \frac{\rho}{1 + w} \qquad (2.3.11)$$

由式 2.3.11 可得：

$$e = \frac{d_s \rho_w}{\rho_d} - 1 = \frac{d_s(1 + w)\rho_w}{\rho} - 1 \qquad (2.3.12)$$

由图 2-11 可得：

$$\rho_{sat} = \frac{m_s + V_v \rho_w}{V} = \frac{(d_s + e)\rho_w}{1 + e} \qquad (2.3.13)$$

$$\rho' = \frac{m_s - V_s \rho_w}{V} = \frac{m_s - (V - V_v)\rho_w}{V} = \frac{m_s + V_v \rho_w - V \rho_w}{V}$$

$$= \rho_{sat} - \rho_w = \frac{(d_s - 1)\rho_w}{1 + e} \qquad (2.3.14)$$

$$n = \frac{V_v}{V} = \frac{e}{1 + e} \qquad (2.3.15)$$

$$S_r = \frac{V_w}{V_v} = \frac{m_w}{V_v \rho_w} = \frac{w d_s}{e} \qquad (2.3.16)$$

土的三相比例指标换算公式一并列于表 2-3。

土的三相比例指标换算公式   表 2-3

名　称	符　号	三相比例表达式	常用换算公式	单　位	常见的数值范围
土粒比重	d_s	$d_s = \dfrac{m_s}{V_s \rho_{w1}}$	$d_s = \dfrac{S_r e}{w}$		粘性土：2.72～2.76 粉　土：2.70～2.71 砂类土：2.65～2.69
含水量	w	$w = \dfrac{m_w}{m_s} \times 100\%$	$w = \dfrac{S_r e}{d_s}$ $w = \dfrac{\rho}{\rho_d} - 1$		20%～60%
密　度	ρ	$\rho = \dfrac{m}{V}$	$\rho = \rho_d (1 + w)$ $\rho = \dfrac{d_s (1 + w)}{1 + e} \rho_w$	g/cm³	1.6～2.0g/cm³
干密度	ρ_d	$\rho_d = \dfrac{m_s}{V}$	$\rho_d = \dfrac{\rho}{1 + w}$ $\rho_d = \dfrac{d_s}{1 + e} \rho_w$	g/cm³	1.3～1.8g/cm³

名　称	符　号	三相比例表达式	常用换算公式	单　位	常见的数值范围
饱和密度	ρ_{sat}	$\rho_{sat} = \dfrac{m_s + V_v\rho_w}{V}$	$\rho_{sat} = \dfrac{d_s + e}{1 + e}\rho_w$	g/cm³	1.8～2.3g/cm³
有效密度	ρ'	$\rho' = \dfrac{m_s - V_s\rho_w}{V}$	$\rho' = \rho_{sat} - \rho_w$ $\rho' = \dfrac{d_s - 1}{1 + e}\rho_w$	g/cm³	0.8～1.3g/cm³
重　度	γ	$\gamma = \dfrac{m}{V} \cdot g = \rho \cdot g$	$\gamma = \dfrac{d_s(1 + w)}{1 + e}\gamma_w$	kN/m³	16～20kN/m³
干重度	γ_d	$\gamma_d = \dfrac{m_s}{V} \cdot g = \rho_d \cdot g$	$\gamma_d = \dfrac{d_s}{1 + e}\gamma_w$	kN/m³	13～18kN/m³
饱和重度	γ_{sat}	$\gamma_{sat} = \dfrac{m_s + V_s\rho_w}{V} \cdot g = \rho_{sat} \cdot g$	$\gamma_{sat} = \dfrac{d_s + e}{1 + e}\gamma_w$	kN/m³	18～23kN/m³
有效重度	γ'	$\gamma' = \dfrac{m_s - V_s\rho_w}{V} \cdot g = \rho' \cdot g$	$\gamma' = \dfrac{d_s - 1}{1 + e}\gamma_w$	kN/m³	8～13kN/m³
孔隙比	e	$e = \dfrac{V_v}{V_s}$	$e = \dfrac{d_s\rho_w}{\rho_d} - 1$ $e = \dfrac{d_s(1 + w)\rho_w}{\rho} - 1$		粘性土和粉土： 0.40～1.20 砂类土：0.30～0.90
孔隙率	n	$n = \dfrac{V_v}{V} \times 100\%$	$n = \dfrac{e}{1 + e}$ $n = 1 - \dfrac{\rho_d}{d_s\rho_w}$		粘性土和粉土： 30%～60% 砂类土：25%～45%
饱和度	S_r	$S_r = \dfrac{V_w}{V_v} \times 100\%$	$S_r = \dfrac{wd_s}{e}$ $S_r = \dfrac{w\rho_d}{n\rho_w}$		0～100%

注：水的重度 $\gamma_w = \rho_w \cdot g = 1 t/m^3 \times 9.807 m/s^2 = 9.807 \times 10^3 \ (kg \cdot m/s^2) \ /m^3 \approx 10 kN/m^3$

2.4　无粘性土的物理性质

无粘性土主要是指砂土和碎石类土。这类土中缺乏粘土矿物，不具有可塑性，呈单粒结构，其性质主要取决于颗粒粒径及其级配，所以土的密实度是反映这类土工程性质的主要指标。呈密实状态时，强度较大，是良好的天然地基；呈松散状态时则是一种软弱地基，尤其是饱和的粉细砂，稳定性很差，容易产生流砂，在震动荷载作用下，可能发生液化。

评价无粘性土密实度主要根据天然状态下孔隙比 e 的大小，划分为稍松的、中等密实的和密实的三种。由于无粘性土的级配起着很重要的作用，只有孔隙比一个指标还不够。例如某一天然孔隙比 e，对于级配不良的土，认为已经达到密实状态，但对于级配良好的土，还是属于中密或者稍松的状态。所以除 e 外通常还采用相对密实度 D_r 的概念来评价。D_r 的表达式为：

$$D_r = \frac{e_{max} - e}{e_{max} - e_{min}} \qquad (2.4.1)$$

式中　　e_{max}——土在最松散状态时的孔隙比，即最大孔隙比；

　　　　e_{min}——土在最密实状态时的孔隙比，即最小孔隙比；

　　　　e——土在天然状态时的孔隙比。

当 $D_r = 0$，表示土处于最松状态；当 $D_r = 1$，表示土处于最密状态。

不同矿物成分、不同级配和不同粒度成分的无粘性土，最大孔隙比和最小孔隙比都是不同的，因此，相对密实度 D_r 比孔隙比 e 能更全面反映上述各种因素的影响。砂类土密实度的划分标准详见表2-4。

从理论上讲，采用相对密实度的概念比较理想，但是测定 e_{max} 和 e_{min} 的试验方法不够完善，试验结果常常有很大出入。而最困难的是现场取样，一般条件不可能完全保持砂土的天然结构，因而砂土的天然孔隙比的数值很不可靠，这就使得相对密实度的指标难于测准，所以在实际工程中并不普遍使用。

砂类土的密实度划分标准　　　　　　　　　表 2-4

按相对密实度 D_r	密　实　度			
	密　实　的	中等密实的		松　散　的
	指　　标			
	$0.67 \leqslant D_r < 1.0$	$0.33 < D_r < 0.67$		$D_r \leqslant 0.33$
按孔隙比 e		中　密	稍　密	
砾砂、粗砂、中砂	$e < 0.60$	$0.66 \leqslant e \leqslant 0.75$	$0.75 < e \leqslant 0.85$	$e > 0.85$
细砂、粉砂	$e < 0.70$	$0.70 \leqslant e \leqslant 0.85$	$0.85 < e \leqslant 0.95$	$e > 0.95$

鉴于上述原因，工程实践中较普遍采用标准贯入锤击数 N 来划分密实度的方法。根据贯入击数 N 划分砂土密实度的标准列于表2-5。

按标准贯入锤击数 N 判别
砂土密实度　　　　表 2-5

按标准贯入锤击数 N	密　实　度
$N \leqslant 10$	松　散
$10 < N \leqslant 15$	稍　密
$15 < N \leqslant 30$	中　密
$N > 30$	密　实

除了密实度以外，湿度对砂土也有一定影响。根据饱和度 S_r（%），砂土可分为：

稍湿　$S_r \leqslant 50\%$

很湿　$50\% < S_r \leqslant 80\%$

饱和　$S_r > 80\%$

砂土的颗粒越细，受湿度的影响越大，因为水分起的润滑作用使土的抗剪强度降低，因此饱和的粉、细砂强度比干燥时要低。但在砂土的含水量相当小时（$w = 4\% \sim 8\%$），由于毛细压力的作用却能使砂土具有微小的毛细粘聚力，使土不易振捣密实，对砂土的填土压实工程不利。

对于卵石、碎石、砾石等大颗粒土，密实度也是决定其工程性质的主要指标，但这类土的密实度很难做室内试验或贯入试验，通常按表2-6的野外鉴别法来判断。

密实度	骨架颗粒含量和排列	可 挖 性	可 钻 性
密 实	骨架颗粒含量大于总重的 70%，呈交错排列，连续接触	锹、镐挖掘困难，用撬棍方能松动；井壁一般较稳定	钻进极困难；冲击钻探时，钻杆、吊锤跳动剧烈；孔壁较稳定
中 密	骨架颗粒含量等于总重的 60%～70%，呈交错排列，大部分接触	锹、镐可挖掘；井壁有掉块现象；从井壁取出大颗粒处，能保持颗粒凹面形状	钻进较困难；冲击钻探时，钻杆、吊锤跳动不剧烈；孔壁有坍塌现象
稍 密	骨架颗粒含量小于总重的 60%，排列混乱，大部分不接触	锹可以挖掘；井壁易坍塌；从井壁取出大颗粒后，填充物砂土立即坍落	钻进较容易；冲击钻探时，钻杆稍有跳动；孔壁易坍塌

注：1. 骨架颗粒系指与表 2-1 碎石类土分类名称相对应粒径的颗粒；
　　2. 碎石类土密实度的划分，应按表列各项要求综合确定。

2.5　粘性土的物理性质

粘性土与砂土在性质上有很大差异，粘性土的特性主要是由于土中的粘粒与水之间的相互作用产生的，因此，粘性土最主要的状态特征是它的稠度。

2.5.1　界限含水量

同一种粘性土随其含水量的不同，而分别处于固态、半固态、可塑状态及流动状态。所谓可塑状态，就是当粘性土在某含水量范围内，可用外力塑成任何形状而不发生裂纹，并当外力移去后仍能保持既得的形状，土的这种性能叫做可塑性。粘性土由一种状态转到另一种状态的分界含水量，叫做界限含水量，它对粘性土的分类及工程性质的评价有重要意义。

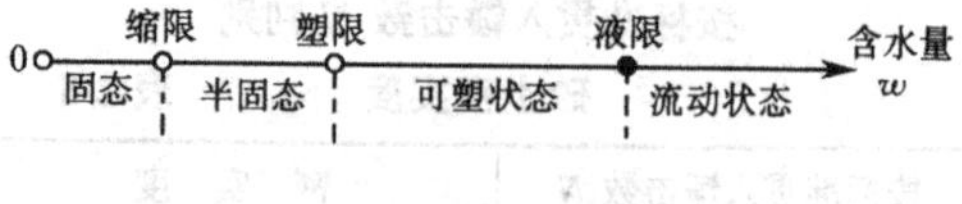

如图 2-11 所示，土由可塑状态转到流动状态的界限含水量叫做液限（也称塑性上限含水量或流限），用符号 w_L 表示；土由半固态转到可塑状态的界限含水量叫做塑限（也称塑性下限含水量），用符号 w_p 表示；土由半固体状态不断蒸发水分，则体积逐渐缩小，直到体积不再缩小时土的界限含水量叫缩限，用符号 w_s 表示。界限含水量都以百分数表示。

图 2-11　粘性土的物理状态与含水量关系

我国目前采用锥式液限仪（图 2-12）来测定粘性土的液限 w_L。将调成均匀的浓糊状试样装满盛土杯内（盛土杯置于底座上），刮平杯口表面，将 76g 重圆锥体轻放在试样表面的中心，使其在自重作用下徐徐沉入试样，若圆锥体经 5 秒钟恰好沉入 10mm 深度，这时杯内土样的含水量就是液限 w_L 值。为了避免放锥时的人为晃动影响，可采用电磁放锥的方法，以提高测试精度，实践证明其效果较好。

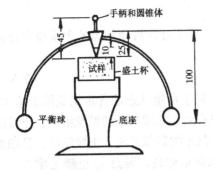

图 2-12 锥式液限仪

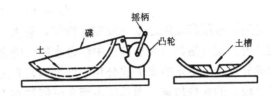

图 2-13 碟式液限仪

美国、日本等国家使用碟式液限仪来测定粘性土的液限。它是将调成浓糊状的试样装在碟内，刮平表面，用切槽器在土中成槽，槽底宽度为 2mm，如图 2-13 所示，然后将碟子抬高 10mm，使碟下落，连续下落 25 次后，如土槽合拢长度为 13mm，这时试样的含水量就是液限。

粘性土的塑限 w_p 采用"搓条法"测定，即用双手将天然湿度的土样搓成小圆球（球径小于 10mm），放在毛玻璃板上再用手掌慢慢搓滚成小土条，若土条搓到直径为 3mm 时恰好开始断裂，这时断裂土条的含水量就是塑限 w_p 值。

上述测定塑限的搓条法存在着较大的缺点，主要是由于采用手工操作，受人为因素的影响较大，因而成果不稳定。近年来许多单位都在探索一些新方法，以便取代搓条法，如以联合法测定液限和塑限。

联合测定法求液限、塑限是采用锥式液限仪以电磁放锥法对粘性土试样以不同的含水量进行若干次试验，并按测定结果在双对数坐标纸上做出 76g 圆锥体的入土深度与含水量的关系曲线（见图 2-14）。根据大量试验资料看，它接近于一根直线。如同时采用圆锥仪法及搓条法进行比较，则对应于圆锥体入土深度为 10mm 及 2mm 时土样的含水量分别为该土的液限和塑限。

因此，在工程实践中，为了准确、方便、迅速地求得某土样的液限和塑限时，则需用电磁放锥的锥式液限仪对土样以不同的含水量做几次（一般做三次）试验，即可在坐标纸上以相应的几个点近似地定出直线，然后可在直线上求出液限和塑限（详见国家标准《土工试验方法标准》（GBJ123—88）。

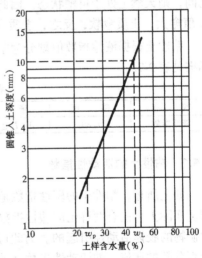

图 2-14 圆锥入土深度与含水量关系

20 世纪 50 年代以来，我国一直以 76g 圆锥仪下沉深度 10mm 作为液限标准，但这与碟式仪测得的液限值不一致。对国内外一些研究成果分析表明，取圆锥仪下沉深度 17mm 为液限标准，则与碟式仪值相当。目前由于资料积累不足，在计算塑性指数、液性指数以及相应的土的分类、与地基承载力的相关关系中，仍然以圆锥沉入 10mm 为标准。

2.5.2 塑性指数和液性指数

塑性指数是指液限和塑限的差值（省去%符号），即土处在可塑状态的含水量变化范围，用符号 I_P 表示，即：

$$I_P = w_L - w_P \tag{2.5.1}$$

显然，液限和塑限之差（或塑性指数）愈大，土处于可塑状态的含水量范围也愈大。换句话说，塑性指数的大小与土中结合水的可能含量有关，亦即与土的颗粒组成，土粒的矿物成分以及土中水的离子成分和浓度等因素有关。从土的颗粒来说，土粒越细、且细颗粒（粘粒）的含量越高，则其比表面和可能的结合水含量愈高，因而 I_P 也随之增大。从矿物成分来说，粘土矿物可能具有的结合水量大（其中尤以蒙脱石类为最大），因而 I_P 也大。从土中水的离子成分和浓度来说，当水中高价阳离子的浓度增加时，土粒表面吸附的反离子层的厚度变薄，结合水含量相应减少，I_P 也小；反之随着反离子层中的低价阳离子的增加，I_P 变大。

由于塑性指数在一定程度上综合反映了影响粘性土特征的各种重要因素，因此，在工程上常按塑性指数对粘性土进行分类。

液性指数是指粘性土的天然含水量和塑限的差值与塑性指数之比，用符号 I_L 表示，即：

$$I_L = \frac{w - w_P}{w_L - w_P} = \frac{w - w_P}{I_P} \tag{2.5.2}$$

从式中可见，当土的天然含水量 w 小于 w_P 时，I_L 小于 0，天然土处于坚硬状态；当 w 大于 w_L 时，I_L 大于 1，天然土处于流动状态；当 w 在 w_P 与 w_L 之间时，即 I_L 在 $0 \sim 1$ 之间，则天然土处于可塑状态。因此可以利用液性指数 I_L 来表示粘性土所处的软硬状态。I_L 值愈大，土质愈软；反之，土质愈硬。

粘性土根据液性指数值划分为坚硬、硬塑、可塑、软塑及流塑五种软硬状态，其划分标准见表 2-7。

粘性土软硬状态的划分　　　　　　　　　　　表 2-7

状　　态	坚　硬	硬　塑	可　塑	软　塑	流　塑
液性指数	$I_L \leqslant 0$	$0 < I_L \leqslant 0.25$	$0.25 < I_L \leqslant 0.75$	$0.75 < I_L \leqslant 1.0$	$I_L > 1.0$

2.5.3 粘性土的活动性指数

如上所述，粘性土的塑性指数是一个综合性的分类指标，它是许多因素综合结果的反映。实际上可能有两种土的塑性指数很接近，但性质都有很大差异，这主要是粘性土中所含矿物的胶体活动性引起的。为此可用塑性指数 I_P 与粘粒（粒径 < 0.002 mm 的颗粒）含量百分数的比值，即活动性指数 A 来衡量矿物的胶体活动性。

$$A = \frac{I_P}{m} \tag{2.5.3}$$

式中　m——粘粒（< 0.002mm 的颗粒）含量百分比。

实际工程中按活动性指数 A 的大小可把粘性土划分为：

$A < 0.75$　　　　　　　不活动性粘性土

$0.75 < A < 1.25$　　　　正常粘性土

$A > 1.25$ 活动性粘性土

2.6 土 的 结 构 性

很多试验资料表明，同一种土，原状土样和重塑土样的力学性质有很大差别，甚至用不同方法制备的重塑土样，尽管组成一样，密度控制也一样，性质也有所区别。这就是说，土的组成和物理性状不是决定土性质的全部因素，土的结构对土的性质也有很大影响。这种土的性质受结构扰动影响而改变的特性称为土的结构性。天然土的结构性是普遍存在的，它是土形成与存在条件的反映，与成因类型密切相关，因此，在研究土力学问题时，必须考虑土的结构性。

2.6.1 土的结构与构造

土的结构是指由土粒单元的大小、形状、相互排列及其连接关系等因素形成的综合特征，一般分为单粒结构、蜂窝结构和絮状结构三种基本类型。

单粒结构：为碎石土和砂土的结构特征，是由粗大土粒在水或空气中下沉而形成的。因颗粒较大，土粒间的分子吸引力相对很小，所以颗粒间几乎没有连接，至于未充满孔隙的水分只可能使其具有微弱的毛细水连接。单粒结构可以是疏松的，也可以是紧密的（图 2-15）。

呈紧密状单粒结构的土，由于其土粒排列紧密，在动、静荷载作用下都不会产生较大的沉降，所以强度较大，压缩性较小，是较为良好的天然地基。

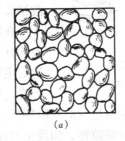

(a) $\qquad\qquad$ (b)

图 2-15 土的单粒结构

具有疏松单粒结构的土，其骨架是不稳定的，当受到震动及其他外力作用时，土粒易于发生移动，土中孔隙剧烈减少，引起土的很大变形，因此，这种土层如未经处理一般不宜作为建筑物的地基。

蜂窝结构主要由粉粒（0.075～0.005mm）组成的土的结构形式。据研究，粒径在0.075～0.005mm 左右的土粒在水中沉积时，基本上是以单个土粒下沉，当碰上已沉积的土粒时，由于它们之间的相互引力大于其重力，因此土粒就停留在最初的接触点上不再下沉，形成具有很大孔隙的蜂窝状结构（图 2-16）。

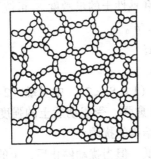 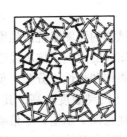

图 2-16 土的蜂窝结构 $\qquad$ 图 2-17 土的絮状结构

絮状结构是由粘粒（＜0.005mm）集合体组成的结构形式。粘粒能够在水中长期悬浮，不因自重而下沉。当这些悬浮在水中的粘粒被带到电解质浓度较大的环境中（如海水），粘粒凝聚成絮状的集粒（粘粒集合体）而下沉，并相继和已沉积的絮状集粒接触，而形成类似蜂窝而孔隙很大的絮状结构（图2-17）。

前已述及，粒径小于0.005mm的呈片状或针状的土粒，表面带负电荷，而在片的断口处有局部的正电荷，因此在土粒聚合时，多半以面-边或面-面（错开）的方式接触，如图2-18所示。粘土的性质主要取决于集粒间的相互联系与排列。当粘粒在淡水中沉积时，因水中缺少盐类，所以粘粒或集粒间的排斥力可以充分发挥，沉积物的结构是定向（或至少半定向）排列的，即颗粒在一定程度上平行排列，形成所谓分散型结构。当粘粒在海水中沉积时，由于水中盐类的离子浓度很大，减少了颗粒间的排斥力，所以土的结构是面-边接触的絮状结构。

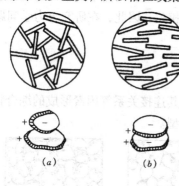

图2-18　粘粒的接触方式
(a) 边对面；(b) 面对面

具有蜂窝结构和絮状结构的粘性土，其土粒之间的连接强度（结构强度），往往由于长期的压密作用和胶结作用而得到加强。

在同一土层中的物质成分和颗粒大小等都相近的各部分之间的相互关系的特征称为土的构造。土的构造最主要特征就是成层性，即层理构造。它是在土的形成过程中，由于不同阶段沉积的物质成分、颗粒大小或颜色不同，而沿竖向呈现的成层特征，常见的有水平层理构造和交错层理构造。土的构造的另一特征是土的裂隙性，如黄土的柱状裂隙。裂隙的存在大大降低土体的强度和稳定性，增大透水性，对工程不利。此外，也应注意到土中的无包裹物（如腐殖物、贝壳、结核体等）以及天然或人为的孔洞存在。这些构造特征都造成土的不均匀性。

2.6.2　粘性土的灵敏度和触变性

天然状态下的粘粒土通常都具有一定的结构性，当受到外来因素的扰动时，土粒间的胶结物质以及土粒、离子、水分子所组成的平衡体系受到破坏，土的强度降低和压缩性增大。土的结构性对强度的这种影响，一般用灵敏度来衡量。土的灵敏度是以原状土的强度与同一土经重塑（指在含水量不变条件下使土的结构彻底破坏）后的强度之比来表示的。重塑试样具有与原状试样相同的尺寸、密度和含水量。测定强度所用的常用方法有无侧限抗压强度试验和十字板抗剪强度试验，对于饱和粘性土的灵敏度 S_t 可按下式计算：

$$S_t = q_u/q'_u \tag{2.6.1}$$

式中　　q_u——原状试样的无侧限抗压强度，kPa；

　　　　q'_u——重塑试样的无侧限抗压强度，kPa。

根据灵敏度可将饱和粘性土分为：低灵敏（$1 < S_t \leqslant 2$）、中灵敏（$2 < S_t \leqslant 4$）和高灵敏（$S_t > 4$）三类。土的灵敏度愈高，其结构性愈强，受扰动后土的强度降低就愈多。所以在基础施工中应注意保护基槽，尽量减少土结构的扰动。

饱和粘性土的结构受到扰动，导致强度降低，但当扰动停止后，土的强度又随时间而逐渐增大。粘性土的这种抗剪强度随时间恢复的胶体化学性质称为土的触变性。例如在粘性土中打桩时，桩侧土的结构受到破坏而强度降低，但在停止打桩以后，土的强度渐渐恢复，桩的承载力逐渐增加，这就是受土的触变性影响的结果。

饱和软粘土易于触变的实质是这类土的微结构主要为蜂窝状结构，蜂窝中含有大量的结合水，当土体被扰动时，粒间引力被破坏，部分结合水转化为自由水，颗粒之间失去连接而成流动状态，因而土的强度急剧降低，而当外力停止后，部分自由水可向结合水转化，使颗粒间连接逐渐恢复因而强度逐渐有所增大。

2.7 土 的 压 实 性

在很多工程建设中都遇到填土问题，例如用在地基、路基、土堤和土坝中。进行填土时，经常都要采用夯打、振动或辗压等方法，使土得到压实，以提高土的强度，减小压缩性和渗透性，从而保证地基和土工建筑物的稳定。压实性就是指土体在外部压实能量作用下，土颗粒克服粒间阻力，产生位移，使土中的孔隙减小，密度增加，强度提高的特性。

实践经验表明，压实细粒土宜用夯击机具或压强较大的辗压机具，同时必须控制土的含水量。含水量太高或太低都得不到好的压密效果。压实粗粒土时，则宜采用振动机具，同时充分洒水。两种不同的做法说明细粒土和粗粒土具有不相同的压实性质。

2.7.1 细粒土的压实性

研究细粒土的压实性可以在实验室或现场进行。实验室中，将某一土样分成 6~7 份，每份和以不同的水量，得到各种不同含水量的土样。将每份土样装入击实仪内，用完全相同的方法加以击实。击实后，测出压实土的含水量和干密度。以含水量为横坐标，干密度为纵坐标，绘制含水量-干密度曲线如图 2-19 所示。这种试验称为土的击实试验。详细的操作方法见土工试验规程。

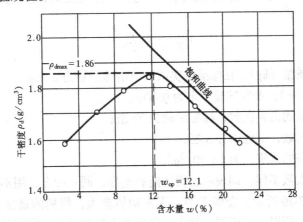

图 2-19 含水量-干密度曲线

1. 最优含水量和最大干密度

在图 2-19 的击实曲线上，峰值干密度对应的含水量，称为最优含水量 w_{op}，它表示在这一含水量下，以这种压实方法，能够得到最大干密度 ρ_{dmax}。同一种土，干密度愈大，孔隙比愈小，所以最大干密度相应于试验所达到的最小孔隙比。在某一含水量下，将土压到最密，理论上就是将土中所有的气体都从孔隙中赶走，使土达到饱和。理论上不同含水量所对应的土体达到饱和状态时的干密度如 (2.7.1) 式：

$$\rho_d = \frac{\gamma_w d_s}{1 + w d_s} \qquad (2.7.1)$$

并得到理论上所能达到的最大压实曲线，即饱和度为 $S_r = 100\%$ 的压实曲线，也称饱和曲线。

按照饱和曲线，当含水量很大时，干密度很小，因为这时土体中很大的一部分体积都是水。若含水量很小，则饱和曲线上的干密度很大。当 $w = 0$ 时，饱和曲线的干密度应等于土颗粒的比重 d_s。显然除了变成岩石外，碎散的土是无法达到的。

实际上，实验的击实曲线在峰值以右逐渐接近于饱和曲线，并且大体上与它平行。在峰值以左，则两根曲线差别较大，而且随着含水量减小，差值迅速增加。土的最优含水量的大小随土的性质而异，试验表明 w_{op} 约在土的塑限 w_p 附近。有各种理论解释这种现象的机理。归纳起来，可以这样理解：当含水量很小时，颗粒表面的水膜很薄，要使颗粒相互移动需要克服很大的粒间阻力，因而需要消耗很大的能量。这种阻力可能来源于毛细压力或者结合水的剪切阻力。随着含水量增加，水膜加厚，粒间阻力必然减小，颗粒自然容易移动。但是，当含水量超过最优含水量 w_{op} 以后，水膜继续增厚所引起的润滑作用已不明显。这时，土中的剩余空气已经不多，并且处于与大气隔绝的封闭状态。封闭气体很难全部被赶走，因此击实曲线不可能达到饱和曲线，也即击实土不会达到完全饱和状态。注意到，这里讨论的是粘性土。粘性土的渗透性小，在击实辗压的过程中，土中水来不及渗出，压实的过程可以认为含水量保持不变，因此必然是含水量愈高得到的压实干容重愈小。

2. 压实功能的影响

压实功能是指压实每单位体积土所消耗的能量。击实试验中的压实功能用式 (2.7.2) 表示：

$$E = \frac{WdNn}{V} \qquad (2.7.2)$$

式中　W——击锤质量（kg），在标准击实试验中击锤质量为 2.5kg；

　　　d——落距（m），击实试验中定为 0.30m；

　　　N——每层土的击实次数，标准试验为 27 击；

　　　n——铺土层数，试验中分 3 层；

　　　V——击实筒的体积，为 $1 \times 10^{-3} \mathrm{m}^3$。

每层土的击实次数不同，即表示击实功能有差异。同一种土，用不同的功能击实，得到的击实曲线如图 2-20 所示。曲线表明，压实功能愈大，得到的最优含水量愈小，相应的最大干密度愈高。所以，对于同一种土，最优含水量和最大干密度并不是恒定值，而是随着压密功能而变化。同时，从图中还可以看到，含水量超过最优含水量以后，压实功能的影响随含水量的增加而逐渐减小；击实曲线均靠近于饱和曲线。

3. 填土的含水量和辗压标准的控制

由于粘性填土存在着最优含水量，因此在填土施工时应将土料的含水量控制在最优含水量左右，以期用较小的能量获得最好的密度。当含水量控制在最优含水量的干侧时（即小于最优含水量），击实土的结构常具有凝聚结构的特征，这种土比较均匀，强度较高，较脆硬，不易压密，但浸水时容易产生附加沉降。当含水量控制在最优含水量的湿侧时（即大于最优含水量），土具有分散结构的特征，这种土的可塑性大，适应变形的能力强，但强度较低，且具有不等向性。所以，含水量比最优含水量偏高或偏低，填土的性质各有优缺点，在设计土料时要根据对填土提出的要求和当地土料的天然含水量，选定合适的含水量，一般选用的含水量要求在 $w_{op} \pm$ $(2-3)\%$ 范围内。

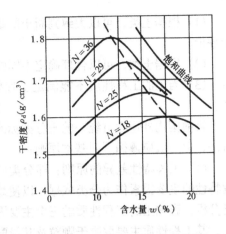

图 2-20　不同压实功能的击实曲线

室内击实试验用来模拟工地压实是种半经验的方法，为便于工地压实质量控制，工程上采用压实度 D_C 控制。压实度的定义是

$$D_C = \frac{\rho_d}{\rho_{dmax}} \tag{2.7.3}$$

D_C 值越接近于 1，表示对压实质量要求越高。如对高速公路主要受力层一般要求 D_C 值达 0.95。Ⅰ、Ⅱ 级土石坝，D_C 值应达到 $0.95 \sim 0.98$ 等。

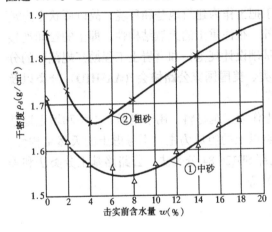

图 2-21　粗粒土的击实曲线

2.7.2　粗粒土的压实性

砂和砂砾等粗粒土的压实性也与含水量有关，不过不存在着一个最优含水量。一般在完全干燥或者充分洒水饱和的情况下容易压实到较大的干密度。潮湿状态，由于毛细压力增加了粒间阻力，压实干密度显著降低。粗砂在含水量为 $4\% \sim 5\%$ 左右，中砂在含水量为 7% 左右时，压实干密度最小，如图 2-21 所示。因此，在无粘性土的实际填筑中，通常需要不断洒水使其在较高含水量下压实。

粗粒土的压实标准，通常用相对密实度 D_r 控制。一般要求相对密实度达到 0.70 以上，近年来根据地震震害资料的分析结果，认为高烈度区相对密度还应提高。

2.8　土　的　工　程　分　类

2.8.1　工程分类原则

自然界的土类众多，工程性质各异，土的工程分类就是根据土的工程性质差异将土划分成一定的类别，其目的在于：

（1）根据土类，可以大致判断土的基本工程特性，并可结合其它因素对地基土作出初步评价。

（2）根据土类，可以合理确定不同的研究内容和方法。

（3）当土的工程性质不能满足工程要求时，也需根据土类确定相应的改良和处理方法。

目前国内外还没有统一的土分类标准，各部门根据其用途和实践经验采用各自的分类方法，但一般应遵循下列基本原则：

（1）工程特性差异的原则：即分类应综合考虑土的主要工程特性，并采用影响土的工程特性的主要因素作为分类依据，以使划分的土类之间有一定的质或显著的量的差别。前已分析，影响土的工程性质的三个主要因素是土的三相组成，物理状态和结构性。对粗粒土，其工程性质主要取决于颗粒及其级配，对细粒土，其工程性质则主要取决于土的吸附结合水的能力，因而多用稠度指标来反映。

（2）以成因、地质年代为基础的原则：这是因为土是自然历史的产物，土的工程性质受土的成因与形成年代控制。不同成因、不同年代的土，其工程性质有显著差异。

（3）分类指标易测定的原则：即分类采用的指标，要既能综合反映土的主要工程性质，又要测定简便。

土的工程分类体系，目前国内外主要有两种：

（1）建筑工程系统的分类体系——侧重于把土作为建筑地基和环境，故以原状土为基本对象，因此，对土的分类除考虑土的组成外，很注重土的天然结构性，即土的粒间连接性质和强度，例如我国国家标准《建筑地基基础设计规范》和《岩土工程勘察规范》的分类、原苏联建筑法规（СНиПⅡ-15-74）的分类、美国国家公路协会（AASHTO）分类以及英国基础试验规程（CP2004，1972）的分类等。

（2）材料系统的分类体系——侧重于把土作为建筑材料，用于路堤、土坝和填土地基等工程，故以扰动土为基本对象，对土的分类以土的组成为主，不考虑土的天然结构性，例如，我国国家标准《土的分类标准》、水电部 SD128-84 分类法、公路路基土分类法和美国材料协会的土质统一分类法（ASTM，1969）等。

2.8.2　我国土的工程分类

目前国内作为国家标准和应用较广的土的工程分类主要有前述《建筑地基基础设计规范》和《岩土工程勘察规范》的分类及《土的分类标准》。

1.《建筑地基基础设计规范》（GB50007—2002）和《岩土工程勘察规范》（GB50021—2001）的分类

该分类体系源于原苏联天然地基设计规范，结合我国土质条件和 40 多年实验经验，经改进补充而成。其主要特点是，在考虑划分标准时，注重土的天然结构连接的性质和强度，始终与土的主要工程特性——变形和强度特征紧密联系。因此，首先考虑了按堆积年代和地质成因的划分，同时将某些特殊形成条件和特殊工程性质的区域性特殊土与普通土区别开来。在以上基础上，总体再按颗粒级配或塑性指数分为碎石土、砂土、粉土和粘性土四大类，并结合堆积年代、成因和某种特殊性质综合定名。

这种分类方法简单明确，科学性和实用性强，多年来已被我国各工程界所熟悉和广泛应用。其划分原则与标准分述如下：

(1) 土按堆积年代可划分以下两类：

1) 老沉积土：第四纪晚更新世 Q_3 及其以前沉积的土层，一般呈超固结状态，具有较高的结构强度。

2) 新近沉积土：第四纪全新世中近期沉积的土层，一般呈欠压密状态，结构强度较低。

(2) 土根据地质成因可分为残积土、坡积土、洪积土、冲积土、淤积土、冰积土、风积土。

(3) 土根据有机质含量可按表 2-8 分为无机土、有机质土、泥炭质土和泥炭。

土按有机质含量分类 表 2-8

分类名称	有机质含量（%）	现场鉴别特征	说　明
无机土	$W_u < 5\%$		
有机质土	$5\% \leqslant W_u \leqslant 10\%$	灰、黑色，有光泽，味臭，除腐殖质外尚含少量未完全分解的动植物体，浸水后水面出现气泡，干燥后体积收缩	①如现场能鉴别有机质土或有地区经验时，可不做有机质含量测定；②当 $w > w_L$，$1.0 \leqslant e < 1.5$ 时称淤泥质土；③当 $w > w_L$，$e \geqslant 1.5$ 时称淤泥
泥炭质土	$10\% < W_u \leqslant 60\%$	深灰或黑色，有腥臭味，能看到未完全分解的植物结构，浸水体胀，易崩解，有植物残渣浮于水中，干缩现象明显	根据地区特点和需要可按 W_u 细分为：弱泥炭质土（$10\% < W_u \leqslant 25\%$）；中泥炭质土（$25\% < W_u \leqslant 40\%$）；强泥炭质土（$40\% < W_u \leqslant 60\%$）
泥炭	$W_u > 60\%$	除有泥炭质土特征外，结构松散，土质很轻，暗无光泽，干缩现象极为明显	

注：有机质含量 W_u 按灼失量试验确定。

(4) 土按颗粒级配和塑性指数分为碎石土、砂土、粉土和粘性土。

1) 碎石土：粒径大于 2mm 的颗粒含量超过全重 50% 的土。根据颗粒级配和颗粒形状按表 2-9 分为漂石、块石、卵石、碎石、圆砾和角砾。

碎石土的分类 表 2-9

土的名称	颗粒形状	粒组含量
漂石	圆形及亚圆形为主	粒径大于 200mm 的颗粒含量超过全重 50%
块石	棱角形为主	
卵石	圆形及亚圆形为主	粒径大于 20mm 的颗粒含量超过全重 50%
碎石	棱角形为主	
圆砾	圆形及亚圆形为主	粒径大于 2mm 的颗粒含量超过全重 50%
角砾	棱角形为主	

注：分类时应根据粒组含量栏从上到下以最先符合者确定。

2) 砂土：粒径大于 2mm 的颗粒含量不超过全重 50%，且粒径大于 0.075mm 的颗粒含量超过全重 50% 的土。根据颗粒级配按表 2-10 分为砾砂、粗砂、中砂、细砂和粉砂。

砂 土 分 类
表 2-10

土的名称	颗 粒 级 配	土的名称	颗 粒 级 配
砾 砂	粒径大于 2mm 的颗粒含量占全重 25% ~ 50%	细 砂	粒径大于 0.075mm 的颗粒含量超过全重 85%
粗 砂	粒径大于 0.5mm 的颗粒含量超过全重 50%		
中 砂	粒径大于 0.25mm 的颗粒含量超过全重 50%	粉 砂	粒径大于 0.075mm 的颗粒含量超过全重 50%

注：分类时应根据粒组含量栏从上到下以最先符合者确定。

3）粉土：塑性指数 $I_P \leq 10$ 且粒径大于 0.075mm 的颗粒含量不超过全重 50% 的土。

4）粘性土：塑性指数大于 10 的土。根据塑性指数 I_P 按表 2-11 分为粘土和粉质粘土。

粘 性 土 分 类　　表 2-11

土的名称	塑 性 指 数
粘 土	$I_P > 17$
粉质粘土	$10 < I_P \leq 17$

注：塑性指数由相应于 76g 圆锥体沉入土样中深度为 10mm 时测定的液限计算而得。

（5）具有一定分布区域或工程意义上具有特殊成分、状态和结构特征的土称为特殊性土，规范分为湿陷性土、红粘土、软土（包括淤泥和淤泥质土）、混合土、填土、多年冻土、膨胀土、盐渍土、污染土。

2.《土的分类标准》（GBJ145—90）

该分类体系源于美国卡萨格兰德（A.Casagrande，1948）的分类，之后流行于欧美一些国家的材料工程系统。20 世纪七八十年代我国一些学者进行了大量研究，并制订了本分类标准。其主要特点是首先将土粒划分为巨粒土、粗粒土和细粒土。粗粒土分为砾类土和砂类土，并根据细粒含量和级配好坏细分；细粒土则根据其在塑性图上的位置细分。此外，根据我国国情，对一些特殊土的分类作了规定。

对本分类标准的一般土料分类，分述如下：

（1）巨粒土和含巨粒土、砾类土和砂类土按粒组含量、级配指标（不均匀系数 C_u 和曲率系数 C_c）和所含细粒的塑性高低，划分为 16 种土类，见表 2-12、表 2-13、表 2-14。

巨粒土和含巨粒土的分类
表 2-12

土 类	粒 组 含 量		土代号	土 名 称
巨粒土	巨粒（$d > 60mm$）含量 100% ~ 75%	漂石粒（$d > 200mm$）> 50%	B	漂 石
		漂石粒 ≤ 50%	Cb	卵 石
混合巨粒土	巨粒含量 < 75%，> 50%	漂石粒 > 50%	BSl	混合土漂石
		漂石粒 ≤ 50%	CbSl	混合土卵石
巨粒混合土	巨粒含量 50% ~ 15%	漂石粒 > 卵石	SlB	漂石混合土
		漂石粒 ≤ 卵石	SlCb	卵石混合土

砾类土的分类（砾粒组 2mm < $d \leq$ 60mm > 50%）
表 2-13

土 类	粒 组 含 量		土代号	土 名 称
砾	细粒*含量 < 5%	级配 $C_u \geq 5$，$C_c = 1 \sim 3$	GW	级配良好砾
		级配不同时满足上述要求	GP	级配不良砾
含细粒土砾	细料含量 5% ~ 15%		GF	含细粒土砾
细粒土质砾	细粒含量 > 15%，≤ 50%	细粒为粘土	GC	粘土质砾
		细粒为粉土	GM	粉土质砾

*　细粒粒组包括粉粒（0.005mm < $d \leq$ 0.075mm）和粘粒（$d \leq$ 0.005mm）。

砂类土的分类（砾粒组≤50%）　　　　　　　表 2-14

土 类	粒　　组　　含　　量		土代号	土 名 称
砂	细粒含量 ＜5%	级配 $C_u \geqslant 5$，$C_c = 1 \sim 3$	SW	级配良好砂
		级配不同时满足上述要求	SP	级配不良砂
含细粒土砂	细料含量 5%~15%		SF	含细粒土砂
细粒土质砂	细粒含量 ＞15%，≤50%	细粒为粘土	SC	粘土质砂
		细粒为粉土	SM	粉土质砂

（2）细粒土：粗粒组（$0.075\text{mm} < d$ ≤60mm）含量少于25%的土，参照塑性图确定土名。当用76g、锥角30°液限仪锥尖入土17mm对应的含水量为液限（相当于碟式液限仪测定值）时，用图 2-22 塑性图（a）分类（表 2-15）；当用76g、锥角30°液限仪入土 10mm 对应的含水量为液限时，用图 2-23 塑性图（b）分类（表 2-16）。

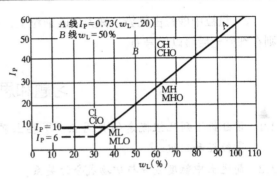

图 2-22　塑性图（a）

（3）对含粗粒的细粒土，仍按塑性图（a）或塑性图（b）划分，并根据所含粗粒类型进行分类：

1）粗粒中砾粒占优势，称为含砾细粒土，在细粒土代号后缀以代号 G。

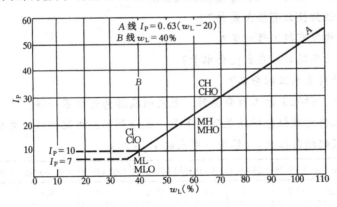

图 2-23　塑性图（b）

细粒土的分类（图 2-22）　　　　　　　表 2-15

土的塑性指标在塑性图中的位置		土代号	土 名 称
塑性指数 I_P	液限 w_L（%）		
$I_P \geqslant 0.73 (w_L - 20)$ 和 $I_P \geqslant 10$	≥50	CH	高液限粘土
	＜50	CL	低液限粘土
$I_P < 0.73 (w_L - 20)$ 和 $I_P < 10$	≥50	MH	高液限粉土
	＜50	ML	低液限粉土

土的塑性指标在塑性图中的位置		土代号	土 名 称
塑性指数 I_P	液限 w_L（%）		
$I_P \geqslant 0.63$（$w_L - 20$）和 $I_P \geqslant 10$	$\geqslant 40$	CH	高液限粘土
	< 40	CL	低液限粘土
$I_P < 0.63$（$w_L - 20$）和 $I_P < 10$	$\geqslant 40$	MII	高液限粉土
	< 40	ML	低液限粉土

2）粗粒中砂粒占优势，称为含砂细粒土，在细粒土代号后缀以代号 S；对有机质土，则在细粒土后缀以代号 O。

习题和思考题

2.1 请分析下列几组概念的异同点：①粘土矿物、粘粒、粘性土；②淤泥和淤泥质土；③粒径和粒组。

2.2 简述土中粒度成分与矿物成分的关系。

2.3 粒组划分时，界限粒径的物理意义是什么？

2.4 粘土颗粒为什么会带电？

2.5 毛细现象对工程有何影响？

2.6 为什么要区分干密度、饱和密度和有效密度？

2.7 粘土的活动性为什么有很大差异？

2.8 研究土的结构性有何工程意义？

2.9 为什么细粒土压实时存在最优含水量？

2.10 为什么要进行土的工程分类？

2.11 砂土、粉土、粘性土的工程分类时，采用的指标为什么不一样？

2.12 甲、乙两土样的颗粒分析结果列于下表，试绘制颗粒级配曲线，并确定不均匀系数以及评价级配均匀情况。（答案：甲土的 $C_u = 23$）

粒径（mm）		2～0.5	0.5～0.25	0.25～0.1	0.1～0.05	0.05～0.02	0.02～0.01	0.01～0.005	0.005～0.002	<0.002
相对含量（%）	甲土	24.3	14.2	20.2	14.8	10.5	6.0	4.1	2.9	3.0
	乙土			5.0	5.0	17.1	32.9	18.6	12.4	9.0

2.13 某原状土样，经试验测得天然密度 $\rho = 1.67 \text{g/cm}^3$，含水量为 12.9%，土粒比重 2.67，求孔隙比 e、孔隙率 n、饱和度 S_r。（答案：$e = 0.805$；$n = 44.6\%$；$S_r = 0.426$）

2.14 某砂土土样的密度为 1.77g/cm^3，含水量为 9.8%，土粒比重为 2.67，烘干后测定最小孔隙比为 0.461，最大孔隙比为 0.943，试求孔隙比 e 和相对密实度 D_r，并评定该砂土的密实度。（答案：$D_r = 0.595$）

2.15 某一完全饱和粘性土试样的含水量为 30%，土粒比重为 2.73，液限为 33%，塑限为 17%，试求孔隙比、干密度和饱和密度，并按塑性指数和液性指数分别定出该粘

性土的分类名称和软硬状态。（答案：$\rho_{sat} = 1.95 g/cm^3$）

2.16　某土料场土料为粘性土，天然含水量 $w = 21\%$，土粒比重 $d_s = 2.70$，室内标准功能击实试验得到的最大干密度 $\rho_{dmax} = 1.85 g/cm^3$。设计要求压实度 $D_c = 0.95$，并要求压实后的饱和度 $S_r \leqslant 0.9$。试问碾压时土料应控制多大的含水量。（答案：17.8%）

参 考 文 献

1　华南理工大学等编．地基与基础．北京：中国建筑工业出版社，1991
2　高大钊主编．土力学与基础工程．北京：中国建筑工业出版社，1998

第 3 章 土的渗透性与渗流

3.1 概　　述

土的骨架是由土颗粒组成的，颗粒之间是连通的孔隙。在饱和土体中，自由水可以在水头差作用下在孔隙通道中流动，这就是土中水的渗流。非饱和土中也存在着孔隙水和孔隙气体的渗流，但在本章中主要讨论饱和土体中水的渗流。土能够让水等流体通过的性质叫土的渗透性。孔隙水的流动服从伯努力（Bernowlli）方程，亦即它是从总能量高处向总能量低处流动。这个总能量可以用总水头 h 来度量：

$$h = h_z + \frac{u}{\gamma_w} + \frac{v^2}{2g}$$ (3.1.1)

式中　　h_z——相应于一定基准面的位置水头；

　　　　u——孔隙水压力；

　　　　v——孔隙中水的实际流速；

　　　　g——重力加速度。

式（3.1.1）中 $\frac{u}{\gamma_w}$ 是压力水头，$\frac{v^2}{2g}$ 是流速水头，由于在土中渗流中流速 v 一般都比较小，式（3.1.1）中第三项可以忽略不计，余下的两项之和亦称为测管水头。

土中水的渗流对土的工程问题有很大影响。土的应力、变形、强度及稳定都与土中水的运动和渗流有关。在岩土工程中土中水的渗流主要会引起两类工程问题：

（1）流量与渗流速度问题

在水利工程中的井、渠、水库中的闸坝及其基础工程中，在土木工程的基坑工程、人工降水及渗流固结工程和问题中，人们关心的常常是渗透流量的多少和渗流速度的快慢。相应的工程措施是改善或降低土的渗透性以达到工程要求。

（2）稳定性问题

所谓渗透稳定性（或称渗透变形、渗透破坏）是指在渗透水流对土骨架的渗透力的作用下，土颗粒间可以发生相对运动甚至整体运动，从而造成土体及建造在其上的建筑物失稳。据 1998 年长江防洪抢险的统计资料，由渗透破坏造成的险情约占险情总数的 70%。除了漫溢原因外，溃口险情几乎全部是渗透破坏造成的。在基坑开挖与支护工程中，很多事故都与土中水的渗流及渗透破坏有关。因而事前进行正确的渗透计算与分析，采用各种措施控制渗透，避免渗透破坏，一旦发生问题，采取正确的处理方法是岩土工程中的一个重要的课题。另外，土中水的渗流也会引起土坡的抗滑稳定问题。

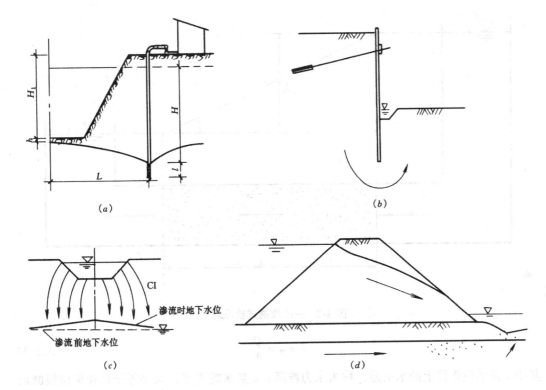

图 3-1　工程中的渗流问题

（a）基坑人工降水；（b）基坑排水；（c）渠道渗流；（d）堤防渗流

3.2　达　西　定　律

3.2.1　一维渗透试验与达西定律

在式（3.1.1）中，h 是土中孔隙水的总水头，水总是从总水头高处向总水头低处流动。早在 1856 年法国水利工程师达西（Darcy，D'Arcy）在均匀的砂土中进行一维渗透试验，其基本原理如图 3-2 所示。

他在试验中变化各种边界条件，进行了多次试验，得到如下结果：

$$Q = k \frac{\Delta h}{L} A \tag{3.2.1}$$

式中　Δh——土样的总水头差，如上所述，亦即测管水头差；

　　　L——试样的长度，也称渗径；

　　　A——试样的断面面积；

　　　Q——渗透流量；

　　　k——比例常数。

如果将上式有关各项改写成：

$$i = \frac{\Delta h}{L} = \text{tg}\alpha \tag{3.2.2}$$

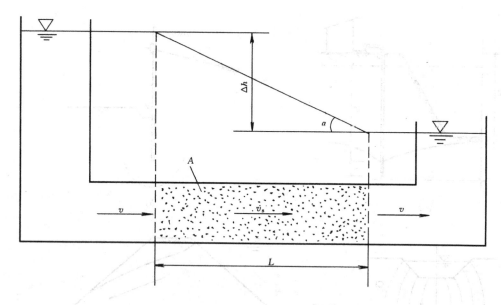

图 3-2　一维渗透试验原理

$$v = q = \frac{Q}{A} \tag{3.2.3}$$

其中 i 是单位渗径上的水头差，称为水力坡降；v 是水的流速，大小等于试样单位横断面上的流量 q。则式（3.2.1）可以改写成：

$$v = ki \tag{3.2.4}$$

此式表明，土中渗流水的流速 v 与其水力坡降 i 成正比，其比例常数为 k，其中 k 是单位水力坡降 $i = 1$ 时，水的渗透速度。它反映了土的渗水性能，称为渗透系数。式（3.2.4）是达西定律最通常的表达式。

3.2.2　关于土中水的渗透流速

在式（3.2.3）中的流速 $v = \frac{Q}{A}$，亦即土试样横断面面积除总流量，他实际上是图 3-2 中等截面积水管段流速，亦称为出逸流速（discharge velocity），在土体中是一个表观的流速，它并不代表水在土颗粒形成的孔隙中水的实际流速。取图 3-2 中单位长度土试样，则孔隙比 $e = \frac{V_v}{V_s} = \frac{A_v}{A_s}$。$A_v$ 和 A_s 分别为孔隙和固体颗粒在横断面上的平均面积。当水沿着土中孔隙通道流动时，其沿流动方向平均流速 v_s 和 v 之间的关系为：

$$Q = vA = v_s A_v \tag{3.2.5}$$

$$v = n w_s \tag{3.2.6}$$

其中 n 为土的孔隙率；v_s 是水在土体中沿水流方向的平均流速，也称渗透流速（seepage velocity）。

实际上土中孔隙是随机分布的和不规则的，因而上式中 v_s 也不是实际流速。在土中渗流水的真正流速的方向和大小各点都是不同的，是随孔隙的分布和大小而变化的。在图 3-3 中，表示了以上三种意义上的流速的不同。尽管土中水的真正流速及孔隙中水在渗流

方向的平均流速 v_s 更代表了"实际"渗流的情况，但其工程意义不大，在实际问题的分析和计算中还是采用表观的出逸流速 v。

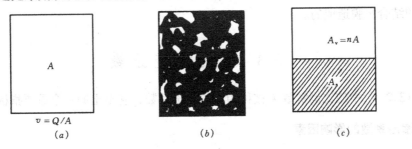

$$v = Q/A$$

(a)　　　　　　　　(b)　　　　　　　　(c)

图 3-3　土中水的渗流流速

(a) 出逸流速 v；(b) 土中实际流速（各点大小、方向不同）

(c) 渗流流速 v_s

3.2.3　达西定律的适用范围

达西定律是在均匀砂土的试验基础上建立起来的。随后在不同土类上的大量试验表明，在一般工程情况的水力坡降下，对于绝大多数土类它都是适用的。

但是流体力学的试验表明，达西定律所示的流速 v 与水力坡降 i 之间的线性关系只适用于层流情况。对于渗透性很大的粗粒土，当水力坡降 i 超过一定值时，这种线性关系就不再成立，二者的关系可用下式表示：

$$v = k_1 i^m \tag{3.2.7}$$

其中 $m < 1.0$。在均匀的卵石和均匀的堆石中渗流就会变成紊流 [图 3-4 (a)]，达西定律就不再适用了。

另一方面，试验也表明在一些渗透性很低的粘土中，当水力坡降较小时，v 与 i 也是非线性的，[图 3-4 (b)] 可表示为：

$$v = k_1 i^n \tag{3.2.8}$$

其中 $n > 1.0$。当水力坡降增加到一定程度时，二者有接近线性关系，可近似表示为：

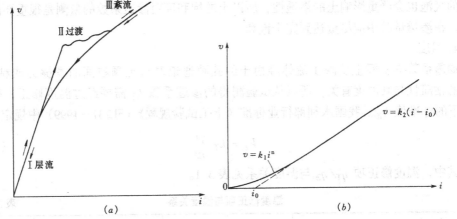

(a)　　　　　　　　　　　　　　　(b)

图 3-4　渗流流速与水力坡降的两种非线性关系

(a) 卵石中渗流；(b) 某些粘土中渗流

$$v = k_2 (i - i_0) \tag{3.2.9}$$

其中 i_0 称为起始水力坡降，这被认为是由粘土矿物组成的颗粒表面包围着较厚的、粘滞性较大的结合水膜造成的。

3.3 土 的 渗 透 系 数

式（3.2.4）中的比例常数 k 被称为土的渗透系数，它是土的一个重要指标。

3.3.1 渗透系数的影响因素

渗透系数主要与以下因素有关：

1. 土的孔隙比

由于渗流是在土的孔隙中发生的，在式（3.2.6）中 $v = nw_s = \dfrac{e}{1+e} v_s$。即在孔隙中，$v_s$ 相同时，如孔隙比大，表明单位面积上实际的过水面积大，出逸流速 v 就大。另一方面，孔隙比 e 大，v_s 也将增加。试验表明，在同一种砂土中 k 大约与 e^2 或者 $\dfrac{e^2}{1+e}$ 成比例。但对于粘土和粉土，这种关系不完全成立。

2. 颗粒的尺寸及级配

渗流通道的直径越细小，对水流的阻力就越大，水在孔隙中平均流速 v_s 也就越低。而土中孔隙通道的粗细是与颗粒的尺寸和级配有关的，特别是与其中较细的颗粒的尺寸有关。例如对于均匀砂土，当 $d_{10} = 0.10 \sim 3$mm 时，哈臣（Hazen，1911）建议如下经验公式：

$$k = C d_{10}^2 \qquad (\text{cm/s}) \tag{3.3.1}$$

式中　d_{10}——有效粒径，mm；

　　　C——与土性有关的经验系数，$C = 0.4 \sim 1.2$。

3. 土的饱和度

本章讨论的是饱和土体，但实际上土的孔隙常常不能完全被水充填。孔隙水中即使是很小的气泡也会严重影响土的渗透性，所以土的饱和度对渗透系数的量测是很重要的影响因素，在渗透试验中应尽量达到完全饱和。

4. 温度

渗透系数 k 实际上反映了流体经由土的孔隙通道时与土颗粒间的摩擦力或粘滞力。流体的粘滞性与其温度有关，所以从试验测得的渗透系数 k_T 需要经过温度修正，得到在20℃下的标准值 k_{20}。我国水利部行业标准《土工试验规程》（SL237—1999）中规定：

$$k_{20} = k_T \frac{\eta_T}{\eta_{20}} \tag{3.3.2}$$

其中，温度修正项 η_T / η_{20} 与温度关系见表3-1。

温度修正项与温度关系

表3-1

T（℃）	5	10	15	20	25	30	35
η_T / η_{20}	1.501	1.297	1.133	1.000	0.890	0.798	0.720

5. 颗粒的矿物组成

颗粒的矿物组成往往影响颗粒的尺寸、形状、排列及结合水膜的薄厚。粘性土与无粘性土的渗透性差别很大，二者的矿物成分不同是重要原因。粘土矿物的种类对渗透系数的影响也很大。在同样孔隙比情况下，粘土矿物的渗透性依次是高岭石 > 伊利石 > 蒙脱石。

6. 土的结构

由于天然沉积土的分层特性，其渗透性往往是各向异性的。对于裂隙粘土及风化粘土，其渗透性往往不取决于颗粒间的孔隙，而取决于宏观的裂隙；同样，具有凝聚结构的粘土，其团粒间的孔隙会使其渗透系数很大。

影响土的渗透系数的还有其他因素，但主要是土的颗粒性质和孔隙比。

3.3.2 不同土渗透系数的范围

不同类的土之间的渗透系数可相差极大，一般的范围见表 3-2。

渗透系数 k 的一般范围   表 3-2

k（cm/s）	土 类	透水性评价
10^2	均匀的卵砾石	很好
10		
1.0		
10^{-1}	均匀砂	好
10^{-2}	砂砾混合 裂隙	
10^{-3}	粘土	
10^{-4}	很细砂 风化 粉土 粘土	不好
10^{-5}	带夹层粘土	
10^{-6}		
10^{-7}		几乎不透水
10^{-8}	均匀粘土	
10^{-9}		

从表 3-2 中可见 $k = 1.0$，10^{-4} 和 10^{-9} cm/s 是三个重要的界限。它们是卡萨哥兰德（Casagrande，1939）所建议的渗透系数的界限值，在工程应用中很有意义。一般认为 1.0cm/s 是土中渗流的层流和紊流的界限。10^{-4} cm/s 是排水良好与排水不良之界限，也是对应于发生管涌的敏感范围。10^{-9} cm/s 大体上是土的渗透系数的下限。

在同样孔隙比情况下，粘性土的渗透系数一般远小于非粘性土。除了由于其颗粒细小，从而形成的孔隙通道也很细外，结合水膜占据了土中的孔隙体积是主要原因。这种结合水膜是不流动的，渗流的自由水要想通过结合水膜之间的狭窄的间隙，需要更高的水力坡降。这也可能是粘土的渗流存在着初始水力坡降的原因（见式 3.2.9）。

3.3.3 确定土的渗透系数的试验

确定土的渗透系数可以通过室内试验和野外试验。其中室内试验结果对于实际工程问题的适用性取决于：①取得试样的代表性；②室内试验量测结果的重现性；③现场综合条件的模拟，如饱和度、密度及温度等条件的一致性。尽管如此，室内渗透试验还是确定土的渗透系数的重要方法。

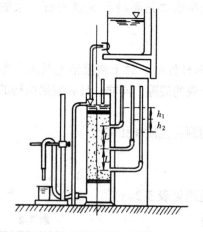

图 3-5 常水头试验

1. 常水头试验

这种试验常用于粗粒土，如粗、中砂和砾石等渗透系数大于 10^{-4}cm/s 的土。其仪器设备简图见图 3-5（70 型渗透仪）。圆柱试样放入圆筒中，圆筒之内径应大于土的最大粒径的 10 倍。试样上下端设有纱网或金属孔板；当土中含有细粒土时，还应设由砂、砾、卵石组成的反滤层。进入试样的水来自一个容量为 5000ml 的供水瓶，进水处的水头及试样上下端水位差在试验中保持不变。流水的水量用量杯量测。为保证试样的饱和，试样首先真空饱和，试验用水为脱气水。记录一定时间间隔的渗流量，并用下式计算渗透系数。

$$k_{\mathrm{T}} = \frac{QL}{Aht} \quad (\mathrm{cm/s}) \tag{3.3.3}$$

式中　Q——时间 t 秒内渗透水量，cm^3；

　　　L——相邻测压孔间试样高度，cm；

　　　A——试样断面积，cm^2；

　　　h——平均水头差 $\frac{h_1 + h_2}{2}$，cm。

然后用式（3.3.2）进行温度修正，得到标准温度下的渗透系数 k_{20}。

2. 变水头渗透试验

这种试验设备型式有多种，其基本原理如图 3-6 所示。它适用于细粒土，如粉细砂、粉土和粘土。由于这些土的渗透系数较小，用常水头试验难以保证精确的长时间的量测。它一般采用 100mm 直径的圆试样，可以是用环刀采取的未扰动原状土样；也可以是击实的重塑土试样。试样上下部配备有纱网和反滤层保护。试样下端水位保持恒定，进水端与已知直径的量水管连通。试验中在几次时间间隔分别记录管中水位。在重复试验中可采用不同直径的量水管。在试验前也要用真空法饱和土试样，试验中使用脱气水。

在这种试验中，水位、水力坡降、流速和流量都是时间的函数。根据达西定律，在任意时间 t 的单位面积流量：

$$q = v = ki = k\frac{h}{L}$$

在 dt 时段中从管内流出试样的水量：

$$\Delta V_1 = k\frac{h}{L}A\mathrm{d}t$$

在 dt 时段中从管内流入试样的水量：

$$\Delta V_2 = -a \cdot dh$$

其中 a 为量水管内部断面积，dh 为 dt 时段中量水管水位的变化量。对于稳定渗流：

$$\Delta V_1 = \Delta V_2$$

$$-adh = k\frac{h}{L}Adt$$

在从 t_1 到 t_2 这段试验时段中，如管内水位从 h_1 变到 h_2：

$$-\int_{h_1}^{h_2} \frac{dhL}{h} = \frac{kA}{a}\int_{t_1}^{t_2} dt$$

积分后得到：

$$k = \frac{aL\ln(h_1/h_2)}{A(t_2-t_1)} \qquad (3.3.4a)$$

或者

$$k = \frac{2.3aL\log(h_1/h_2)}{A(t_2-t_1)} \qquad (3.3.4b)$$

除了上述两种渗透试验仪器和方法外，还有其他的室内试验也可以测量土的渗透系数。

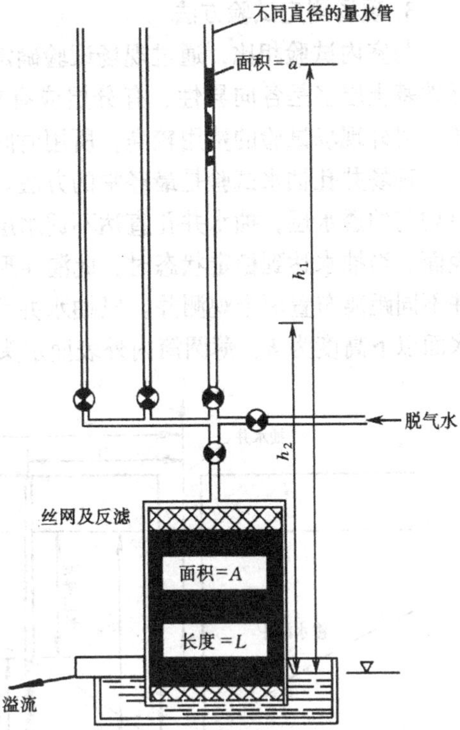

图 3-6 变水头渗透试验原理图

【例题 3-1】 一系列变水头试验的测量结果如表 3-3 所示，计算土的渗透系数 k 的平均值。

试样直径 $D = 100$mm；试样长度 $L = 150$mm；供水管直径分别为 $d = 5.0$mm，9.0mm，12.5mm。从式（3.3.4 a）计算各试验时段的渗透系数，得到平均渗透系数：

$$k = 1.85 \times 10^{-3}\text{mm/s} = 1.85 \times 10^{-4}\text{cm/s}$$

如果试验温度不是 20℃，还要经过式（3.3.2）进行修正。

试 验 测 量 值

表 3-3

试验记录				计算值	
量水管直径（mm）	量水管水位（mm）		$t_2 - t_1$	$\ln(h_1/h_2)$	k（10^{-3}mm/s）
	h_1	h_2			
5.0	1200	800	84	0.4055	1.810
	800	400	149	0.6931	1.744
9.0	1200	900	177	0.2877	1.975
	900	700	167	0.2513	1.828
	700	400	366	0.5596	1.844
12.5	1200	800	485	0.4055	1.959
	800	400	908	0.6931	1.789

3. 现场测定试验方法

与室内试验相比，通过现场试验确定土的渗透系数更接近工程的实际情况，但由于实际地基土层多是各向异性、有分层或有夹层的，所测得的渗透系数往往是一个综合平均值。另外现场试验的费用较高，所用时间也较长。

现场井孔抽水试验是最经常的方法。其原理见图3-7。在相对不透水土层上有一较深厚均匀的透水层，抽水井孔直达不透水层。抽水时形成无压的渗流，有自由的地下水渗流表面。当抽水达到稳定状态时，此漏斗形的地下水面保持不变。在试验中还需要在距抽水井不同距离布置两个观测井。以抽水井为中心取一半径为 r、厚度为 dr 的薄圆筒，地下水面以下高度为 h，薄圆筒内外表面水头差为 dh。

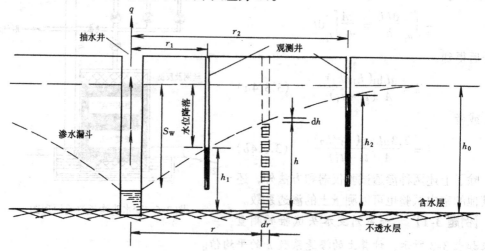

图 3-7 在自由透水层中的井孔抽水试验

则水力坡降
$$i = \frac{\mathrm{d}h}{\mathrm{d}r}$$

圆筒侧面积
$$A = 2\pi r h$$

根据达西定律：

$$Q = Aki = 2\pi r h k \frac{\mathrm{d}h}{\mathrm{d}r}$$

$$\frac{\mathrm{d}r}{r} = k\frac{2\pi}{Q}h\mathrm{d}h$$

积分后得到：

$$\ln\left(r_2/r_1\right) = \frac{\pi}{Q}k\left(h_2^2 - h_1^2\right)$$

$$k = \frac{Q}{\pi}\frac{\ln\left(r_2/r_1\right)}{\left(h_2^2 - h_1^2\right)} \tag{3.3.5}$$

在已知土的渗透系数 k 的情况下，也可通过上式计算人工降低地下水位的降水深度。

在实际问题中，还可能存在夹在不透水层中透水层中的承压水情况，抽水井孔没有达到不透水层等情况，也可用类似的方法分析。

3.3.4 分层土的等效渗透系数

实际地基多是由渗透性不同的多层土组成的，并且每层土的水平方向与垂直方向渗流的渗透性是相差很大的，一般水平方向的渗透性大得多。

图 3-8 表示由三层各向同性的、渗透系数各不相同的土组成的地基土，讨论其垂直方向和水平方向的渗透性和等效渗透系数。

1. 水平渗流

在图 3-8（a）中，设上下及两侧边界都密封不透水，由于无垂直方向渗流，在各层土中进、出口的水位和水头损失必然是相同的，即：

$$\Delta h_1 = \Delta h_2 = \Delta h_3 = \Delta h$$

因而水力坡降也相同，

$$i_1 = i_2 = i_3 = i$$

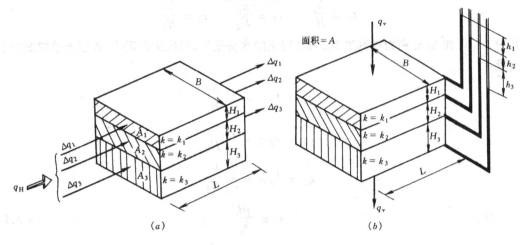

图 3-8 分层土的渗流
（a）水平渗流；（b）垂直渗流

根据达西定律，各层土单位宽度上的流量：

$$\Delta q_1 = H_1 k_1 i$$

$$\Delta q_2 = H_2 k_2 i$$

$$\Delta q_3 = H_3 k_3 i$$

如果我们假想有一厚度为 $H = \sum\limits_{i=1}^{3} H_i$ 的均匀土层，在同样水力坡降下，通过它的单宽流量等于上述各层流量之和，即 $q = \sum\limits_{i=1}^{3} q_i$，那么这一均匀土层的渗透系数就是水平渗流时上述多层土的等效渗透系数，记作 k_H。如果为 n 层土：

则对于假想均匀土层：

$$q = k_H H i = k_H \sum\limits_{i=1}^{n} H_i i$$

对于多层土：

$$q = \sum\limits_{i=1}^{n} q_i = \sum\limits_{i=1}^{n} H_i k_i i$$

二者相等：

$$k_H \sum_{i=1}^{n} H_i i = \sum_{i=1}^{n} H_i k_i i$$

$$k_H = \frac{\sum\limits_{i=1}^{n} H_i k_i}{\sum\limits_{i=1}^{n} H_i} \tag{3.3.6}$$

可见在水平渗流情况下,等效渗透系数是各层上渗透系数的按厚度的加权平均值。

2. 垂直渗流

当渗流的方向正交于土的层面时,如图 3-8(b) 所示。由于没有水平渗流的分量,根据水流的连续性原理,则通过单位面积上的各层流量应当相等。亦即:

$$q_1 = q_2 = q_3 = q$$

但流经各层所损失的水头和需要的水力坡降不同:

$$i_1 = \frac{h_1}{H_1} \qquad i_2 = \frac{h_2}{H_2} \qquad i_3 = \frac{h_3}{H_3}$$

其中 h_1、h_2 和 h_3 分别为水流过 1、2 和 3 层土的水头损失。根据达西定律,各层土单位面积上流量:

$$q_1 = k_1 i_1 = k_1 \frac{h_1}{H_1}$$

$$q_2 = k_2 i_2 = k_2 \frac{h_2}{H_2}$$

$$q_3 = k_3 i_3 = k_3 \frac{h_3}{H_3}$$

即:

$$h_i = \frac{q H_i}{k_i} \tag{3.3.7}$$

同样我们假想这个多层土层是一个厚度为 $H = \sum\limits_{i=1}^{3} H_i$ 的均匀土层,在同样进、出口水头差 $h = \sum h_i$ 情况下流出相同的流量 q,则这均匀土层的渗透系数就作为这个多层土的垂直渗流等效渗透系数,记作 k_V。设共有 n 层土时:

对于假想的均匀土:

$$q = k_V \frac{h}{H} = k_V \frac{\sum\limits_{i=1}^{n} h_i}{\sum\limits_{i=1}^{n} H_i}$$

将式(3.3.7) 代入

$$q = k_V \frac{q \sum\limits_{i=1}^{n} H_i / k_i}{\sum\limits_{i=1}^{n} H_i} \tag{3.3.8}$$

$$\therefore \quad k_V = \frac{\sum\limits_{i=1}^{n} H_i}{\sum\limits_{i=1}^{n} H_i / k_i} \tag{3.3.9}$$

比较式(3.3.6) 与(3.3.9),可见在不同渗流方向时,等效渗透系数是不同的。

用式(3.3.9)和(3.3.8)可以计算分层土中垂直渗流时的单位面积流量；然后用式(3.3.7)计算各层土中的水头损失；确定各层交界面处之测管水头；计算各层土中水力坡降。

另一种计算分层土中流量和水头损失的方法是等效厚度法而不是等效渗透系法。亦即设土层中某层土的渗透系数 k_e 为标准值，设其余各层土的渗透系数都等于 k_e，第 i 层土厚度变化为等效厚度 $\overline{H_i} = \dfrac{k_e}{k_i} \cdot H_i$，总土层变成厚度为 $\overline{H} = \sum\limits_{i=1}^{n} \overline{H_i}$ 的单一均匀土层。先计算单位面积渗流量 q，然后用等效厚度计算各层土的水头损失。这种方法有时是很方便的。

【例题3-2】 有一粉土地基，粉土厚1.8m，但有一厚度为15cm的水平砂夹层。已知粉土渗透系数 $k = 2.5 \times 10^{-5}\mathrm{cm/s}$，砂土渗透系数为 $k = 6.5 \times 10^{-2}\mathrm{cm/s}$。设它们本身渗透性都是各向同性的，求这一复合土层的水平和垂直等效渗透系数。

先求水平等效渗透系数，从式(3.3.6)可直接计算：

$$k_H = \frac{H_1 k_1 + H_2 k_2}{H_1 + H_2} = \frac{15 \times 650 + 180 \times 0.25}{15 + 180} \times 10^{-4} = 5.02 \times 10^{-3}\mathrm{cm/s}$$

再计算垂直等效渗透系数，从式(3.3.9)得到：

$$k_V = \frac{H_1 + H_2}{H_1/k_1 + H_2/k_2} = \frac{15 + 180}{15/650 + 180/0.25} \times 10^{-4} = 2.71 \times 10^{-5}\mathrm{cm/s}$$

$$k_H/k_V = 186$$

可见薄砂夹层的存在对于垂直渗透系数几乎没有影响，可以忽略。但厚度仅为15cm的砂夹层大大增加了土层的水平等效渗透系数，大约增加到没有砂夹层时的200倍。在基坑开挖时，是否挖穿强透水夹层，基坑中的涌水量相差极大，应十分注意。

【例题3-3】 对由三层土组成的试样进行垂直和水平渗透试验，如图3-9所示。两种试验中水头差都是25cm，试样尺寸及土性质如下：

$$H_1 = 5\mathrm{cm} \qquad k_1 = 2.5 \times 10^{-6}\mathrm{cm/s} \qquad 粘土$$

$$H_2 = 20\mathrm{cm} \qquad k_2 = 4 \times 10^{-4}\mathrm{cm/s} \qquad 粉土$$

$$H_3 = 20\mathrm{cm} \qquad k_3 = 2 \times 10^{-2}\mathrm{cm/s} \qquad 砂土$$

试样的长宽高都是45cm。

求：1. 水平方向等效渗透系数和渗流量。

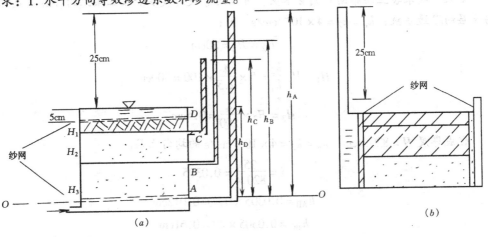

图3-9 ［例题3-3］图示

2. 垂直方向等效渗透系数和渗流量。

3. 在垂直向上（图 3-9a）渗透试验中，当稳定渗流时，A、B、C 三点的量水管测管水头 h_A、h_B、h_C。

【解】 （1）根据式（3.3.6）计算水平等效渗透系数：

$$k_H = \frac{\sum k_i H_i}{\sum H_i} = \frac{5 \times 2.5 + 20 \times 400 + 20 \times 20000}{5 + 20 + 20} \times 10^{-6} = 0.907 \times 10^{-2} \text{cm/s}$$

计算渗透流量：

$$Q_H = \overline{v}_H \cdot 45 \times 45 = k_H i \times 45 \times 45 = 0.907 \times 10^{-2} \cdot \frac{25}{45} \times 45 \times 45 = 10.2 \text{cm}^3/\text{s}$$

（2）根据式（3.3.9）计算垂直等效渗透系数：

$$k_V = \frac{\sum H_i}{\sum H_i / k_i} = \frac{45}{5/2.5 + 20/400 + 20/20000} \times 10^{-6} = 2.194 \times 10^{-5} \text{cm/s}$$

计算垂直渗透流量：

$$q = v_V = k_v \cdot i = 2.194 \cdot \frac{25}{45} \cdot 10^{-5} = 1.22 \times 10^{-5} \text{cm/s}$$

$$Q_V = v_V \times 45 \times 45 = 0.0247 \text{cm}^3/\text{s}$$

（3）A—B 间水头损失，用式（3.3.7）计算：

$$\Delta h_{AB} = \frac{qH_3}{k_3} = \frac{1.22 \times 10^{-5} \times 20}{2 \times 10^{-2}} = 0.0122 \text{cm}$$

对 B—C 段：

$$\Delta h_{BC} = \frac{1.22 \times 10^{-5} \times 20}{4 \times 10^{-4}} = 0.610 \text{cm}$$

对 C—D 段：

$$\Delta h_{CD} = \frac{1.22 \times 10^{-5} \times 5}{2.5 \times 10^{-6}} = 24.4 \text{cm}$$

所以： $h_A = 75 \text{cm}$ $h_C = 74.38 \text{cm}$

$h_B = 74.99 \text{cm}$ $h_D = 50 \text{cm}$

如果只要求各土层界面之测管水头，可以用等效厚度法。设三层土的渗透系数都等于粉土层的渗透系数：$k_e = k_2 = 4 \times 10^{-4} \text{cm/s}$，则：

$$\overline{H}_2 = H_2 = 20 \text{cm}$$

$$\overline{H}_1 = H_1 \frac{k_2}{k_1} = 5 \times \frac{4}{2.5} \times 100 = 800 \text{cm}$$

$$\overline{H}_3 = H_3 \times \frac{4}{200} = 0.4 \text{cm}$$

化成厚度 $\overline{H} = 820.4 \text{cm}$，$k_e = k_2 = 4 \times 10^{-4} \text{cm/s}$ 的均匀土层。

$$i = \frac{25}{820.4} = 0.0305$$

$$h_{AB} = 0.0305 \times 0.4 = 0.012 \text{cm}$$

$$h_{BC} = 0.0305 \times 20 = 0.61 \text{cm}$$

$$h_{CD} = 0.0305 \times 800 = 24.4 \text{cm}$$

可见计算结果是相同的。

3.4 饱和土中的应力和有效应力原理

饱和土体是由土颗粒和孔隙水两相组成的。两相中和两相间存在着多种力的传递与相互作用，主要有：水与水之间力的传递——水压力传递；颗粒之间通过接触传递压力；水作用于土颗粒上的力及土颗粒对水的反作用力。

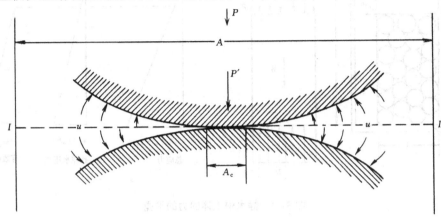

图 3-10　颗粒间的接触

在图 3-10 中，作用在土体上面积 A 上的总压力或荷载为 P，在 $I—I$ 断面上，它由两相承担：一是颗粒间的接触压力 P'；另外是孔隙水压力之合力 $u(A - A_c)$，A_c 是颗粒接触面积。注意：孔隙水压力 u 在各方向都是相等的，它作用在所考虑面的垂直方向。这样：

$$P = P' + (A - A_c)u \tag{3.4.1}$$

式 (3.4.1) 两侧被面积 A 除，

$$\frac{P}{A} = \frac{P'}{A} + \left(\frac{A - A_C}{A}\right)u$$

亦即

$$\sigma = \sigma' + \left(1 - \frac{A'}{A}\right)u \tag{3.4.2.a}$$

或者

$$\sigma = \sigma' + (1 - \alpha)u \tag{3.4.2.b}$$

其中 $\alpha = A'/A$。

由于颗粒间实际接触面积很小，比如对于浑圆的由坚硬矿物组成的颗粒，接触面接近一个点，所以近似 $A' \approx 0$ 或者 $\alpha \approx 0$，则式 (3.4.2.b) 变成：

$$\sigma = \sigma' + u \tag{3.4.3}$$

这就是太沙基（Terzaghi，1925）所提出的饱和土体的有效应力原理。它表明：作用于饱和土体上的总应力 σ 由作用在孔隙水上的孔隙水压力 u 和作用在土骨架上的有效应力 σ' 组成。由于土的强度取决于颗粒间的连接力和摩擦力；土的变形主要表现于颗粒间的滑移与颗粒变形和破碎，所以很显然，土的强度和变形主要由土的有效应力决定。

值得注意的是，有效应力表示为 $\sigma' = P'/A$，它并不是颗粒间的真正接触应力 P'/A_c，

因而 σ' 只是一个表象的、虚拟的应力。

在分析饱和土中应力与力的传递时，可以取两种隔离体：一种是将土颗粒 + 孔隙水一起取为隔离体，这时孔隙水与颗粒间的相互作用力就成为内力；另一种是将土中土的颗粒所形成的骨架单独作为隔离体，这时要考虑颗粒间作用力，孔隙水作用于土颗粒上作用力和颗粒本身自重之间力的平衡。下面以图 3-11 中静水中的饱和土为例，分析其力的平衡条件。

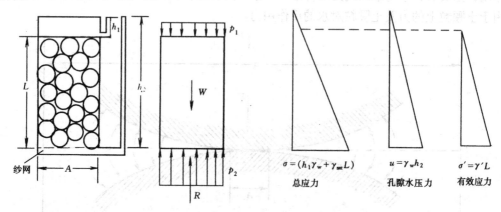

图 3-11　静水中土体的力的平衡

（1）取（土骨架 + 孔隙水）作隔离体，作用在试样上的竖向力：

自重：$W = \gamma_{\mathrm{sat}} LA = \left(\gamma_{\mathrm{w}} + \gamma' \right) LA$

上部水压力：$P_1 = \gamma_{\mathrm{w}} h_1 A$

下部水压力：$P_2 = \gamma_{\mathrm{w}} h_2 A$

下部纱网对土样的支持力：R，则：

$$P_1 + W = P_2 + R$$

$$R = P_1 + W - P_2 = \gamma_{\mathrm{sat}} LA + \gamma_{\mathrm{w}} \left(h_1 - h_2 \right) A = \left[\left(\gamma_{\mathrm{w}} + \gamma' \right) L - \gamma_{\mathrm{w}} L \right] A$$

$$R = \gamma' LA \tag{3.4.4}$$

式（3.4.4）表示下部纱网对土体的支持力 $R = \gamma' LA$，它是通过颗粒间接触点传递的，大小等于土粒自重扣除浮力，即用有效重度（浮重度）γ' 计算的土骨架自重。

式（3.4.4）也可以从有效应力原理从式（3.4.3）得到：

在土试样底部：

总应力：$\sigma = \gamma_{\mathrm{sat}} L + \gamma_{\mathrm{w}} h_1$

孔隙水压力：$u = \gamma_{\mathrm{w}} h_2 = \gamma_{\mathrm{w}} \left(L + h_1 \right)$

有效应力：$\sigma' = \sigma - u = \gamma' L$

纱网承担这部分有效应力 $R = \sigma' A = \gamma' LA$。

（2）取土的骨架作隔离体，作用在骨架上的竖向力有：

土粒自重：$W_{\mathrm{s}} = V_{\mathrm{s}} d_{\mathrm{s}} \gamma_{\mathrm{w}}$

水对土的浮力：$V_{\mathrm{s}} \gamma_{\mathrm{w}}$

V_{s} 为土中颗粒的体积

下部纱网支持力 R

考虑这三个力在竖向的平衡，其中固体颗粒的体积 $V_s = (1-n) LA$，n 为孔隙率。

$$R = W_s - V_s \gamma_w = V_s (d_s - 1) \gamma_w = (1-n)(d_s - 1) \gamma_w LA$$

由于 $(1-n) d_s \gamma_w + n\gamma_w = \gamma_{sat}$，式中左边前者是单位土体积中颗粒自重；后者是饱和土体单位体积中孔隙水重量。

则：
$$(1-n)(d_s - 1) \gamma_w = \gamma_{sat} - \gamma_w$$
$$R = (\gamma_{sat} - \gamma_w) LA = \gamma' LA$$

可见有效重度 γ' 是一个人为假想的物理量。因为重度定义为单位体积物质的重力的大小，而重力本身是地球引力，在地球同一高程它是常数，不因是否在水中而改变，因而若将 γ' 定义为"单位体积物质在水中的重力"，则是一个概念的错误。实际上它是单位体积的物质的重力减去水对其的浮力之差。为了方便，引入有效重度 γ' 这一指标，并且直接用以计算饱和土中由自重和浮力产生的有效应力 $\sigma' = \gamma' z$。因而 γ' 也是一个虚拟的物理性质指标。

3.5 渗透力和渗透变形

3.5.1 渗透力

图 3-12 表示土试样中水向上渗流的情况，若取土骨架 + 孔隙水总土体作隔离体：

土体自重：
$$W = LA\gamma_{sat} = LA (\gamma' + \gamma_w)$$

上部水压力：
$$P_1 = \gamma_w A h_1$$

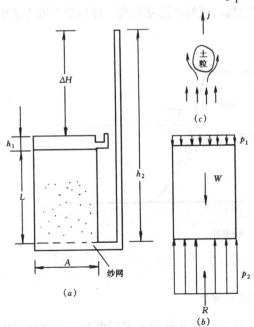

图 3-12 渗流土体中力的平衡

下部水压力：
$$P_2 = \gamma_w A h_2$$

下部纱网上支持力为 R。

忽略侧壁摩擦力，考虑垂直方向力的平衡：

$$R = W + P_1 - P_2$$
$$= LA (\gamma' + \gamma_w) + \gamma_w A h_1 - \gamma_w A h_2$$
$$= LA (\gamma' + \gamma_w) - A\gamma_w (h_2 - h_1)$$

其中，$h_2 - h_1 = L + \Delta H$，代入得

$$R = LA\left(\gamma' - \frac{\Delta H}{L}\gamma_w\right)$$

$$R = LA (\gamma' - i\gamma_w) \qquad (3.5.1)$$

如上节讨论，纱网的支持力 R 是作用在土骨架上的力。如果我们再取水中土骨架作隔离体（见图 3-13）：

向下：自重 $W' = \gamma' LA$

向上：支持力 $R = \gamma' LA - i\gamma_w LA$（见式

47

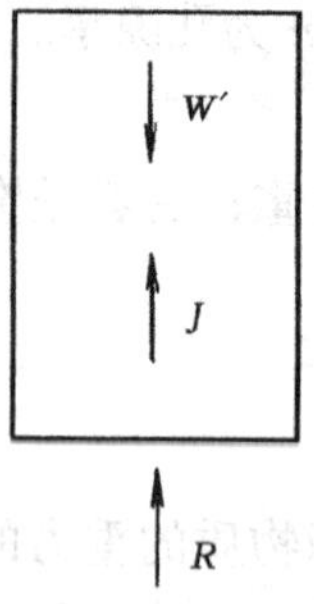

3.5.1)

在上节讨论的在静水中时 R 和 W' 是平衡的，二者相等（见式 3.4.4）。但在向上渗流情况下，二者之差为 $i\gamma_w LA$，亦即有一个向上的力 $J = i\gamma_w LA$ 作用在土骨架上。其中 LA 为试样的体积，则 $j = i\gamma_w$ 是单位土体积上的作用力。这个力是渗透水流在孔隙中流动时对土颗粒形成的骨架拖曳力［见图 3-12（c）］，这个单位体积土体中骨架所受到的渗透水流的作用力叫渗透力。它的方向与水渗流方向一致。亦即：

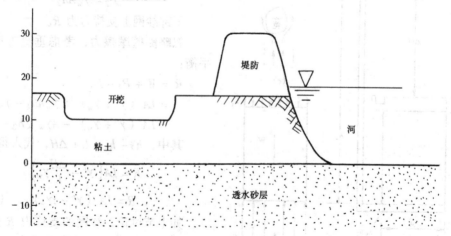

$$j = i\gamma_w \tag{3.5.2}$$

图 3-13 土骨架上力的平衡

3.5.2 流土及其临界水力坡降

在图 3-12 中，如果试样下部的水头逐渐提高，纱网上的支持力逐渐减小，如果 $R = 0$，根据式（3.5.1）：

$$\gamma' = i\gamma_w$$

$$i_{cr} = \frac{\gamma'}{\gamma_w} \tag{3.5.3}$$

这时土骨架处于悬浮状态，土体脱离了纱网，土的颗粒之间也可能不再相互接触。在这种向上渗透水流作用下，土体整体被抬起或者颗粒同时悬浮的现象叫做流土。在式（3.5.3）中，发生流土时的水力坡降叫做临界水力坡降，记作 i_{cr}。

不同种类的土，发生流土的现象是不完全相同的。对于砂土，在向上渗流作用下，砂粒几乎同时涌起悬浮，彼此不接触，其状如水沸腾，也叫"砂沸"。对于粘性土，由于粘聚力的存在，经常是表层某一局部范围的土体整体被抬起。

图 3-14 表示在河滩上筑堤防，由于河滩上一般分布有厚度不大的粘性土不透水层，而筑堤取土一般会在背水坡距堤不远处形成取土坑。当河水逐渐升高，堤后附近取土坑中粘土层可能被局部抬起而发生流土。

图 3-14 堤防后的流土

图 3-15 表示的是在基坑开挖时，当表面不透水层被开挖到一定深度时，下部砂层中的承压水可能突然掀开基坑底粘土而涌出，这也是一种经常会发生的流土破坏。

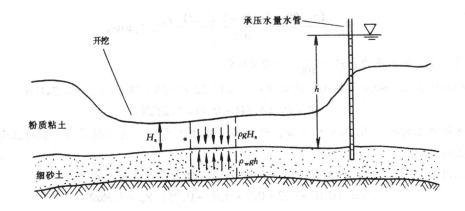

图 3-15　基坑中的流土破坏

【例题 3-4】　在［例题 3-3］中如果粘土层饱和重度 $\gamma_{sat} = 19.62\text{kN/m}^3$，粉土 $\gamma_{sat} = 18.8\text{kN/m}^3$，砂土 $\gamma_{sat} = 18.6\text{kN/m}^3$，判断其是否会发生流土。（在图 3-9（a）中取消上部纱网）

从［例题 3-3］计算中得知，在粘土层中水力坡降 $i_1 = \dfrac{\Delta h_1}{H_1} = \dfrac{24.4}{5} = 4.88$

用式（3.5.3）计算临界水力坡降：$i_{cr} = \dfrac{\gamma'}{\gamma_w} = \dfrac{9.81}{9.81} = 1.0$，$i_1 > i_{cr}$ 必定发生流土。

【例题 3-5】　在［例题 3-3］中如果（a）一、二层土互换，或者（b）一、二、三层反过来布置，验算是否会发生流土。

在这种情况下，不能只分别验算表层和每个层的水力坡降，要进行整体平衡的验算。

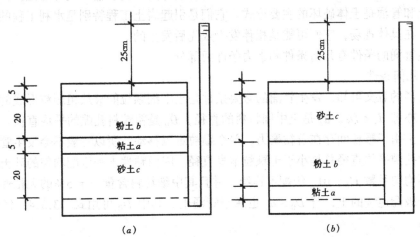

图 3-16　【例题 3-5】图示

尽管土层调换，但各层土中水头损失是不变的。在［例题 3-3］计算中已知：

$$\Delta h_a = 24.4\text{cm} \qquad \Delta h_b = 0.61\text{cm} \qquad \Delta h_c = 0.0122\text{cm}$$

其中 a、b、c 分别代表粘土、粉土、砂土。

在图 3-16（a）中，粘土层 a 的底部的 1m^2 断面上作用有向上的总压力：

$$P_2 = \frac{(5 + 20 + 5 + 25 - 0.0122)\ \gamma_w}{100} = 5.40\text{kN}$$

粉土顶面的水压力：$P_1 = \dfrac{5}{100}\gamma_w = 0.49\text{kN}$

两层饱和土（粉土＋粘土）的自重：$W = 19.62 \times 0.05 + 18.8 \times 0.2 = 4.741\text{kN}$

$$W + P_1 = 4.741 + 0.49 = 5.23\text{kN}$$

这时向上的扬压力 $P_2 > P_1 + W$，还是可能发生流土的。这时扬压力可能将上部两层土体抬起。

在图 3-16 (b) 中，粘土层 a 的底部的 1m^2 断面上作用有向上的压力：

$$P_2 = (0.05 + 0.2 + 0.2 + 0.05 + 0.25)\ \gamma_w = 7.36\text{kN}$$

砂土顶面上水压力：$P_1 = \dfrac{5}{100}\gamma_w = 0.49\text{kN}$

三层饱和土的自重　$W = 19.62 \times 0.05 + 18.8 \times 0.2 + 18.6 \times 0.2 = 8.46\text{kN}$

$$P_1 + W = 8.95\text{kN} > P_2 = 7.36\text{kN}$$

在这种情况下，上部的水土自重大于粘土层下部的扬压力，不会发生流土。

3.5.3　管涌

所谓管涌是指在渗透力的作用下，土中的细颗粒在粗颗粒形成的孔隙通道中被渗透水流带走而流失的现象。其结果常常是由于细颗粒逐渐被带走，留下的孔隙越来越大，形成贯通的管状通道。粗颗粒可能被架空、坍落，最后造成土体破坏。

与流土不同，管涌可能发生在土体的任何部位和任何渗流方向。它引起的土体破坏往往是渐进的，在大孔隙无粘性土体内部发生的管涌称为"内管涌"或"潜蚀"。

流土和管涌是土体破坏的主要形式。它们是引起岩土工程特别是水利工程的事故的重要原因。在具体现场，它们可能是相伴发生或先后发生的。

发生管涌的条件有几何条件和水力条件两部分：

(1) 几何条件

从管涌的意义可知，发生管涌的必要条件是土中细颗粒能够从粗颗粒形成的孔隙通道中通过。亦即 $d_s < D_0$，d_s 是土中细粒料的直径，D_0 是粗粒料孔隙的平均直径。

粘性土由于颗粒间存在着粘聚力，单个颗粒难以移动，所以一般不会发生管涌。均匀的砂土中孔隙平均直径总是小于土颗粒本身直径。因而粘性土和级配均匀的砂土都是非管涌土。不均匀系数 $C_u > 10$，级配不连续，并且其中细粒料含量小于 5% 的无粘性土是管涌土。对于级配连续的土，若 $D_0 > d_5$ 也属于管涌土。其中 D_0 可用式 (3.5.4) 经验公式计算

$$D_0 = 0.25 d_{20} \tag{3.5.4}$$

(2) 水力条件

渗透水流的渗透力达到一定程度时才可带动土中的细颗粒，因而管涌要在一定的水力坡降下才会发生。一般讲发生管涌的临界水力坡降比发生流土的临界值低，但是其变化范围很大，并且远不是象流土临界水力坡降 $i_{cr} = \dfrac{\gamma'}{\gamma_w}$ 那么容易准确地决定。我国学者在试验的基础上，提出管涌土的破坏水力坡降和允许水力坡降范围值，见表 3-4。

水力坡降 i	连续级配土	不连续级配土
破坏临界坡降 i_{cr}	0.2 ~ 0.4	0.1 ~ 0.3
允许坡降 $[i]$	0.15 ~ 0.25	0.1 ~ 0.2

3.5.4 渗透破坏的其他类型

除了上述流土和管涌之外，还有不同土层间的接触渗透破坏。例如水从细粒土层垂直流向粗粒土层时，渗流可能引起接触流土；在两层土间沿层面方向渗流时则可能引起接触冲刷。另外，在某些地区分布着所谓"分散性土"，它们一般属于粉土或者粘土，但土粒在饱和状态下的连接很弱，在渗流作用下极易冲蚀，其破坏类似于管涌。

3.5.5 渗透破坏的防治

减少可能发生渗透破坏的土体中的水力坡降对于防止任何渗透破坏形式都是有效的。具体方法是一般在上游设置垂直防渗或水平防渗设施，垂直防渗有地下连续墙、板桩、齿槽、帷幕灌浆等。水平防渗是上游不透水铺盖。这些方法在水利工程中是经常采用的，其原理是增加渗径，减小水力坡降。

在下游防止流土的措施有两种，一是设置减压沟、减压井，贯穿上部弱透水层，使局部较高的水力坡降降下来。如在图 3-14 中，一旦将堤后粘土层打穿并充填砂石，则水力坡降在砂土和充填料中比较均匀地分布，局部水力坡降将大大减少，不会发生流土破坏。另一种方法是在弱透水层上加盖重，这种盖重可以是弱透水土层，它可以增大渗径，减小水力坡降。如在长江堤防背水面的原沟塘中，用水力冲填法填平，使弱透水层厚度增加。用透水土层作盖重也是很有效的，如 [例题 3-5] 在粘土层上分别设置粉土和砂土，就有效制止了流土。

防治管涌的措施是改变土粒的几何条件，亦即在渗流逸出部位设置反滤层。反滤层一般由 1 ~ 3 层级配均匀的砂砾组成，各层之间均保证不让上一层的细粒土从下一层粗粒土中被带出。随着土工合成材料的发展，用土工布、土工网垫等材料作反滤层，防止细粒土被带出也很有效，并且施工简便，造价也降低了。

防治渗透破坏的控制措施一般原则是上挡下排。亦即在高水头一侧采取防渗措施；在低水头一侧或渗流逸出侧采用排水措施。具体方法宜根据当地地质、材料和其他条件正确合理选择。

3.6 二维渗流和流网

在实际工程问题中经常遇到二维渗流或者平面渗流问题（图 3-17），如漫长的江河堤防、渠道、土石坝等。闸坝基础和基坑大多数情况下也可简化成为二维渗流问题。

3.6.1 二维渗流运动微分方程

图 3-18 中，在饱和土体中，设水是不可压缩流体，其连续性条件是，流入土单元的

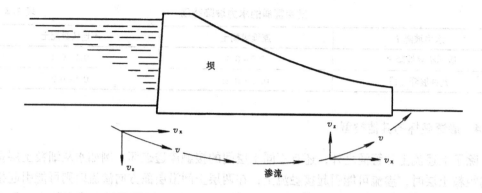

图 3-17　二维渗流

水量 = 从单元流出的水量。亦即：

$$v_x \mathrm{d}z + v_z \mathrm{d}x = \left(v_x + \frac{\partial v_x}{\partial x} \mathrm{d}x \right) \mathrm{d}z + \left(v_z + \frac{\partial v_z}{\partial z} \mathrm{d}z \right) \mathrm{d}x$$

$$\frac{\partial v_x}{\partial x} + \frac{\partial v_z}{\partial z} = 0 \tag{3.6.1}$$

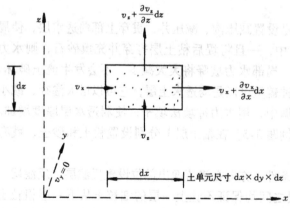

图 3-18　二维渗流的连续性条件

根据达西定律：

$$v_x = -k \frac{\partial h}{\partial x}$$

$$v_z = -k \frac{\partial h}{\partial z}$$

则：
$$\frac{\partial^2 h}{\partial x^2} + \frac{\partial^2 h}{\partial z^2} = 0 \tag{3.6.2}$$

这就是拉普拉斯（Laplace）方程。

如果设势函数 $\varphi(x, z) = -kh$，流函数 $\psi(x, z)$ 为 $\varphi(x, z)$ 的共轭函数，则：

$$v_x = \frac{\partial \varphi}{\partial x} = \frac{\partial \psi}{\partial z} \qquad v_z = \frac{\partial \varphi}{\partial z} = -\frac{\partial \psi}{\partial x}$$

$$\begin{cases} \dfrac{\partial^2 \varphi}{\partial x^2} + \dfrac{\partial^2 \varphi}{\partial z^2} = 0 \\[2mm] \dfrac{\partial^2 \psi}{\partial x^2} + \dfrac{\partial^2 \psi}{\partial z^2} = 0 \end{cases} \tag{3.6.3}$$

可见等势线（$\mathrm{d}\varphi = 0$）与流线（$\mathrm{d}\psi = 0$）是正交的。

在简单的边界条件下方程（3.6.3）可以求得解析解，但对于大多数工程问题，边界条件比较复杂，很难求得解析解。早期常通过电场模拟试验解决边界条件较复杂的问题，近年来随着数值计算手段的发展，越来越多采用渗流数值计算方法解决各种渗流问题，但图解法亦即流网法仍不失为一种简便有效的解决问题的方法。

3.6.2 流网的绘制原则

所谓流网就是根据一定边界条件绘制的由等势线和流线所组成的网状图。流网应满足以下规则：

（1）等势线和流线必须正交。

（2）为了方便，以等势线和流线为边界围成的网眼尽可能接近于正方形。

（3）由于在不透水边界上不会有水流穿过，所以不透水边界必定是流线（图 3-19 中的 AB 与 DEF 线）。

（4）静水位下的透水边界其上总水头相等，所以它们是等势线（图 3-19 中的 CD 和 FG 线）。

（5）在地下水位线或者浸润线上，孔隙水压力 $u = 0$，其总水头只包括位置水头，所以 $\Delta\varphi = -k\Delta z$。$\psi =$ 常数，所以它是一条流线（图 3-20 中 PQ 线）。

（6）水的渗出段（见图 3-20 中 QR）由于与大气接触，孔压为 0，只有位置水头。

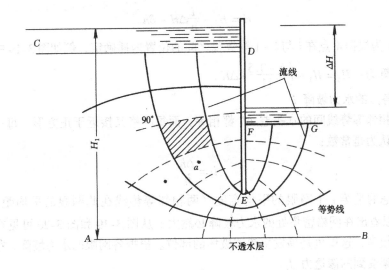

图 3-19　板桩下流网

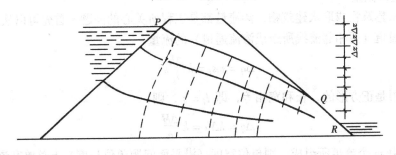

图 3-20　土坝中的流网

3.6.3 流网的绘制方法

渗流可分为有自由浸润线（图 3-20）和无自由浸润线两种情况（图 3-19）。在无自由浸润线情况下，绘制流网相对比较容易。首先根据边界条件和上述原则，确定各边界的等势线和流线。然后先绘制几条流线，再根据正交原则按照接近正方形网格描绘等势线，不断试画与修正，最后达到等势线和流线光滑、均匀、正交。

对于有自由浸润线的情况（见图 3-20），关键在于合理确定浸润线和逸出段。这就困难得多，常常靠丰富的经验和反复试画。也有与数值计算相配合绘制流网的方法。

3.6.4 流网的应用

（1）求各点之测管水头 h

根据上下游总水头差 ΔH 和等势线所划分的流道条数 n，可确定两相邻等势线间的水头差：

$$\Delta h = \frac{\Delta H}{n} \tag{3.6.4}$$

然后看该点位于哪一条等势线附近，如果它位于从上游（高水头一侧）数第 i 条与第 $i+1$ 条等势线之间，然后根据流网上游边界第一条等势线的总水头 H_1 确定该点水头：

$$H = H_1 - \frac{i}{n}\Delta H - \delta h \tag{3.6.5}$$

其中 δh 为根据 A 点在 i 与 $i+1$ 等势线之间的位置内插确定，例如图 3-19 中 a 点的总水头可以估算为：$H_a = H_1 - \left(\frac{4-0.5}{11}\right)\Delta H$。

（2）求各点的水力坡降 i

由于各相邻等势线间的水头差 Δh 都相等，而每网格又接近于正方形，每一网格中水力坡降可以认为是常数：

$$i_i = \frac{\Delta h}{l_i} \tag{3.6.6}$$

l_i 所考虑的是第 i 个网眼的平均宽度（两相邻等势线在此网眼的平均距离）。从式（3.6.6）可以看出网格密集处的水力坡降必然大。从图 3-19 和图 3-20 可见在逸出处的网格一般比较密，这里也是易发生渗透破坏的部位。根据各网眼的水力坡降，很容易计算各网眼土骨架受到的渗透力 J_i。

（3）确定渗流量

对于挡水建筑物或取水建筑物，渗流量都是工程所关心的问题。首先可以从某个网格来计算每个流道（两相邻流线所组成渗流通道）的流量：

$$\Delta q = v_i s_i = k\frac{\Delta h}{l_i}s_i$$

由于网眼是正方形的，长和宽相等，即 $l_i = s_i$，则：

$$\Delta q = k\Delta h = k\frac{\Delta H}{n} \tag{3.6.7}$$

若流网由 m 个流道所组成，则单位宽度（沿平面问题单位长度）上总单宽流量：

$$q = m\Delta q = k\frac{m}{n}\Delta H \tag{3.6.8}$$

（4）判断渗透破坏的可能性

流土必然发生在由下向上渗流的逸出处。因而需要判断垂直向上渗流的出口处网格最密的地方，比如图 3-19 中 F 点附近。有时还可以将网格进一步分细，进一步判断某些局部的渗透稳定。

也可根据流网中各处的水力坡降和土的类型和性质判断其他渗透稳定问题，尤其是两层土的交界处。

3.6.5 流网的特性

从上述内容可以看出，在边界条件相同的条件下，土体中的流网的形状与土的渗透系数大小无关；在无浸润面的渗流中，流网的形状也与上下游水头差的大小无关。

由于天然土层经常是各向异性的，水平方向的渗透系数大于垂直方向的渗透系数，如果设 $n = k_h/k_v = k_x/k_z$，则令水平方向的新坐标 $x' = \sqrt{k_z/k_x}\,x$，然后按各向同性土绘制流网，最后再将水平方向坐标恢复到 x，将流网在水平方向各部尺寸还原，得到实际的流网。这时网格就不再是正方形的了，而是水平方向尺寸大于垂直方向。

对于分层土情况，由于渗透水流从一层土向另一层土流动时，在边界上有渗流折射情况，在不同土层中网格两个边的比例不同。

【例题 3-6】 如图 3-21 所示：两排打入砂层的板桩墙，在其中进行基坑开挖，并在基坑内排水。要求：

(1) 绘制流网。

(2) 根据所绘制的流网计算单宽（沿基坑每米）流量 q。

(3) 确定 P、Q 两点水头。

(4) 判断基底的渗透稳定性（流土）。

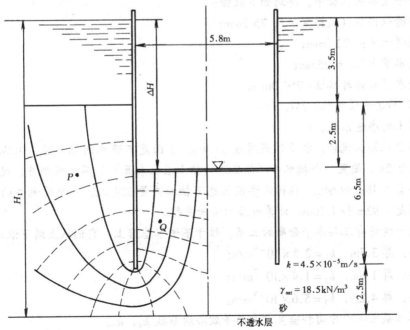

图 3-21　【例题 3-6】图示

(1) 由于对称性，可以只取半边进行分析。注意：此流网是取了三个半流道。在绘制流网时，由于边界条件的限制，流线的最后一条与不透水边界组成流道常常不能与其他流道相同，形成一个"余数"，也是可以的。绘制的流网如图3-21。

（2）此基底共有7条流道流入（半边为3.5），有13个等势线间隔。即 $n = 13$，$m = 7.0$，根据式（3.6.8）：

$$q = k\Delta H \frac{m}{n} = 4.5 \times 10^{-5} \cdot 6.0 \cdot \frac{7}{13} = 14.54 \times 10^{-5} \text{m}^3/\text{s} = 0.52 \text{m}^3/\text{h}$$

（3）在 P 点，以不透水层顶为基准的水头高，根据式（3.6.5）：

$$H = H_1 - \frac{i}{n}\Delta H - \delta h = 12.5 - \frac{1.7}{13} \times 6.0 = 11.715 \text{m}$$

对于 Q 点：

$$H = H_1 - \frac{i}{n}\Delta H - \delta h = 12.5 - \frac{10.5}{13} \times 6.0 = 7.654 \text{m}$$

（4）在出口靠板桩处网格

$$i = \frac{\Delta h}{l_n} = \frac{\Delta H}{nl_n} = \frac{6}{13 \times 0.80} = 0.54$$

已知 $\gamma_{\text{sat}} = 18.5 \text{kN/m}^3$，则流土的临界水力坡降为：

$$i_{\text{cr}} = \frac{\gamma'}{\gamma_{\text{w}}} = \frac{18.5 - 9.81}{9.81} = 0.886$$

由于 $i < i_{\text{cr}}$，不会发生流土。

习题与思考题

3.1 在一个变水头试验中，得到如下数据：
- 渗透仪内径（试样直径）：75.2mm；
- 试样长度：122.0mm；
- 进水管内径：6.25mm；
- 进水管开始时水位：750.0mm；
- 15s后进水管水位：247.0mm。

计算土的渗透系数。

3.2 现场井孔抽水试验，水平砂层厚度14.4m，下面是不透水的粘土层，原地下水位距地表2.2m。设置一个抽水井（井底达到粘土层上表面）和两个观测井，观测井分别距抽水井18m和64m。在稳定渗流状态下抽水流量328L/s。两个观测井的水位降落分别是1.92m和1.16m。计算砂层的渗透系数。

3.3 在某一现场有三层水平分布的土层，位于不透水基岩上，它们从上到下依次是：

A 层：厚3.5m，$k_1 = 2.5 \times 10^{-5}$m/s；

B 层：厚1.8m，$k_2 = 1.4 \times 10^{-7}$m/s；

C 层：厚4.2m，$k_3 = 5.6 \times 10^{-3}$m/s。

计算三层土水平方向和垂直方向的等效渗透系数 k_x，k_z。

3.4 有一个变水头试验，试样长8.5cm，断面积15cm²，估计土的渗透系数为 3×10^{-7}m/s。

如果想要在5s左右，进水管水头从27.5cm降到20cm。问：采用多大直径的进水管合适？

3.5 一个倾斜渗透管填满了三层土（图 3-22），其渗透系数分别为 k_1、k_2、k_3。

计算在下面两种情况下，A、B、C、D 断面中四点的测管水头。

（a）$k_1 = k_2 = k_3$；

（b）$3k_1 = k_2 = 2k_3$。

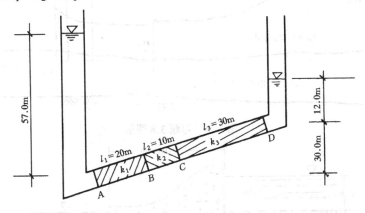

图 3-22　习题 3.5 图示

3.6 有一种土的比重 $d_s = 2.70$，孔隙比 $e = 0.60$。问：这种土发生流土的临界水力坡降是多少？

3.7 有一河堤的基础是 15m 厚的粘土层，下面是透水砂层，在背水面取土筑堤形成取土坑（图 3-23）。问：当河水涨到什么高度（$h = ?$）会在堤后发生流土？（忽略了粘土的侧向剪切阻力，堤后地下水位在坑底。）

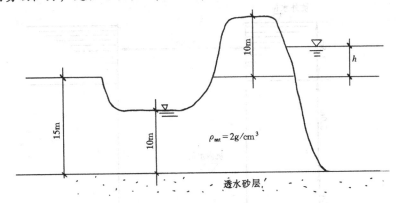

图 3-23　习题 3.7 图示

3.8 基坑开挖中（图 3-24），已知承压水测管水头 $h = 20m$，$\rho_{sat} = 1.85 g/cm^3$。计算允许最小粘土层残留深度 H_s。

3.9 某坝基流网如图 3.25，已知坝基细砂的渗透系数 $k = 3.5 \times 10^{-4} m/s$。

计算：（1）渗透流量；

（2）作用在坝底的总扬压力。

3.10 在图 3-26 的各向同性砂土中，打入两排板桩，中间进行条形基础开挖。

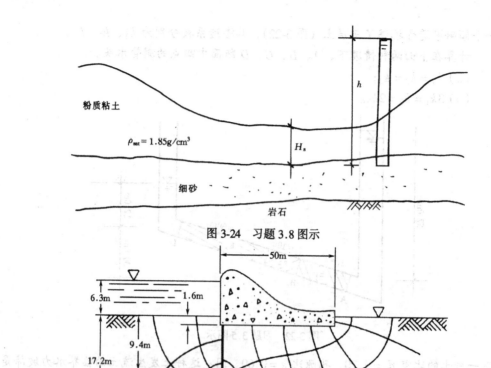

图 3-24 习题 3.8 图示

图 3-25 习题 3.9 图示

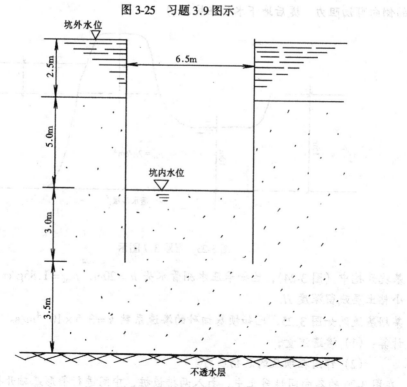

图 3-26 习题 3.10 图示

(a) 绘制流网（只绘一半），估计渗流量（$k = 6.5 \times 10^{-4} \text{m/s}$）；

(b) 计算由于开挖造成的基坑内最危险处抗流土的安全系数（$\gamma_{sat} = 20.4 \text{kN/m}^3$）。

参 考 文 献

1 陈仲颐，周景星，王洪瑾. 土力学. 北京：清华大学出版社，1994

2 Robert D. Holtz, Willian D. Kovacs (1981). An Introduction to Geotechnical Engineering. by Prentice-Hall, Inc., Englewood clitts, New Jersey

3 R. Whitlow (1995). Basic Soil Mechanics. 3rd edition ©Longman Group Limited

第4章 地基中应力计算

4.1 概　　述

在荷载作用以前，地基土体中存在有初始应力。在荷载作用下，地基中应力发生改变，改变的部分称为附加应力。

地基中初始应力与地基土体成分、地质历史、地下水位等因素有关。地基中附加应力与作用荷载、土层分布、土的应力-应变关系等有关。在工程应用上常将问题简化，将地基视为半无限空间各向同性线弹性体。在考虑地基中初始应力时只考虑地基土自重引起的应力，在求解荷载作用下地基中附加应力时，采用弹性理论布辛涅斯克解（Boussinesq，1885）或明德林解（Mindlin，1936）求附加应力场。

地基土体的抗剪强度和压缩性，地基稳定性都与地基中应力大小有关，因此，要重视地基中应力计算，掌握常用计算方法，了解地基中初始应力和附加应力的影响因素。

4.2 地基中自重应力计算

在计算地基中自重应力时，假设天然地基为水平均质各向同性半无限体，各土层分界面为水平面。于是，在任意竖直面和水平面上均无剪应力存在。例如在图 4-1 中，天然地基由 4 层土组成，各层土的重度为 γ_i（在地下水位以下饱和重度为 γ_{sati}），有效重度为 γ'_i，土层厚为 h_i，地下水水位距地表面距离为 h。土层 4 为不透水层，其他为透水层。现考虑图 4-1 中 A、B 和 C 三点处的自重应力。A、B 和 C 三点深度分别为 z_a、z_b 和 z_c，现在 A、B、C 三点相应取土体单元。各单元体上作用的竖向总应力等于各自的上覆土重除以单元体面积。A 点在地下水位以上，A 单元以上上覆土重为 $z_a\gamma_1 ds$。其中 ds 为单元土体水平面面积，于是得到 A 点土的竖向应力为

$$(\sigma_{cz})_A = \gamma_1 z_a \tag{4.2.1}$$

B 点在地下水位以下，在第二层土中，类似可得到其竖向应力为

$$(\sigma_{cz})_B = \gamma_1 h + \gamma_{sat1}(h_1 - h) + \gamma_{sat2}(z_b - h_1) \tag{4.2.2}$$

上式右边第一项表示地下水位以上土层引起的在 B 点的总应力，第二项和第三项分别表示地下水位以下的土层 1 和土层 2 部分土层引起在 B 点的总应力。

地基中深度为 z 处土体自重产生的总应力 σ_{cz} 可用下式计算，

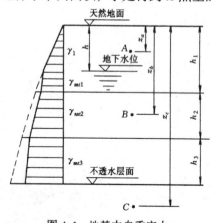

图 4-1　地基中自重应力

$$\sigma_{cz} = \sum_{i=1}^{n} \gamma_i h_i \qquad (4.2.3)$$

式中 n——从地面到深度 z 处的土层数。

现考虑地基中有效应力计算，A 点在地下水位以上，有效重度等于土的重度，其有效应力与总应力相等，于是有

$$(\sigma'_{cz})_A = \gamma_1 z_a \qquad (4.2.4)$$

地基中深度为 z 处土体自重产生的有效应力 σ'_{cz} 可用下式计算，

$$\sigma'_{cz} = \sum_{i=1}^{n} (\gamma_{sati} - \gamma_w) h_i$$

上式中 $\sum_{i=1}^{n} \gamma_w h_i$ 表示土体所受浮托力的大小。

地基中深度为 z 处土体自重产生的水平向有效应力 σ'_{cx} 可用下式计算，

$$\sigma'_{cx} = K_0 \sigma'_{cz} \qquad (4.2.5)$$

式中 K_0——静止土压力系数。

静止土压力系数定义为土体侧向变形为零时水平向有效应力与竖向有效应力之比。与土类、应力历史等因素有关，其值可参考表 8-1 取值。

现考虑不透水土层中 C 点的自重应力。C 点土体总应力可采用式（4.2.3）计算。C 点处在不透水土层中，C 点土体不受地下水的浮托力作用，故 C 点有效应力与总应力相等。

从以上分析可以看到，地基各土层中自重应力沿深度线性变化。自重应力大小与土层厚度、土体重度、饱和重度、地下水位深度等因素有关。

一般天然地基形成至今已有很长的地质年代，在自重应力作用下的压缩变形早已完成，土体自重应力作用不会再引起土体变形。但对近期沉积和冲填的土层，应考虑在自重应力作用下尚未完成的压缩变形。

地下水位变化会引起地基土体中自重应力的变化，自重应力改变将造成土体新的变形。例如由于大量抽取地下水，致使地下水位下降，使地基中原水位以下的土体中有效自重应力增加，造成大面积地面沉降。

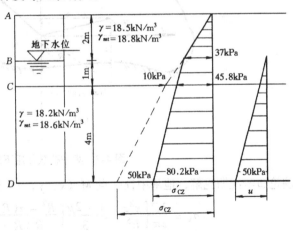

图 4-2 ［例题 4.1］图示

【例题 4.1】 地基土层分布如图 4-2 所示，土层 1 厚度为 3.0m，土体重度 $\gamma = 18.5 \text{kN/m}^3$，饱和重度 $\gamma_{sat} = 18.8 \text{kN/m}^3$，土层 2 厚度为 4.0m，土体重度 $\gamma = 18.2 \text{kN/m}^3$，饱和重度 $\gamma_{sat} = 18.6 \text{ kN/m}^3$，地下水位距离地面 2.0m，计算土中自重总应力和有效应力沿深度分布情况。

【解】 先计算图中 A、B、C、D 四点处的总应力和有效应力，然后画出分布图。

A 点：$z = 0\text{m}$，$\sigma_{cz} = 0\text{kPa}$，$\sigma'_{cz} = 0\text{kPa}$

B 点：$z = 2.0\text{m}$，$\sigma_{cz} = 18.5 \times 2 = 37.0\text{kPa}$

$\sigma'_{cz} = 37.0\text{kPa}$，静止水压力等于零

C 点：$z = 3.0\text{m}$，$\sigma_{cz} = 18.5 \times 2 + 18.8 \times (3 - 2) = 55.8\text{kPa}$

$\sigma'_{cz} = 18.5 \times 2 + (18.8 - 10) \times 1 = 45.8\text{kPa}$

D 点：$z = 7.0\text{m}$，$\sigma_{cz} = 18.5 \times 2 + 18.8 (3 - 2) + 18.6 \times 4 = 130.2\text{kPa}$

$\sigma'_{cz} = 18.5 \times 2 + (18.8 - 10) \times 1 + (18.6 - 10) \times 4 = 80.2\text{kPa}$

静止水压力等于 $10 \times 5 = 50\text{kPa}$

地基中自重总力和有效应力 σ_{cz}、σ_{cz}' 和静止孔隙水压力沿深度分布如图 4-2 中所示。

4.3 荷载作用下地基中附加应力计算

荷载作用下地基中附加应力计算是将地基视为半无限各向同性弹性体进行计算的，下面先介绍在地基上作用一集中力时地基中附加应力计算，然后介绍线均布荷载、条形均布荷载、矩形均布荷载和圆形均布荷载作用下附加应力计算，介绍三角形分布和梯形分布荷载作用下附加应力计算，再介绍地基中作用一集中力时附加应力计算，最后对附加应力计算作简要讨论。

4.3.1 地面上作用一集中力地基中附加应力计算

假设地基为半无限弹性体，在地面上作用一竖向集中力 P，如图 4-3 所示。根据弹性

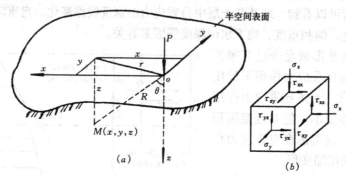

图 4-3 集中荷载作用下地基中应力

理论布辛涅斯克解，地基中任一点 M（x，y，z）处的应力分量表示式为

$$\sigma_x = \frac{3P}{2\pi}\left\{\frac{x^2 z}{R^5} + \frac{1 - 2\mu}{3}\left[\frac{R^2 - z(R + z)}{R^3(R + z)} - \frac{x^2(2R + z)}{R^3(R + z)^2}\right]\right\} \quad (4.3.1)$$

$$\sigma_y = \frac{3P}{2\pi}\left\{\frac{y^2 z}{R^5} + \frac{1 - 2\mu}{3}\left[\frac{R^2 - z(R + z)}{R^3(R + z)} - \frac{y^2(2R + z)}{R^3(R + z)^2}\right]\right\} \quad (4.3.2)$$

$$\sigma_z = \frac{3P}{2\pi}\frac{z^3}{R^5} \quad (4.3.3)$$

$$\tau_{xy} = \tau_{yx} = -\frac{3P}{2\pi}\left[\frac{xyz}{R^5} - \frac{1 - 2\mu}{3}\frac{xy(2R + z)}{R^3(R + z)^2}\right] \quad (4.3.4)$$

$$\tau_{yz} = \tau_{zy} = -\frac{3Pyz^2}{2\pi R^5} \quad (4.3.5)$$

$$\tau_{zx} = \tau_{xz} = -\frac{3Pxz^2}{2\pi R^5} \tag{4.3.6}$$

顺便给出，M 点在 x，y，z 方向位移分量表达式为

$$\delta_x = \frac{P}{4\pi G}\left[\frac{xz}{R^3} - (1 - 2\mu)\frac{x}{R(R + z)}\right] \tag{4.3.7}$$

$$\delta_y = \frac{P}{4\pi G}\left[\frac{yz}{R^3} - (1 - 2\mu)\frac{y}{R(R + z)}\right] \tag{4.3.8}$$

$$\delta_z = \frac{P}{4\pi G}\left[\frac{z^2}{R^3} + \frac{2(1 - \mu)}{R}\right] \tag{4.3.9}$$

式中　G——土体剪变模量，$G = \dfrac{E}{2(1 + \mu)}$；

　　　E——土体弹性模量；

　　　μ——土体泊松比；

　　　R——M 点距荷载作用点（坐标原点）距离，

$$R = \sqrt{x^2 + y^2 + z^2}。$$

地面上一集中力作用下地基中附加应力解答是求解地面上其他形式荷载作用下地基中附加应力分布的基础。

4.3.2　地面上作用均布荷载地基中附加应力计算

本节介绍线均布荷载、条形均布荷载、矩形均布荷载和圆形均布荷载作用下地基中附加应力计算。

1. 线均布荷载作用下地基中附加应力计算

在半无限弹性体表面上作用一均布线荷载，如图 4-4 所示。荷载密度为 p，沿 y 轴方向均匀分布，且无限延长。地基中应力和应变沿 y 轴方向是不变化的，且应变分量为零，属平面应变问题。

均布线荷载作用下地基中应力可通过集中荷载作用下地基中应力解答积分得到。以竖向应力为例，根据式（4.3.3），可得

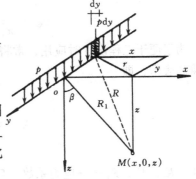

图 4-4　均布线荷载作用下
地基中应力

$$\sigma_z = \int_{-\infty}^{+\infty}\frac{3z^3}{2\pi(x^2 + y^2 + z^2)^{\frac{5}{2}}}p\mathrm{d}y = \frac{2pz^3}{\pi(x^2 + z^2)^2} \tag{4.3.10}$$

上式也可写成

$$\sigma_z = \frac{2p}{\pi z}\cos^4\beta \tag{4.3.11}$$

式中　$\beta = \arccos\dfrac{z}{\sqrt{x^2 + z^2}}$，几何意义见图 4-4 中所示。

类似可得其他应力分量表达式，

$$\sigma_x = \frac{2p}{\pi}\frac{x^2 z}{(x^2 + z^2)^2} = \frac{2p}{\pi z}\cos^2\beta\sin^2\beta \tag{4.3.12}$$

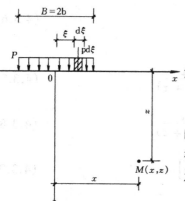

$$\tau_{xz} = \frac{2p}{\pi} \frac{xz^2}{(x^2+z^2)^2} = \frac{2p}{\pi z}\cos^3\beta\sin\beta \quad (4.3.13)$$

半无限弹性体表面上作用一线均布荷载地基中应力解答在弹性理论中称为弗拉曼（Flamant）解。

2. 条形均布荷载作用下地基中附加应力计算

地基为半无限弹性体，地面上作用有条形均布荷载时，应力分布可通过均布线荷载作用下地基中应力求解得到。荷载分布宽度为 $B=2b$，坐标设置如图4-5所示。通过积分可得地基中应力分量表达式：

$$\sigma_z = \frac{2p}{\pi}\int_{-b}^{b} \frac{z^3}{[(x-\xi)^2+z^2]^2}\,\mathrm{d}\xi$$

$$= \frac{p}{\pi}\left(\operatorname{arctg}\frac{b-x}{z} + \operatorname{arctg}\frac{b+x}{z}\right)$$

图4-5　均布条形荷载作用下
　　　　地基中应力

$$-\frac{2pb(x^2-z^2-b^2)z}{\pi[(x^2+z^2-b^2)^2+4b^2z^2]} \quad (4.3.14)$$

类似可得，

$$\sigma_x = \frac{p}{\pi}\left(\operatorname{arctg}\frac{b-x}{z} + \operatorname{arctg}\frac{b+x}{z}\right) + \frac{2pb(x^2-z^2-b^2)z}{\pi[(x^2+z^2-b^2)^2+4b^2z^2]} \quad (4.3.15)$$

$$\tau_{xz} = \frac{4pbxz^2}{\pi[(x^2+z^2-b^2)^2+4b^2z^2]} \quad (4.3.16)$$

为了便于工程设计时应用，常将地基中附加应力分量 σ_z，σ_z，τ_{xz} 采用应力系数与 p 的乘积表示，即

$$\sigma_z = K_z p \quad (4.3.17)$$

$$\sigma_x = K_x p \quad (4.3.18)$$

$$\tau_{xz} = K_{xz} p \quad (4.3.19)$$

式中　K_z，K_x，K_{xz}——应力系数，与 $\frac{x}{b}$ 和 $\frac{z}{b}$ 值有关。

均布条形荷载作用下地基中应力分量 σ_z，σ_x 和 τ_{xz} 的应力系数值 K_z，K_x，K_{xz}，如表4-1所示，表中 B 为基础宽度，$B=2b$。

条形均布荷载作用下地基中附加应力系数　　　　　　　　　　表4-1

z/B ＼ x/B	0			0.25			0.50			1.0			1.5			2.0		
	K_z	K_x	K_{xz}	K_z	K_x	K_{xz}	K_z	K_x	K_{xz}	K_z	K_x	K_{xz}	K_z	K_x	K_{xz}	K_z	K_x	K_{xz}
0	1.0	1.00	0	1.00	1.00	0	0.50	0.50	0.32	0	0	0	0	0	0	0	0	0
0.25	0.96	0.45	0	0.90	0.39	0.13	0.50	0.35	0.30	0.02	0.17	0.05	0	0.07	0.01	0	0.04	0
0.50	0.82	0.18	0	0.74	0.19	0.16	0.48	0.23	0.26	0.08	0.21	0.13	0.02	0.12	0.04	0	0.07	0.02
0.75	0.67	0.08	0	0.61	0.10	0.13	0.45	0.14	0.20	0.15	0.22	0.16	0.04	0.14	0.07	0.02	0.10	0.04
1.00	0.55	0.04	0	0.51	0.05	0.10	0.41	0.09	0.16	0.19	0.15	0.16	0.07	0.14	0.10	0.03	0.13	0.05
1.25	0.46	0.02	0	0.44	0.03	0.07	0.37	0.06	0.12	0.20	0.11	0.14	0.10	0.12	0.10	0.04	0.11	0.07
1.50	0.40	0.01	0	0.38	0.02	0.06	0.33	0.04	0.10	0.21	0.08	0.13	0.11	0.10	0.10	0.05	0.10	0.07

x/B	0			0.25			0.50			1.0			1.5			2.0		
z/B	K_z	K_x	K_{xz}	K_z	K_x	K_{xz}	K_z	K_x	K_{xz}	K_z	K_x	K_{xz}	K_z	K_x	K_{xz}	K_z	K_x	K_{xz}
1.75	0.35	—	0	0.34	0.01	0.04	0.30	0.03	0.08	0.21	0.06	0.11	0.13	0.09	0.10	0.07	0.09	0.08
2.00	0.31	—	0	0.31	—	0.03	0.28	0.02	0.06	0.20	0.05	0.10	0.13	0.07	0.10	0.08	0.08	0.08
3.00	0.21	—	0	0.21	—	0.02	0.20	0.01	0.03	0.17	0.02	0.06	0.14	0.03	0.07	0.10	0.04	0.07
4.00	0.16	—	0	0.16	—	0.01	0.15	—	0.02	0.14	0.01	0.03	0.12	0.02	0.05	0.10	0.03	0.05
5.00	0.13	—	0	0.13	—	—	0.12	—	—	0.12	—	—	0.11	—	—	0.09	—	—
6.00	0.11	—	0	0.10	—	—	0.10	—	—	0.10	—	—	0.10	—	—	—	—	—

【例题4.2】 地基上作用有宽度为1.0m的条形均布荷载，荷载密度为200kPa，求(1)条形荷载中心下竖向附加应力沿深度分布；(2)深度为1.0m和2.0m处土层中竖向附加应力分布；(3)距条形荷载中心线1.5m处土层中竖向附加应力分布。

【解】 先求图4-6中0～17点的$\frac{x}{B}$和$\frac{z}{B}$值，然后查表4-1可得应力系数值，再由式（4.3.17）计算附加应力值，计算结果如表4-2中所示，并在图4-6中给出应力分布情况。

从【例题4.2】计算结果可以看出条形荷载作用下地基中竖向附加应力分布情况。荷载中心线下附加应力沿深度逐步减小。当深度为荷载作用面宽度二倍时，附加应力值减至靠近地表面处的0.31。在水平方向，中心线上附加应力最大，向外逐步减小。图中距中心线1.5m处附加应力（$x/B=1.5$），随深度分布是增大的。从表4-2可知，在该位置，一直至$z/B>3.0$时，即例题中深度大于3.0m后地基中竖向附加应力才开始减小。地基中附加应力呈扩散分布。图4-7为条形荷载作用下竖向附加应力等应力线图。从图中可以看到，等应力线形如气泡，有人将之称为"应力泡"。可以用"应力泡"来描述荷载作用下地基中高附加应力区形状。

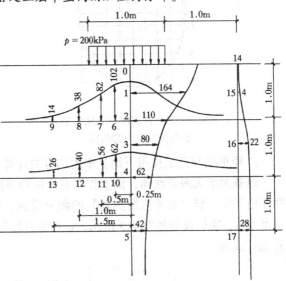

图4-6 [例题4.2]图示

[例题4.2]附表　　　　　　　　　表4-2

点号 计算项	0	1	2	3	4	5	6	7	8	9	10	11	12	13	14	15	16	17
x	0	0	0	0	0	0	0.25	0.50	1.0	1.5	0.25	0.50	1.0	1.5	1.5	1.5	1.5	1.5
z	0	0.5	1.0	1.5	2.0	3.0	1.0	1.0	1.0	1.0	2.0	2.0	2.0	2.0	0	0.5	1.5	3.0
x/B	0	0	0	0	0	0	0.25	0.50	1.0	1.5	0.25	0.50	1.0	1.5	1.5	1.5	1.5	1.5

计算项 \ 点号	0	1	2	3	4	5	6	7	8	9	10	11	12	13	14	15	16	17
z/B	0	0.5	1.0	1.5	2.0	3.0	1.0	1.0	1.0	1.0	2.0	2.0	2.0	2.0	0	0.5	1.5	3.0
K_z	1.0	0.82	0.55	0.40	0.31	0.21	0.51	0.41	0.19	0.07	0.31	0.28	0.20	0.13	0	0.02	0.11	0.14
σ_z	200	164	110	80	62	42	102	82	38	14	62	56	40	26	0	4	22	28

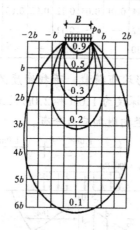

图 4-7　条形荷载作用下地基中
竖向附加应力等值线

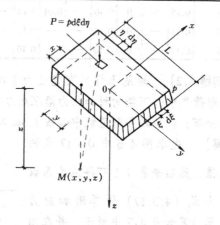

图 4-8　均布矩形荷载作用下
地基中附加应力

3. 矩形均布荷载作用下地基中附加应力计算

地基为半无限弹性体，面上作用有矩形均布荷载作用时，地基中应力可通过对集中荷载作用下应力解（布辛涅斯克解）的积分得到。荷载作用范围为 $B \times L$（$2b \times 2l$），荷载密度为 p，座标设置如图 4-8 所示，o 点为矩形荷载作用面中心点。地基中竖向应力分量 σ_z 表达式为

$$\sigma_z = \frac{3pz^3}{2\pi} \int_{-l}^{l} \int_{-b}^{b} \frac{1}{\left[(x-\xi)^2 + (y-\eta)^2 + z^2 \right]^{\frac{5}{2}}} \mathrm{d}\xi \mathrm{d}\eta \qquad (4.3.20)$$

在矩形荷载作用面中心点以下任意深度处，坐标为 $(0, 0, z)$ 时竖向应力分量 σ_z 表达式可通过式（4.3.20）得到，即

$$\sigma_{z0} = \frac{2p}{\pi} \left[\arctan \frac{bl}{z(l^2 + b^2 + z^2)^{\frac{1}{2}}} \right.$$

$$\left. + \frac{blz(l^2 + b^2 + 2z^2)}{(l^2 + z^2)(b^2 + z^2)(l^2 + b^2 + z^2)^{\frac{1}{2}}} \right] \qquad (4.3.21)$$

类似可得矩形荷载作用面角点以下任意深度处，坐标为 (b, l, z) 时竖向应力分量 σ_z 表达式，

$$\sigma_z = \frac{p}{2\pi} \left[\arctan \frac{4lb}{z(4l^2 + 4b^2 + z^2)^{1/2}} \right.$$

$$\left. + \frac{8lbz(2l^2 + 2b^2 + z^2)}{(4l^2 + z^2)(4b^2 + z^2)(4l^2 + 4b^2 + z^2)^{1/2}} \right] \qquad (4.3.22)$$

矩形荷载作用下，矩形荷载作用面中心点和角点以下地基中竖向应力分量可分别采用应力系数 K_{z0} 和 K_{z1} 与 p 的乘积表示，应力系数 K_{z0} 和 K_{z1} 分别由表 4-3 和表 4-4 给出。

矩形均布荷载中心点下竖向附加应力系数 K_{z0}　　表 4-3

z/B \ L/B	1.0	1.2	1.4	1.6	1.8	2.0	2.8	3.2	4	5	条形基础 ≥10
0	1.000	1.000	1.000	1.000	1.000	1.000	1.000	1.000	1.000	1.000	1.000
0.2	0.960	0.968	0.972	0.974	0.975	0.976	0.977	0.977	0.977	0.977	0.977
0.4	0.800	0.830	0.848	0.859	0.866	0.870	0.878	0.879	0.880	0.881	0.881
0.6	0.606	0.652	0.682	0.703	0.717	0.727	0.746	0.749	0.753	0.754	0.755
0.8	0.449	0.496	0.532	0.558	0.578	0.593	0.623	0.630	0.636	0.639	0.642
1.0	0.334	0.379	0.414	0.441	0.463	0.481	0.520	0.529	0.540	0.545	0.550
1.2	0.257	0.294	0.325	0.352	0.374	0.392	0.437	0.449	0.462	0.470	0.477
1.4	0.201	0.232	0.260	0.284	0.304	0.321	0.369	0.383	0.400	0.410	0.420
1.6	0.160	0.187	0.210	0.232	0.251	0.267	0.314	0.329	0.348	0.360	0.374
1.8	0.130	0.153	0.173	0.192	0.209	0.224	0.270	0.285	0.305	0.320	0.337
2.0	0.108	0.127	0.145	0.161	0.176	0.190	0.233	0.248	0.270	0.285	0.304
2.6	0.066	0.079	0.091	0.102	0.112	0.123	0.157	0.170	0.191	0.208	0.239
3.0	0.051	0.060	0.070	0.078	0.087	0.095	0.124	0.136	0.155	0.172	0.208
4.0	0.029	0.035	0.040	0.046	0.051	0.056	0.075	0.084	0.098	0.113	0.158
5.0	0.019	0.022	0.026	0.030	0.033	0.037	0.050	0.056	0.067	0.079	0.128

矩形均布荷载角点下竖向附加应力系数 K_{z1}　　表 4-4

z/B \ L/B	1.0	1.2	1.4	1.6	1.8	2.0	3.0	4.0	5.0	6.0	10.0
0.0	0.2500	0.2500	0.2500	0.2500	0.2500	0.2500	0.2500	0.2500	0.2500	0.2500	0.2500
0.2	0.2486	0.2489	0.2490	0.2491	0.2491	0.2491	0.2492	0.2492	0.2492	0.2492	0.2492
0.4	0.2401	0.2420	0.2429	0.2434	0.2437	0.2439	0.2442	0.2443	0.2443	0.2443	0.2443
0.6	0.2229	0.2275	0.2300	0.2315	0.2324	0.2329	0.2339	0.2341	0.2342	0.2342	0.2342
0.8	0.1999	0.2075	0.2120	0.2147	0.2165	0.2176	0.2196	0.2200	0.2202	0.2202	0.2202
1.0	0.1752	0.1851	0.1911	0.1955	0.1980	0.1999	0.2134	0.2042	0.2044	0.2045	0.2046
1.2	0.1516	0.1626	0.1705	0.1758	0.1793	0.1818	0.1870	0.1882	0.1885	0.1887	0.1888
1.4	0.1308	0.1423	0.1508	0.1569	0.1613	0.1644	0.1712	0.1730	0.1735	0.1738	0.1740
1.6	0.1123	0.1241	0.1329	0.1396	0.1445	0.1482	0.1567	0.1590	0.1598	0.1601	0.1604
1.8	0.0969	0.1083	0.1172	0.1241	0.1294	0.1334	0.1434	0.1463	0.1474	0.1478	0.1482
2.0	0.0840	0.0947	0.1034	0.1103	0.1158	0.1202	0.1314	0.1350	0.1363	0.1368	0.1374
2.2	0.0732	0.0832	0.0917	0.0984	0.1039	0.1084	0.1205	0.1248	0.1264	0.1271	0.1277
2.4	0.0642	0.0734	0.0813	0.0879	0.0934	0.0979	0.1108	0.1156	0.1175	0.1184	0.1192
2.6	0.0566	0.0651	0.0725	0.0788	0.0842	0.0887	0.1020	0.1073	0.1095	0.1106	0.1116
2.8	0.0502	0.0580	0.0649	0.0709	0.0761	0.0805	0.0942	0.0999	0.1024	0.1036	0.1048
3.0	0.0447	0.0519	0.0583	0.0640	0.0690	0.0732	0.0870	0.0931	0.0959	0.0973	0.0987

z/B \ L/B	1.0	1.2	1.4	1.6	1.8	2.0	3.0	4.0	5.0	6.0	10.0
3.2	0.0401	0.0467	0.0526	0.0580	0.0627	0.0668	0.0806	0.0870	0.0900	0.0916	0.0933
3.4	0.0361	0.0421	0.0477	0.0527	0.0571	0.0611	0.0747	0.0814	0.0847	0.0864	0.0882
3.6	0.0326	0.0382	0.0433	0.0480	0.0523	0.0561	0.0694	0.0763	0.0799	0.0816	0.0837
3.8	0.0296	0.0348	0.0395	0.0439	0.0479	0.0516	0.0646	0.0717	0.0753	0.0773	0.0796
4.0	0.0270	0.0318	0.0362	0.0403	0.0441	0.0474	0.0603	0.0674	0.0712	0.0733	0.0758
4.2	0.0247	0.0291	0.0333	0.0371	0.0407	0.0439	0.0563	0.0634	0.0674	0.0696	0.0724
4.4	0.0227	0.0268	0.0306	0.0343	0.376	0.0407	0.0527	0.0597	0.0639	0.0662	0.0692
4.6	0.0209	0.0247	0.0283	0.0317	0.0348	0.0378	0.0493	0.0564	0.0606	0.0630	0.0663
4.8	0.0193	0.0229	0.0262	0.0294	0.0324	0.0352	0.0463	0.0533	0.0576	0.0601	0.0635
5.0	0.0179	0.0212	0.0243	0.0274	0.0302	0.0328	0.0435	0.0504	0.0547	0.0573	0.0610
6.0	0.0127	0.0151	0.0174	0.0196	0.0218	0.0238	0.0325	0.0388	0.0431	0.0460	0.0506
7.0	0.0094	0.0112	0.0130	0.0147	0.0164	0.0180	0.0251	0.0306	0.0346	0.0376	0.0428
8.0	0.0073	0.0087	0.0101	0.0114	0.0127	0.0140	0.0198	0.0246	0.0283	0.0311	0.0367
9.0	0.0058	0.0069	0.0080	0.0091	0.0102	0.0112	0.0161	0.0202	0.0235	0.0262	0.0319
10.0	0.0047	0.0056	0.0065	0.0074	0.0083	0.0092	0.0132	0.0167	0.0198	0.0222	0.0280

　　根据叠加原理应用式（4.3.22）可以计算矩形荷载作用下地基中任一点 M 处的竖向附加应力分量。若 M 点在荷载作用面以下，平面位置如图 4-9（a）所示。可将矩形 $abcd$ 分别以 M' 点为公共角点的四个新矩形 Ⅰ、Ⅱ、Ⅲ、Ⅳ。M 点由矩形（$abcd$）荷载产生的竖向应力分量叠加得到，即

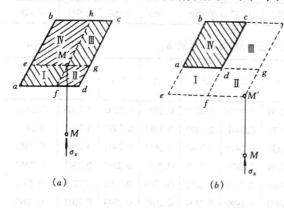

$$\sigma_{z,M} = (\sigma_{z,M})_{I} + (\sigma_{z,M})_{II} + (\sigma_{z,M})_{III} + (\sigma_{z,M})_{IV} \tag{4.3.23}$$

若 M 点在矩形荷载作用面以外，如图 4-9（b）所示，可将荷载作用面扩大至 $beM'h$，荷载密度不变，在矩形（$abcd$）荷载作用下 M 点竖向应力分量 $\sigma_{z,M}$ 可通过下式得到：

图 4-9　角点法

$$\sigma_{z,M} = (\sigma_{z,M})_{M'ebh} - (\sigma_{z,M})_{M'eag} - (\sigma_{z,M})_{M'fch} + (\sigma_{z,M})_{M'fdg} \tag{4.3.24}$$

上述求解附加应力的方法常称为角点法。

　　【例题 4.3】　图 4-10 中，二矩形分布荷载作用于地基表面，二矩形尺寸均为 $3.0 \times 4.0m$，相互位置如图 4-10 所示，两者距离为 $3.0m$，荷载密度为 $200kPa$，求矩形荷载中心 O 点下深度为 $3.0m$ 处的竖向附加应力。

　　【解】　采用角点法求解，如图 4-10 中划分成若干个矩形。矩形 $ABCD$ 的中点 O 点可视为矩形 $AGOF$、矩形 $GB'E'O$ 等的角点。根据角点法可得到

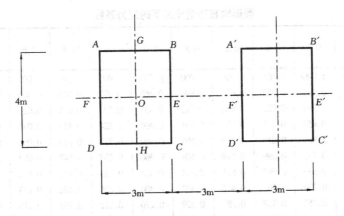

图 4-10 [例题 4.3] 图示

$$\sigma_{z,0} = (\sigma_{z,0})_{AGOF} + (\sigma_{z,0})_{DFOH} + (\sigma_{z,0})_{GB'E'O} + (\sigma_{z,0})_{E'C'HO}$$
$$- (\sigma_{z,0})_{GA'F'O} - (\sigma_{z,0})_{F'D'HO} + (\sigma_{z,0})_{GBEO} + (\sigma_{z,0})_{ECHO}$$

上式可合并整理成下述形式，

$$\sigma_{z,0} = 4(\sigma_{z,0})_{AGOF} + 2(\sigma_{z,0})_{GB'E'O} - 2(\sigma_{z,0})_{GA'F'O}$$

下面查表先求应力系数：对 $(\sigma_{z,0})_{AGOF}$，$\dfrac{L}{B} = \dfrac{2.0}{1.5} = 1.33$，$\dfrac{Z}{B} = \dfrac{3.0}{1.5} = 2.0$，查表 4-4，

采用内插法，得 $K_z = 0.0947 + (0.1034 - 0.0947) \times \left(\dfrac{0.13}{0.2}\right) = 0.1004$，

对 $(\sigma_{z,0})_{GB'E'O}$，$\dfrac{L}{B} = \dfrac{7.5}{2.0} = 3.75$，$\dfrac{z}{B} = \dfrac{3}{2} = 1.5$，查表 4-4，采用内插法，可得 $K_z = 0.1655$

对 $(\sigma_{z,0})_{GA'F'O}$，$\dfrac{L}{B} = \dfrac{4.5}{2.0} = 2.25$，$\dfrac{z}{B} = \dfrac{3}{2} = 1.5$，查表 4-4，采用内插法，可得 $K_z = 0.1582$

于是可得所求附加应力应为

$$\sigma_{z,0} = (4 \times 0.1004 + 2 \times 0.1655 - 2 \times 0.1582) \times 200$$
$$= 0.4162 \times 200 = 83.24 \text{kPa}$$

4. 圆形均布荷载作用下地基中附加应力计算

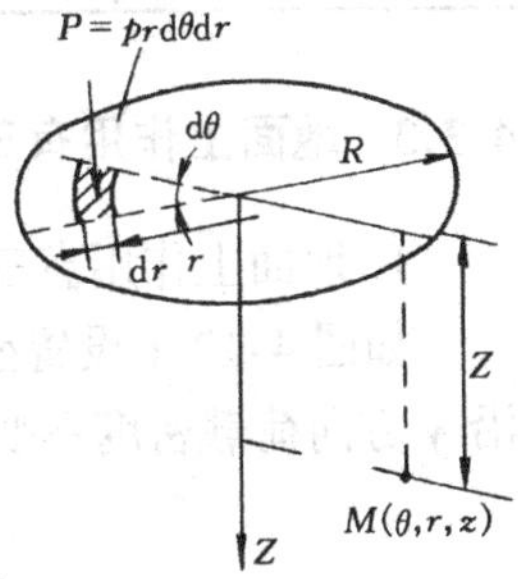

地基为半无限弹性体，面上作用有圆形均布荷载，荷载作用面半径为 R，荷载密度为 p，采用圆柱坐标，如图 4-11 所示。地基中任意点 $M(\theta, r, z)$ 处的应力分量表达式如下：

图 4-11 均布圆形荷载作用下地基中应力

$$\sigma_z = \frac{3pz^3}{2\pi} \int_0^{2\pi} \int_0^R \frac{r\mathrm{d}\theta\mathrm{d}r}{(r^2 + z^2 + R^2 - 2Rr\cos\theta)^{\frac{5}{2}}} = K_z p \qquad (4.3.25)$$

式中　K_z——应力系数。

圆形均布荷载作用下地基中 $M(r, z)$ 点竖向应力分量应力系数表见表 4-5。圆形荷载作用面中心点以下地基中竖向应力分量表达式为

$$\sigma_z = p \left[1 - \left(\frac{1}{1 + \frac{R^2}{z^2}}\right)^{\frac{3}{2}} \right] \qquad (4.3.26)$$

$\dfrac{z}{R}$ ＼ $\dfrac{r}{R}$	0.0	0.2	0.4	0.6	0.8	1.0	1.2	1.4	1.6	1.8	2.0
0.0	1.000	1.000	1.000	1.000	1.000	0.500	0.000	0.000	0.000	0.000	0.000
0.2	0.993	0.991	0.987	0.970	0.890	0.468	0.077	0.015	0.005	0.002	0.001
0.4	0.949	0.943	0.922	0.860	0.712	0.435	0.181	0.065	0.026	0.012	0.006
0.6	0.864	0.852	0.813	0.733	0.591	0.400	0.224	0.113	0.056	0.029	0.016
0.6	0.864	0.852	0.813	0.733	0.591	0.400	0.224	0.113	0.056	0.029	0.016
0.8	0.756	0.742	0.699	0.619	0.504	0.366	0.237	0.142	0.083	0.048	0.029
1.0	0.646	0.633	0.593	0.525	0.434	0.332	0.235	0.157	0.102	0.065	0.042
1.2	0.547	0.535	0.502	0.447	0.337	0.300	0.226	0.162	0.113	0.078	0.053
1.4	0.461	0.452	0.452	0.383	0.329	0.270	0.212	0.161	0.118	0.086	0.062
1.6	0.390	0.383	0.362	0.330	0.288	0.243	0.197	0.156	0.120	0.090	0.068
1.8	0.332	0.327	0.311	0.285	0.254	0.218	0.182	0.148	0.118	0.092	0.072
2.0	0.285	0.280	0.268	0.248	0.224	0.196	0.167	0.140	0.114	0.092	0.074
2.2	0.246	0.242	0.233	0.218	0.198	0.176	0.153	0.131	0.109	0.090	0.074
2.4	0.214	0.211	0.203	0.192	0.176	0.159	0.140	0.122	0.104	0.087	0.073
2.6	0.187	0.185	0.179	0.170	0.158	0.144	0.129	0.113	0.098	0.084	0.071
2.8	0.165	0.163	0.159	0.150	0.141	0.130	0.118	0.105	0.092	0.080	0.069
3.0	0.146	0.145	0.141	0.135	0.127	0.118	0.108	0.097	0.087	0.077	0.067
3.4	0.117	0.116	0.114	0.110	0.105	0.098	0.091	0.084	0.076	0.068	0.061
3.8	0.096	0.095	0.093	0.091	0.087	0.083	0.078	0.073	0.067	0.061	0.055
4.2	0.079	0.079	0.078	0.076	0.073	0.070	0.067	0.063	0.059	0.054	0.050
4.6	0.067	0.067	0.066	0.064	0.063	0.060	0.058	0.055	0.052	0.048	0.045
5.0	0.057	0.057	0.056	0.055	0.054	0.052	0.050	0.048	0.046	0.043	0.041
5.5	0.048	0.048	0.047	0.045	0.045	0.044	0.043	0.041	0.039	0.038	0.036
6.0	0.040	0.040	0.040	0.039	0.039	0.038	0.037	0.036	0.034	0.033	0.031

4.3.3　地面上作用有三角形和梯形分布荷载地基中附加应力计算

1. 地面上作用有三角形分布荷载地基中附加应力计算

如图 4-12 中设置坐标轴，矩形面积为 $B \times L$，沿矩形面积一边 x 方向呈三角形分布，沿 y 方向荷载密度不变，$x=0$ 时，荷载为零，$x=B$ 时，荷载为 P_0。于是，坐标为（x，y）处的荷载密度为 $\dfrac{x}{B}P_0$，角点 1（$x=0$，$y=0$ 或 $x=0$，$y=L$）下深度 z 处的 M 点竖向附加应力 σ_z 表达式为

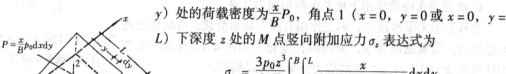

$$\sigma_z = \frac{3p_0 z^3}{2\pi B}\int_0^B\int_0^L \frac{x}{(x^2+y^2+z^2)^{\frac{5}{2}}}\mathrm{d}x\mathrm{d}y$$

$$= K_{z1}\,p_0 \qquad\qquad (4.3.27)$$

式中　K_{z1}——应力系数。

类似可得角点 2（$x=B$，$y=0$，或 $x=B$，$y=L$）下深度 z 处的竖向附加应力 σ_z 为

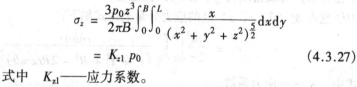

$$\sigma_z = K_{z2}p_0 \qquad\qquad (4.3.28)$$

图 4-12　三角形分布矩形荷载作用下地基应力

式中　K_{z2}——应力系数。

应力系数 K_{z1} 和 K_{z2} 可查表 4-6。

三角形分布的矩形荷载角点下的竖向附加应力系数 K_{z1} 和 K_{z2} 　　　　表 4-6

L/B	0.2		0.4		0.6		0.8		1.0	
点 z/B	1	2	1	2	1	2	1	2	1	2
0.0	0.0000	0.2500	0.0000	0.2500	0.0000	0.2500	0.0000	0.2500	0.0000	0.2500
0.2	0.0223	0.1821	0.0280	0.2115	0.0296	0.2165	0.0301	0.2178	0.0304	0.2182
0.4	0.0269	0.1094	0.0420	0.1604	0.0487	0.1781	0.0517	0.1844	0.0531	0.1870
0.6	0.0259	0.0700	0.0448	0.1165	0.0560	0.1405	0.0621	0.1520	0.0654	0.1575
0.8	0.0232	0.0480	0.0421	0.0853	0.0553	0.1093	0.0637	0.1232	0.0688	0.1311
1.0	0.0201	0.0346	0.0375	0.0638	0.0508	0.0852	0.0602	0.0996	0.0666	0.1086
1.2	0.0171	0.0260	0.0324	0.0491	0.0450	0.0673	0.0546	0.0807	0.0615	0.0901
1.4	0.0145	0.0202	0.0278	0.0386	0.0392	0.0540	0.0483	0.0661	0.0554	0.0751
1.6	0.0123	0.0160	0.0238	0.0310	0.0339	0.0440	0.0424	0.0547	0.0492	0.0628
1.8	0.0105	0.0130	0.00204	0.0254	0.0294	0.0363	0.0371	0.0457	0.0435	0.0534
2.0	0.0090	0.0108	0.0176	0.0211	0.0255	0.0304	0.0324	0.0387	0.0384	0.0456
2.5	0.0063	0.0072	0.0125	0.0140	0.0183	0.0205	0.0236	0.0265	0.0284	0.0318
3.0	0.0046	0.0051	0.0092	0.0100	0.0135	0.0148	0.0176	0.0192	0.0214	0.0233
5.0	0.0018	0.0019	0.0036	0.0038	0.0054	0.0056	0.0071	0.0074	0.0088	0.0091
7.0	0.0009	0.0010	0.0019	0.0019	0.0028	0.0029	0.0038	0.0038	0.0047	0.0047
10.0	0.0005	0.0004	0.0009	0.0010	0.0014	0.0014	0.0019	0.0019	0.0023	0.0024

L/B	1.2		0.4		1.6		1.8		2.0	
点 z/B	1	2	1	2	1	2	1	2	1	2
0.0	0.0000	0.2500	0.0000	0.2500	0.0000	0.2500	0.0000	0.2500	0.0000	0.2500
0.2	0.0305	0.2184	0.0305	0.2185	0.0306	0.2185	0.0306	0.2185	0.0306	0.2185
0.4	0.0539	0.1881	0.0543	0.1886	0.0545	0.1889	0.0546	0.1891	0.0547	0.1892
0.6	0.0673	0.1602	0.0684	0.1616	0.0690	0.1625	0.0694	0.1630	0.0696	0.1633
0.8	0.0720	0.1355	0.0739	0.1381	0.0751	0.1396	0.0759	0.1405	0.0764	0.1412
1.0	0.0708	0.1143	0.0735	0.1176	0.0753	0.1202	0.0766	0.1215	0.0774	0.1225
1.2	0.0664	0.0962	0.0698	0.1007	0.0721	0.1037	0.0738	0.1055	0.0749	0.1069
1.4	0.0606	0.0817	0.0644	0.0864	0.0672	0.0897	0.0692	0.0921	0.0707	0.0937
1.6	0.0545	0.0696	0.0586	0.0743	0.0616	0.0780	0.0639	0.0806	0.0656	0.0826
1.8	0.0487	0.0596	0.0528	0.0644	0.0560	0.0681	0.0585	0.0709	0.0604	0.0730
2.0	0.0434	0.0513	0.0474	0.0560	0.0507	0.0596	0.0533	0.0625	0.0553	0.0649
2.5	0.0326	0.0365	0.0362	0.0405	0.0393	0.0440	0.0419	0.0469	0.0440	0.0491
3.0	0.0249	0.0270	0.0280	0.0303	0.0307	0.0333	0.0331	0.0359	0.0352	0.0380
5.0	0.0104	0.0108	0.0120	0.0123	0.0135	0.0139	0.0148	0.0154	0.0161	0.0167
7.0	0.0056	0.0056	0.0064	0.0066	0.0073	0.0074	0.0081	0.0083	0.0089	0.0091
10.0	0.0028	0.0028	0.0033	0.0032	0.0037	0.0037	0.0041	0.0042	0.0046	0.0046

L/B	3.0		4.0		6.0		8.0		10.0	
点 z/B	1	2	1	2	1	2	1	2	1	2
0.0	0.0000	0.2500	0.0000	0.2500	0.0000	0.2500	0.0000	0.2500	0.0000	0.2500
0.2	0.0306	0.2186	0.0306	0.2186	0.0306	0.2186	0.0306	0.2186	0.0306	0.2186
0.4	0.0548	0.1894	0.0549	0.1894	0.0549	0.1894	0.0549	0.1894	0.0549	0.1894
0.6	0.0701	0.1638	0.0702	0.1639	0.0702	0.1640	0.0702	0.1640	0.0702	0.1640
0.8	0.0773	0.1423	0.0776	0.1424	0.0776	0.1426	0.0776	0.1426	0.0776	0.1426
1.0	0.0790	0.1244	0.0794	0.1248	0.0795	0.1250	0.0796	0.1250	0.0796	0.1250
1.2	0.0774	0.1096	0.0779	0.1103	0.0782	0.1105	0.0783	0.1105	0.0783	0.1105
1.4	0.0739	0.0973	0.0748	0.0982	0.0752	0.0986	0.0752	0.0987	0.0753	0.0987
1.6	0.0697	0.0870	0.0708	0.0882	0.0714	0.0887	0.0715	0.0888	0.0715	0.0889
1.8	0.0652	0.0782	0.0666	0.0797	0.0673	0.0805	0.0675	0.0806	0.0675	0.0808
2.0	0.0607	0.0707	0.0624	0.0726	0.0634	0.0734	0.0636	0.0736	0.0636	0.0738
2.5	0.0504	0.0559	0.0529	0.0585	0.0543	0.0601	0.0547	0.0604	0.0548	0.0605
3.0	0.0419	0.0451	0.0449	0.0482	0.0469	0.0504	0.0474	0.0509	0.0476	0.0511
5.0	0.0214	0.0221	0.0248	0.0256	0.0283	0.0290	0.0296	0.0303	0.0301	0.0309
7.0	0.0124	0.0126	0.0152	0.0154	0.0186	0.0190	0.0204	0.0207	0.0212	0.0216
10.0	0.0066	0.0066	0.0084	0.0083	0.0111	0.0111	0.0128	0.0130	0.0139	0.0141

当 $\dfrac{L}{B} = 10$ 时，可将三角形分布矩形荷载视作三角形分布条形荷载，也就是说，计算三角形分布条形荷载作用下地基中附加应力时，采用三角形分布矩形荷载 $L = 10B$ 时的解答所引起误差很小。

2. 梯形分布荷载作用下地基中附加应力计算

可采用叠加原理计算梯形分布荷载作用下地基中附加应力。图 4-13 中，梯形分布荷载（图 a）可分解为两个三角形分布（图 b 和图 c）荷载的相加。

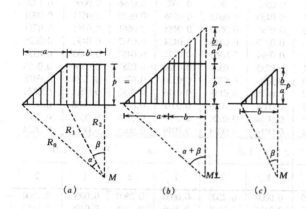

图 4-13 梯形分布荷载转化
为三角形分布荷载

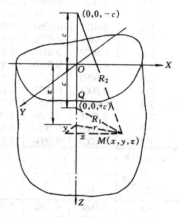

图 4-14 地基内作用一竖向
集中力时地基中应力计算

4.3.4 地基中作用一集中力时地基中附加应力计算

当一集中力作用于地基内时，地基中附加应力计算可采用弹性理论半无限弹性体内作用一竖向集中力时的明德林解（R.D.Mindlin，1936）。如图 4-14 设置坐标系，距表面距离 c 处作用一个集中力 P，地基中附加应力表示式为

$$
\sigma_x = \frac{P}{8\pi(1-\mu)}\left\{ -\frac{(1-2\mu)(z-c)}{R_1^3} + \frac{3x^2(z-c)}{R_1^5} - \frac{(1-2\mu)[3(z-c)-4\mu(z+c)]}{R_2^3} \right.
$$

$$
+ \frac{3(3-4\mu)x^2(z-c) - 6c(z+c)[(1-2\mu)z-2\mu c]}{R_2^5} + \frac{30cx^2z(z+c)}{R_2^7}
$$

$$
\left. + \frac{4(1-\mu)(1-2\mu)}{R_2(R_2+z+c)}\left(1 - \frac{x^2}{R_2(R_2+z+c)} - \frac{x^2}{R_2^2}\right)\right\}
\tag{4.3.29}
$$

$$
\sigma_y = \frac{P}{8\pi(1-\mu)}\left\{ -\frac{(1-2\mu)(z-c)}{R_1^3} + \frac{3y^2(z-c)}{R_1^5} \right.
$$

$$
- \frac{(1-2\mu)[3(z-c)-4\mu(z+c)]}{R_2^3}
$$

$$
+ \frac{3(3-4\mu)y^2(z-c) - 6c(z+c)[(1-2\mu)z-2\mu c]}{R_2^5} + \frac{30cy^2z(z+c)}{R_2^7}
$$

$$
\left. + \frac{4(1-\mu)(1-2\mu)}{R_2(R_2+z+c)}\left(1 - \frac{y_2}{R_2(R_2+z+c)} - \frac{y^2}{R_2^2}\right)\right\}
\tag{4.3.30}
$$

$$
\sigma_z = \frac{P}{8\pi(1-\mu)}\left\{ \frac{(1-2\mu)(z-c)}{R_1^3} - \frac{(1-2\mu)(z-c)}{R_2^3} + \frac{3(z-c)^3}{R_1^5} \right.
$$

72

$$+\frac{3(3-4\mu)z(z+c)^2-3c(z+c)(5z-c)}{R_2^5}+\frac{30cz(z+c)^3}{R_2^7}\Big\} \tag{4.3.31}$$

$$\tau_{yz}=\frac{Py}{8\pi(1-\mu)}\Big\{\frac{1-2\mu}{R_1^3}-\frac{1-2\mu}{R_2^3}+\frac{3(z-c)^2}{R_1^5}+\frac{3(3-4\mu)z(z+c)-3c(3z+c)}{R_2^5}$$

$$+\frac{30cz(z+c)^2}{R_2^7}\Big\} \tag{4.3.32}$$

$$\tau_{xz}=\frac{Px}{8\pi(1-\mu)}\Big\{\frac{1-2\mu}{R_1^3}-\frac{1-2\mu}{R_2^3}+\frac{3(z-c)^2}{R_1^5}+\frac{3(3-4\mu)z(z+c)-3c(3z+c)}{R_2^5}$$

$$+\frac{30cz(z+c)^2}{R_2^7}\Big\} \tag{4.3.33}$$

$$\tau_{xy}=\frac{Pxy}{8\pi(1-\mu)}\Big\{\frac{3(z-c)}{R_1^5}+\frac{3(3-4\mu)(z-c)}{R_2^5}-\frac{4(1-\mu)(1-2\mu)}{R_2^2(R_2+z+c)}\Big(\frac{1}{R_2+z+c}+\frac{1}{R_2}\Big)$$

$$+\frac{30cz(z+c)}{R_2^7}\Big\} \tag{4.3.34}$$

式中 $R_1=\sqrt{x^2+y^2+(z-c)^2}$；

$R_2=\sqrt{x^2+y^2+(z+c)^2}$；

c——集中力作用点的深度，m；

μ——土的泊松比。

当图 4-14 中 $c=0$ 时，明德林解蜕化为布辛涅斯克解，因此也可认为布辛涅斯克解是明解林解的一个特解。

4.3.5 关于地基中附加应力计算的简要讨论

在前面几小节中计算地基中附加应力时均将地基视为半无限各向弹性体，但地基往往是分层的，横观各向同性的，同一土层土体模量随着深度是增加的。严格讲地基土体也不是弹性体。采用半无限各向弹性体假设后得到的计算结果可能带来多大的误差是工程师们关心的。经验表明采用半无限弹性体计算地基中附加应力对大多数天然地基来说基本上可以满足工程应用的要求。下面对双层地基、横观各向同性、模量随深度增大等情况对附加应力分布的影响作简要讨论。

1. 双层地基情况

一般地基都是分层的，现以双层地基来说明其影响。第 1 层土弹性参数为 E_1 和 μ_1，厚度为 h，第二层土弹性参数为 E_2 和 μ_2，如图 4-15 中所示。双层地基中应力可根据巴

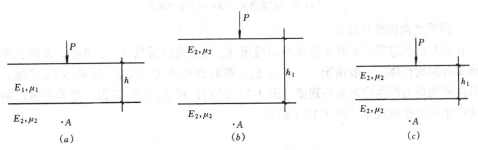

图 4-15 当层法计算地基中附加应力

克洛夫斯基（Покровский）当层法计算。根据当层法，可将双层地基中第一层土用一厚度为 h_1，模量为 E_2 的当层来代替。采用当层替代后，双层地基成了均质地基。当层土体厚度为

$$h_1 = h\sqrt{\frac{E_1}{E_2}} \qquad (4.3.35)$$

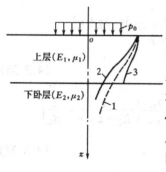

图 4-16　双层地基
竖向应力分布的比较

当双层地基上硬下软时，$E_1 > E_2$，$h_1 > h$，如图 4-15（b）所示；当双层地基上软下硬时，$E_1 < E_2$，$h_1 < h$，如图 4-15（c）所示。在图 4-15 中，三图中荷载 P 值相等，则三图中 A 点附加应力相等。双层地基中 A 点附加应力计算转换为均质地基中 A 点附加应力计算，可采用布辛涅斯克解求解。从图 4-15 可以看出，$E_1 > E_2$ 时，荷载作用中心线下地基中附加应力比均质地基中小，当 $E_1 < E_2$ 时，比均质地基中大，如图 4-16 所示。图中曲线 1 表示均质地基中竖向附加应力分布图，曲线 2 表示上硬下软时竖向附加应力分布图，曲线 3 表示上软下硬时竖向附加应力分布图。或者说，上硬下软时，荷载作用下发生应力扩散现象，上软下硬时，发生应力集中现象，沿水平方向附加应力分布如图 4-17 中所示，（a）为应力扩散现象示意图，（b）表为应力集中现象示意图。

2. 模量随深度增大的地基

一般天然地基土体模量都是随着深度变化的，同一土层土体模量是随深度增大的。与均质地基比较，沿荷载作用线下，地基中竖向附加应力变大。或者说产生应力集中现象，如图 4-17（b）中所示。

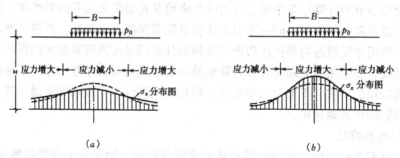

图 4-17　应力扩散和应力集中现象
（a）应力扩散现象；（b）应力集中现象

3. 横观各向同性体地基

在天然沉积过程中地基土体水平向模量 E_h 与竖直向模量 E_v 不相等，天然土体往往是横观各向同性体。一般情况下，$E_v > E_h$，有时也可能 $E_v < E_h$。对 $E_v > E_h$ 情况，地基中竖向附加应力产生应力集中现象 ［图 4-17（b）］；对 $E_v < E_h$ 情况，地基中竖向附加应力将产生应力扩散现象 ［图 4-17（a）］。

习题与思考题

4.1 计算并画出图 4-18 所示土层中的竖向自重总应力和自重有效应力沿深度分布图。

4.2 上题中地下水位为 −2.5m,现上升至 −2.00m,请给出竖向自重总应力和自重有效应力沿深度分布图。

4.3 今地面上作用有矩形(2m×3m)均布荷载,荷载密度为 200kPa,请给出(1)荷载作用中心和角点下竖向附加应力沿深度分布(深度可算至 9.0m)。(2)在荷载作用面对称轴下深度为 2.0m 土层中附加应力沿水平方向分布。

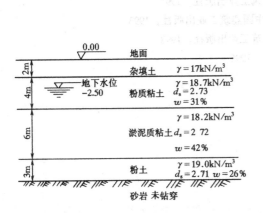

图 4-18 习题 4.1 图示   图 4-19 习题 4-4 图示

4.4 如图 4-19 所示,荷载为梯形条形荷载,底宽为 8m,上为 6m,荷载 $p = 100$kPa,求地基中 A、B、C 三点处竖向附加应力。A、B、C 三点分别位于中心轴线下、坡角下深度为 6m 处。

4.5 在计算地基中自重应力和荷载作用下附加应力时,作了哪些假设?请谈谈这些假设可能带来的影响。

4.6 某工程地基为细砂层,地下水位层 1.5m,地下水位以上至地表面以下 0.5m 的范围内细砂土呈毛细管饱和状态。细砂的重度为 19.2kN/m³,饱和重度为 21.4kN/m³,求地面以下 4m 深度处的垂直有效自重应力。

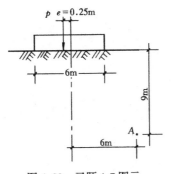

图 4-20 习题 4.7 图示

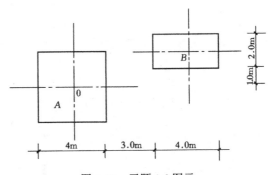

图 4-21 习题 4.8 图示

75

4.7 已知长条形基础宽 6m，集中荷载 1200kN/m，偏心距 $e = 0.25$m。求 A 点的附加应力，如图 4-20 所示。

4.8 图 4-21 中，二矩形分布荷载作用于地基表面，A 矩形尺寸为 4m×4m，B 矩形 2m×4m，相互位置如图所示。荷载密度 200kPa，求 A 矩形中心点 O 下深度为 4.0m 处的竖向附加应力。

4.9 地基中附加应力的传播、扩散有什么规律？各种荷载、不同形状基础下地基中各点附加应力计算有何异同？

<h1 style="text-align:center">参 考 文 献</h1>

1 华南理工大学等编.地基及基础.北京：中国建筑工业出版社，1991
2 顾晓鲁等主编.地基与基础（第二版）.北京：中国建筑工业出版社，1993
3 高大钊主编.土力学与基础工程.北京：中国建筑工业出版社，1998
4 龚晓南著.高等土力学.杭州：浙江大学出版社，1996

第5章 土的压缩性和固结理论

5.1 概　　述

天然土是由土颗粒、水、气组成的三相体。土颗粒相互接触或胶结形成土骨架，而水和气则充填于土骨架内（或颗粒间）的空隙中，因此土是一种多孔介质材料。在压力作用下，土骨架将发生变形，土中空隙将减少，土体体积将缩小，土的这一特性称为土的压缩性。

与金属等其他连续介质材料不同，土受压力作用后的压缩并不是瞬间即能完成的，而是随时间逐步发展并趋稳定的。土体压缩随时间发展的这一现象或过程称为固结。而从有效应力原理的观点出发，土的压缩和固结就是土中有效应力随时间不断增大，直至等于土体所受压力（即总应力）的过程（详见5.4节）。因此，土的压缩和固结是密不可分的，压缩是土固结行为的外在表现，而固结是土压缩的内在本质。

如果说外荷载是引起地基变形的外因，那么土具有压缩和固结特性就是地基变形的根本内因。因此，研究土的压缩性和固结规律是合理计算地基变形的前提。另一方面，土的抗剪强度也与土的压缩和固结密切相关，这是因为土体压缩和固结的必然结果是土中空隙减小，土颗粒接触趋密，从而使土的抗剪强度增长。由此可见，土的压缩性和固结是土力学的重要研究课题。

5.2 土 的 压 缩 特 性

土体的压缩从宏观上看应是土颗粒、水、气三相压缩量以及从土体中排出的水、气量的总和。不过，试验研究表明，在一般压力（100～600kPa）作用下，土颗粒和水的压缩占土体总压缩量的比例很小，以致完全可以忽略不计。所以，可以认为土的压缩就是土中孔隙体积的减少，即土中孔隙气体的压缩以及孔隙水和气的排出，而对于饱和土就是土中孔隙水的排出。

从微观上看，土体受压力作用后，土颗粒在压缩过程中不断调整位置，重新排列压紧，直至达到新的平衡和稳定状态。

土的压缩性常用土的压缩系数 a 或压缩指数 C_c、压缩模量 E_s 和体积压缩系数 m_v、变形模量 E 等指标来评价。土体压缩性指标的合理确定是正确计算地基沉降的关键，可以通过室内和现场试验来测定。试验条件与地基土的应力历史和在实际荷载下的工作状态越接近，测得的指标就越可靠。对于一般情况，常用限制土样侧向变形的室内压缩试验测定土的压缩性指标。这种试验条件虽与土体的实际工作状态等有一定差距，但由于其简便经济，因而一直被认为是测定土的压缩性指标最实用的方法。

5.2.1 土的压缩试验和压缩曲线

室内压缩试验是在图 5-1 所示的常规单向压缩仪上进行的。

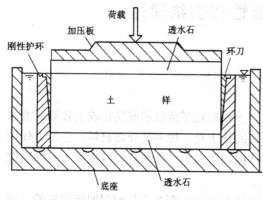

图 5-1 常规单向压缩仪及压缩试验示意图

进行试验时，用金属环刀取高为 20mm、直径为 50mm（或 30mm）的土样，并置于压缩仪的刚性护环内。土样的上下面均放有透水石，以允许土样受压后土中的孔隙水自由排出。在上透水石顶面装有金属圆形加压板，以便施加荷载传递压力。需要时可在土样四周加水以使土样饱和。压力是按规定逐级施加的，后一级压力通常为前一级压力的两倍。即如前一级压力为 p_1，则本级压力 $p_2 = 2p_1$。常用压力为：50，100，200，400和 800kPa。施加下一级压力，需待土样在本级压力下压缩基本稳定（约为 24h），并测得其稳定压缩变形量后才能进行。

压缩试验的结果通常整理成压缩曲线，该曲线表示的是各级压力作用下土样压缩稳定时的孔隙比与相应压力的关系。由于环刀和护环的限制，土样在试验中处于单向（一维）压缩状态，只能发生竖向压缩和变形，其横截面面积保持不变。故只要测得对应于各级压力的稳定压缩量，即可求得相应的孔隙比，从而得到压缩曲线。由稳定压缩量计算孔隙比的方法如下。

如图 5-2 所示，设土样在前级压力作用下压缩稳定后的高度为 H_1，孔隙比为 e_1；在本级压力 p_2 作用下的稳定压缩量为 ΔH（指由本级压力增量 $\Delta p = p_2 - p_1$ 引起的压缩量），高度为 $H_2 = H_1 - \Delta H$，孔隙比为 e_2。则由土样土颗粒体积 V_s 不变和横截面面积 A 不变两条件，可知压力 p_1 和 p_2 作用下土样压缩稳定后的体积分别为 $V_1 = AH_1 = V_s (1 + e_1)$ 和 $V_2 = AH_2 = V_s (1 + e_2)$。由此可得：

$$V_s = \frac{AH_1}{1 + e_1} = \frac{AH_2}{1 + e_2} = \frac{A(H_1 - \Delta H)}{1 + e_2}$$

或：

$$e_2 = e_1 - \frac{\Delta H}{H_1}(1 + e_1) \tag{5.2.1}$$

式（5.2.1）即为已知前级压力 p_1 作用下土样压缩稳定后的高度 H_1 和孔隙比 e_1，由测得的本级压力 p_2 作用下土样的稳定压缩量 ΔH 计算对应于 p_2 的孔隙比 e_2 的公式。

求得各级压力下的孔隙比后，即可以孔隙比 e 为纵坐标，压力 p 为横坐标按两种方式绘制压缩曲线。一种是采用普通直角坐标绘制，称为 $e - p$ 曲线（图 5-3a），另一种采用半对数（指常用对数）坐标绘制，称为 $e - \log p$ 曲线（图 5-3b）。

需要说明，如 5.1 节中所述，土的压缩也是土中有效应力逐步趋于土体所受压力的过程，因此，在各级压力作用下压缩稳定时土中的竖向有效应力 σ'_z 必然等于土体所受到的竖向压力 p，换言之，土的压缩曲线也就是土的孔隙比 e 与有效应力 σ'_z 的关系曲线。

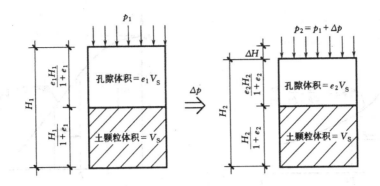

图 5-2　压缩试验中土样高度与孔隙比变化关系

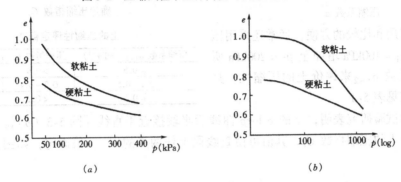

图 5-3　土的压缩曲线

（a）e-p 曲线；（b）e-log p 曲线

5.2.2　土的压缩系数和压缩指数

不同的土具有不同的压缩性，因而就有形状不一的压缩曲线（图 5-3），这些曲线反映了土的孔隙比随压力的增大而减少的规律。一种土的压缩曲线越陡就意味着这种土随着压力的增加孔隙比的减少越显著，因而其压缩性越高。故可以用 e-p 曲线的切线斜率来表征土的压缩性，该斜率就称为土的压缩系数，定义为：

$$a = -\frac{\mathrm{d}e}{\mathrm{d}p} \tag{5.2.2}$$

显然，e-p 曲线上各点的斜率不同，因此土的压缩系数不是常数，对应于不同的压力 p，就有不同的值。实用上，可以采用割线斜率来代替切线斜率。如图 5-4 所示，设地基中某点处的压力由 p_1 增至 p_2，相应的孔隙比由 e_1 减少至 e_2，则

$$a \approx -\frac{\Delta e}{\Delta p} = \frac{e_1 - e_2}{p_2 - p_1} \tag{5.2.3}$$

式中　a——计算点处土的压缩系数，kPa^{-1} 或 MPa^{-1}；

p_1——计算点处土的竖向自重应力，kPa 或 MPa；

p_2——计算点处土的竖向自重应力与附加应力之和，kPa 或 MPa；

e_1——相应于 p_1 作用下压缩稳定后的孔隙比；

e_2——相应于 p_2 作用下压缩稳定后的孔隙比。

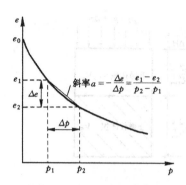

图 5-4 由 e-p 曲线确定
压缩系数 a

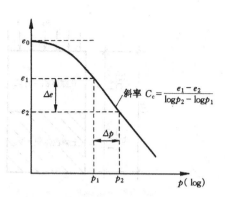

图 5-5 由 e-$\log p$ 曲线
确定压缩指数 C_c

为了应用和比较的方便，通常还采用压力间隔由 $p_1 = 100\text{kPa}$ 增加至 $p_2 = 200\text{kPa}$ 所得的压缩系数 a_{1-2} 来评价土的压缩性，具体评定标准见表 5-1。

土的压缩性评定标准 表 5-1

压缩系数 a_{1-2}（MPa^{-1}）	压缩指数 C_c	土的压缩性
$\geqslant 0.5$	> 0.4	高压缩性
$0.1 \sim 0.5$	$0.2 \sim 0.4$	中压缩性
$\leqslant 0.1$	< 0.2	低压缩性

大量的试验研究表明，土的 e-$\log p$ 曲线后半段接近于直线 [图 5-3（b）]。该直线的斜率就称为土的压缩指数 C_c，其值可由直线段上任两点的 e、p 值确定，如图 5-5 所示，即有

$$C_c = \frac{e_1 - e_2}{\log p_2 - \log p_1} = (e_1 - e_2) \Big/ \log \frac{p_2}{p_1} \tag{5.2.4}$$

显然，与压缩系数类似，压缩指数越大，则土的压缩性越高。一般认为，土的 C_c 值当大于 0.4，属高压缩性；小于 0.2，则属低压缩性，如表 5-1 所示。

压缩系数 a 和压缩指数 C_c 虽同为土的压缩性指标，但从上可见两者有这样的区别，即：对于同一种土，a 是变数且有量纲，而 C_c 是无量纲常数。

5.2.3 土的压缩模量和体积压缩系数

土的压缩模量是土的又一个压缩性指标，其定义是土在完全侧限条件下压力增量与相应的竖向应变增量之比值，因此，土的压缩模量也可以从压缩试验得到，它与土的压缩系数 a 有以下关系：

$$E_s = \frac{1 + e_1}{a} \tag{5.2.5}$$

式中 E_s——土的压缩模量（又称侧限压缩模量），kPa 或 MPa；

a、e_1——见式（5.2.3）。

关系式（5.2.5）的求证如下。

考虑如图 5-2 所示压缩试验中土样受压力增量 $\Delta p = p_2 - p_1$ 作用前后的高度变化，并结合式（5.2.1），可得与 Δp 相应的竖向应变增量 $\Delta\varepsilon_z$ 为：

$$\Delta\varepsilon_z = \frac{\Delta H}{H_1} = \frac{e_1 - e_2}{1 + e_1} \tag{5.2.6a}$$

故由 E_s 的定义即得：

$$E_s = \frac{\Delta p}{\Delta \varepsilon_z} = \frac{(1 + e_1)(p_2 - p_1)}{e_1 - e_2} = \frac{1 + e_1}{a} \qquad (5.2.6b)$$

从式 (5.2.5) 可见, 土的压缩系数越大, 土的压缩模量就越小。故 E_s 越小, 则土的压缩性越高。与土的压缩系数 a_{1-2} 类似, 同样为了方便与应用, 通常还采用压力间隔 p_1 = 100kPa 和 p_2 = 200kPa 所得的压缩模量 $E_{s(1-2)}$ 来衡量土的压缩性, 即 $E_{s(1-2)}$ = (1 + e_1) / a_{1-2}, 式中 e_1 为对应于 p_1 = 100kPa 的孔隙比。

土的体积压缩系数是与土的压缩模量相对应的另一个压缩性指标, 其定义是土在完全侧限条件下体积应变增量与使之产生的压力增量之比, 即:

$$m_v = \frac{\Delta \varepsilon_v}{\Delta p} \qquad (5.2.7a)$$

式中　m_v——土的体积压缩系数 (又称侧限体积压缩系数), kPa^{-1} 或 MPa^{-1};

　　　$\Delta \varepsilon_v$——对应于压力增量 Δp 的土的体积应变增量。

在侧限条件下, 土的体积应变与竖向应变相等, 即有 $\Delta \varepsilon_v = \Delta \varepsilon_z$, 故

$$m_v = \frac{\Delta \varepsilon_z}{\Delta p} = \frac{1}{E_s} = \frac{a}{1 + e_1} \qquad (5.2.7b)$$

由此可见, 土的体积压缩系数即为压缩模量的倒数, 其值越大, 则土的压缩性越高。相对而言, 土的压缩模量在国内用得较多, 而国外则偏爱土的体积压缩系数。

5.2.4　土的变形模量

除土的压缩系数、压缩指数、压缩模量、体积压缩系数外, 表征土的压缩性的指标还有土的变形模量, 其定义是土在无侧限条件下的竖向应力增量与相应竖向应变增量之比, 即:

$$E_0 = \frac{\Delta \sigma_z}{\Delta \varepsilon_z} \qquad (5.2.8)$$

可见, 土的变形模量 E_0 与弹性力学中材料的杨氏模量 E 的定义相同。然而, 与连续介质弹性材料不同, 土的变形模量与试验条件, 尤其是排水条件密切相关。对于不同的排水条件, E_0 具有不同的值。一般而言, 土的不排水变形模量 (此时式 (5.2.8) 中的应力为总应力) 大于土的排水变形模量 [此时式 (5.2.8) 中的应力为有效应力]。

土的排水变形模量与土的压缩模量理论上可以互换, 即 E_0 可通过 E_s 来求得。现推导两者的关系式。

由广义虎克定律, 三向 (有效) 应力增量 $\Delta \sigma'_x$、$\Delta \sigma'_y$、$\Delta \sigma'_z$ 与相应应变增量 $\Delta \varepsilon_x$、$\Delta \varepsilon_y$、$\Delta \varepsilon_z$ 有如下关系:

$$\Delta \varepsilon_x = \frac{1}{E_0} [\Delta \sigma'_x - \mu(\Delta \sigma'_y + \Delta \sigma'_z)] \qquad (5.2.9a)$$

$$\Delta \varepsilon_y = \frac{1}{E_0} [\Delta \sigma'_y - \mu(\Delta \sigma'_z + \Delta \sigma'_x)] \qquad (5.2.9b)$$

$$\Delta \varepsilon_z = \frac{1}{E_0} [\Delta \sigma'_z - \mu(\Delta \sigma'_x + \Delta \sigma'_y)] \qquad (5.2.9c)$$

式中 E_0、μ 分别为排水条件下土的变形模量和泊松比。

对于压缩试验，土的侧向变形为零，即 $\Delta\varepsilon_x = \Delta\varepsilon_y = 0$，则从式（5.2.9$a$）和（5.2.9$b$）可得：

$$\Delta\sigma'_x = \Delta\sigma'_y = \frac{\mu}{1-\mu}\Delta\sigma'_z \tag{5.2.10}$$

将上式代入（5.2.9c）即得压缩试验中土体竖向应变与应力关系：

$$\Delta\varepsilon_z = \frac{\Delta\sigma'_z}{E_0}\left(1 - \frac{2\mu^2}{1-\mu}\right) \tag{5.2.11a}$$

而土的压缩模量定义为：

$$E_s = \frac{\Delta p}{\Delta\varepsilon_z} = \frac{\Delta\sigma'_z}{\Delta\varepsilon_z} \tag{5.2.11b}$$

结合以上两式即得 E_0 与 E_s 关系：

$$E_0 = \beta E_s \tag{5.2.12a}$$

式中

$$\beta = \frac{(1+\mu)(1-2\mu)}{1-\mu} \tag{5.2.12b}$$

一般情况下，$0 < \mu < 0.5$，故 $0 < \beta < 1$，$E_0 < E_s$，因此土的排水变形模量一般小于土的压缩模量。

土的变形模量也可由现场载荷试验测定。由于现场试验不能控制地基土的排水条件，故可以认为由此得到的土的变形模量一般介于土的排水变形模量和不排水变形模量之间。

5.2.5 土的回弹与再压缩曲线

通过压缩试验还可以得到土的回弹曲线和再压缩曲线（图5-6）。在压缩试验过程中加压至某值 p_b〔图5-6（a）中 b 点〕后逐级卸压，土样即回弹，测得其回弹稳定后的孔隙比，可绘制相应的孔隙比与压力的关系曲线，该曲线就称为回弹曲线，如图5-6（a）bc 段所示。由于土体不是弹性体，故卸压完毕后土样在压力 p_b 作用下发生的总压缩变形（即与图中初始孔隙比 e_0 和 p_b 对应的孔隙比 e_b 的差值 $e_0 - e_b$ 相当的压缩量）并不能完全恢复，而只能恢复其一部分。可恢复的这部分变形（即图中与孔隙比差值 $e_c - e_b$ 相当的压缩量）是弹性变形，不可恢复的变形（即图中与孔隙比差值 $e_0 - e_c$ 相当的压缩量）则称为残余变形。如卸压后又重新逐级加压至 p_f，并测得土样在各级压力下再压缩稳定后的孔隙比，则据此绘制的曲线段为再压缩曲线，如图5-6（a）中 cdf 所示。试验研究表明，再压缩曲线段 df 与原压缩曲线 ab 之间的连接一般是光滑的，即 df 段与土样未经卸压和再压而直接逐级加压至 p_f 的压缩曲线 abf 是基本重合的。

同样，也可在半对数坐标上绘制土的回弹曲线和再压缩曲线，如图5-6（b）所示。

根据土的回弹和再压缩曲线，可以获得土的回弹压缩系数和回弹指数等指标。为此，将由回弹曲线 bc 和再压缩曲线 cd 段形成的滞回圈近似用一条与之相近的曲线或直线段替代，如图5-6中虚线段 ce 所示。基于该线段，用类似于确定土的压缩系数与压缩指数等指标的方法，就可确定土的回弹压缩系数和回弹指数等指标。这些指标可用于预估复杂加、卸荷情况下基础的沉降。

显然，曲线 ce 较压缩曲线平缓，因此，土的回弹压缩系数和回弹指数在数值上较压

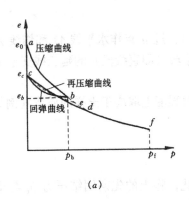

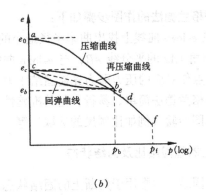

(a) (b)

图 5-6　土的回弹曲线和再压缩曲线

(a) 直角坐标；(b) 半对数坐标

缩系数和压缩指数小。

5.3　应力历史与土压缩性的关系

从图 5-5 可见，土的 $e\text{-}\log p$ 曲线的前半段较平缓，而后半段（即前述直线段）较陡，这表明当压力超过某值时土才会发生较显著的压缩。这是因为土在其沉积历史上已在上覆压力或其他荷载作用下经历过压缩和固结，当土样从地基中取出，原有应力释放，土样又经历了膨胀。因此，在压缩试验中如施加的压力小于土样在地基中所受的原有压力，土样的压缩量（或孔隙比的变化）必然较小，而只有当施加的压力大于原有压力，土样才会发生新的压缩，土样的压缩量才会较大。

上述观点还可从图 5-6 所示的回弹和再压缩曲线得到印证。由于土样在 p_b 作用下已压缩稳定，故在 b 点卸压后再压缩的过程中当土样上的压力小于 p_b，其压缩量就较小，因而再压缩曲线段 cd 较压缩曲线平缓，只有当压力超过 p_b，土样的压缩量才较大，曲线才变陡。

由此可见，土的压缩性与其沉积和受荷历史（即应力历史）有密切的关系。

5.3.1　先期固结压力及卡萨格兰德法

土在历史上所经受过的最大竖向有效应力称为先期固结压力（又称为前期固结压力），常用 p_c 表示。

由于土的沉积和受荷历史极其复杂，因此确定先期固结压力至今无精确方法。但从前述分析可以认为，在压缩试验中只有当压力大于前期固结压力，土样才会发生较明显的压缩，故先期固结压力必应位于 $e\text{-}\log p$ 曲线上较平缓的前半段与较陡的后半段的交接处附近。基于这一认识，卡萨格兰德（A. Cassagrande）于 1936 年提出了确定先期固结压力的经验作图法（图 5-7），这也是迄今确定 p_c 值最为常用的一种近似法。

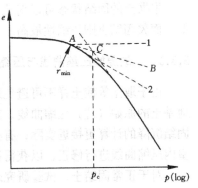

图 5-7　确定先期固结压力

p_c 的卡萨格兰德法

卡萨格兰德法的作图步骤如下：

1. 在 e-$\log p$ 曲线上找出曲率半径最小的一点 A，过 A 点作水平线 $A1$ 和切线 $A2$；

2. 作角 $1A2$ 的平分线 AB，与 e-$\log p$ 曲线后半段（即直线段）的延长线交于 C 点；

3. C 点作对应的压力即为先期固结压力 p_c。

卡萨格兰德法简单、易行，但其准确性在很大程度上取决于土样的质量（例如扰动程度）和作图经验（例如比例尺的选取）等。

5.3.2 土的超固结比及固结状态

先期固结压力常用于判断土的固结状态。为此，将土的先期固结压力 p_c 与土现在所受的压力 p_0 的比值定义为土的超固结比 OCR，即：

$$OCR = p_c / p_0 \tag{5.3.1}$$

对原位地基土而言，p_0 一般指现有上覆土层自重压力。如地基土历史上曾在大于现有上覆压力 p_0 的压力下完成固结，即 $p_c > p_0$，OCR > 1，则称这类地基土处于超固结状态，为超固结土。如地基土历史上从未经受过比现有上覆压力 p_0 更大的压力，且在 p_0 作用下已完成固结，即 $p_c = p_0$，OCR = 1，则称该类地基土处于正常固结状态，为正常固结土。如地基土在上覆压力 p_0 作用下压缩尚未稳定，固结仍在进行，则称该类地基土处于欠固结状态，为欠固结土，此时 OCR < 1。

对室内压缩试验的土样而言，p_0 即为施加于土样上的当前压力。当土样的应力状态位于 e-$\log p$ 曲线的直线段上，表示土样当前所受的压力就是最大压力，则 OCR = 1，土样处于正常固结状态。当土样的应力状态位于某回弹或再压缩曲线上，则 OCR > 1，土样处于超固结状态。

显然，土的固结状态在一定条件下是可以相互转化的。例如：对于原位地基中沉积已稳定的正常固结土，当地表因流水或冰川等剥蚀作用而降低，或因开挖卸载等，就成为超固结土；而超固结土则可因足够大的堆载加压而成为正常固结土。新近沉积土和冲填土等在自重应力作用下尚未完成固结，故为欠固结土；但随着时间的推移，在自重应力作用下的压缩会渐趋稳定从而转化为正常固结土。对于室内压缩稳定并处于正常固结状态的土样，经卸荷就会进入超固结状态；而处于超固结状态的土样则可经施加更大的压力而进入正常固结状态。

根据土的固结状态可以对土的压缩性做出定性评价，相对而言，超固结土压缩性最低，而欠固结土则压缩性最高。

5.3.3 土的原始压缩曲线与压缩指标

由于取土等使土样不可避免地受到扰动，通过室内压缩试验得到的压缩曲线并非现场地基土的原始（位）压缩曲线，得到的压缩性指标也不是土的原始指标。因此，为使地基固结沉降的计算更接近实际，有必要在弄清压缩土层的应力历史和固结状态的基础上，对室内压缩曲线进行修正，以获得符合现场地基土的原始压缩曲线和指标。

对于正常固结土，试验研究表明，土的扰动程度越大，土的压缩曲线越平缓。因此可以期望原始压缩曲线较室内压缩曲线陡。Schmertmann（1953）曾指出，对于同一种土，无论土样的扰动程度如何，室内压缩曲线都将在孔隙比约为 $0.42e_0$ 处交于一点。基于此，并假设土样的初始孔隙比 e_0 即为现场地基土的初始孔隙比，可得正常固结土的原始压缩曲线如图 5-8 中直线段 CD 所示。其中 C 为过 e_0 的水平线与过先期固结压力 p_c 的垂线的交点，D 为纵坐标为 $0.42e_0$ 的水平线与室内压缩曲线的交点。原始压缩曲线 CD 的斜率 C_c 即为原始压缩指数。

对于超固结土，其原始压缩曲线和压缩指标可按下列步骤求得（图 5-9）：

（1）作 B 点，其横、纵坐标分别为土样的现场自重压力 p_0 和初始孔隙比 e_0；

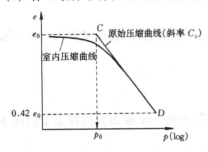

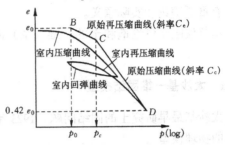

图 5-8　正常固结土的原始压缩曲线　　图 5-9　超固结土的原始压缩曲线

（2）过 B 点作直线，其斜率等于室内回弹曲线与再压缩曲线的平均斜率［即图 5-6（b）中虚线段 ce 的斜率］，并与横坐标为先期固结压力 p_c 的直线交于 C 点。则 BC 即为原始再压缩曲线，其斜率即为回弹指数 C_e；

（3）用与正常固结土同样方法作 D 点，连接 CD 即得原始压缩曲线，其斜率即为原始压缩指数 C_c。

对于欠固结土，可近似按正常固结土的方法获得其原始压缩曲线和指标。

5.4　一　维　固　结　理　论

5.1 节曾提及，土在荷载作用下的压缩和变形并不是在瞬间完成，而是随时间逐步发展并渐趋稳定的。经验表明，土体压缩稳定所需时间因土性而异。无粘性土（碎石土、砂土）渗透性较好，孔隙水从土孔隙中排出快，因而压缩稳定快，而粉土和粘土（尤其是粘土）的渗透性较差，压缩稳定所需时间就很长，往往需几年甚至几十年。那么，土体的压缩和变形究竟是随时间怎样发展的？换言之，土体的固结遵循什么规律？固结理论所要研究的正是这些，概括地说，它就是描述土体固结规律的数学模型及其解答。

在研究土的固结规律和计算地基变形时，通常根据土在固结过程中产生变形机理的不同而将固结过程划分为主固结阶段和次固结阶段，其间发生的相应变形分别称为主固结变形和次固结变形（参见第六章）。以饱和土为例，主固结系指土体受荷后其孔隙中部分自由水随时间逐渐排（渗）出，相应孔隙逐渐减小，土体变形逐步发展的过程，这一过程是以土中发生渗流为其主要特征的，土体变形的速率也取决于孔隙水的排出速率，因而又常称为渗透固结。而次固结一般是指土体在渗透固结过程终止后由于土中结合水以粘滞流动的形态移动，水膜厚度发生相应变化使土骨架蠕变而继续发生与土孔隙中自由水排出速率无关的极为缓慢的变形过程。应该说明，实际土体固结过程中，渗流和蠕变也可能同时发生，因此上述划分是人为的，多半是为了研究和应用的方便，另外也是基于除有机质含量较高的软粘土外次固结变形一般较主固结变形小得多这一普遍认同的事实。

土体在固结过程中如渗流和变形均仅沿一个方向（例如竖向）发生，则称此为一维（或单向）固结问题。土样在压缩试验中所经历的压缩过程以及地基土在无限大面积均布（或称连续均布）荷载作用下的固结就是典型的一维固结问题。实际工程中由于荷载作用面积不可能无限大，地基固结时其中渗流和变形通常发生在两个方向或以上，因此一般属于二维固结或三维固结问题。但对于大面积均布荷载或当荷载面积远大于压缩土层厚度，地基中将主要发生竖向渗流，故可将此近似简化为一维固结问题。因此，研究一维固结问题具有重要理论和实际意义。

本节仅限于讨论饱和土的一维（主）固结问题，与此相关的理论就称为一维固结理论。

5.4.1　太沙基一维固结模型

太沙基最早研究土的固结问题。1923 年他对饱和土的一维渗透固结提出了如图 5-10 所示的物理模型。

图中，与圆筒相连的弹簧代表土骨架，弹簧刚度的大小就代表了土压缩性的大小。圆筒中的水相当于土孔隙中的自由水。与弹簧顶部相连的活塞有许多透水小孔，其孔径大小象征着土的竖向渗透性的大小。圆筒是刚性的，活塞只能沿筒壁作竖向运动，因而当活塞受荷载作用后下移时水只能向上从活塞小孔排出，弹簧也只能作竖向压缩，象征土固结时其中的渗流和变形均是一维的。

利用该模型可形象地描述饱和土一维渗透固结过程中土中应力和变形的发展过程（表 5-2）。当外荷载 P 施加后，土（即整个模型装置）中产生的竖向总应力 $\sigma_z = \sigma_0 = P/A$（$A$ 为活塞面积）。在 P 施加的瞬时（$t = 0$），水来不及从土孔隙（即活塞上小孔）中排出，土骨架（即弹簧）未压缩，荷载全部由水承担，此时超静孔隙水压力（指土体受外荷后由孔隙中水所分担和传递的超出静水压力的那部分压力，简称超静孔压）$u = \sigma_z = \sigma_0$，土的主固结变形（即弹簧压缩量）$S_{ct} = 0$。随着时间的推移（$t > 0$），水不断从土孔隙中排出，超静孔压逐渐消散，土骨架逐渐受到压缩，竖向有效应力（弹簧所分担的压力）σ'_z 随之增长，土体逐渐发生变形（$S_{ct} > 0$）。在这一压缩过程中总应力 σ_z 恒等于 σ_0，而 u 和 σ'_z 之和恒等于总应力 σ_z。最后（$t = \infty$），超静孔压完全消散（即 $u = 0$），荷载完全由土骨架承担（即 $\sigma'_z = \sigma_z = \sigma_0$），土骨架压缩稳定，主固结变形达到最终值 $S_{c\infty}$（即 $S_{ct} = S_{c\infty}$），整个（主）固结过程结束。

饱和土一维渗透固结过程中的应力与变形变化规律　　　　表 5-2

时　　间	竖向总应力	超静孔压	竖向有效应力	主固结变形
$t = 0$	$\sigma_z = \sigma_0$	$u = \sigma_0$	$\sigma'_z = 0$	$S_{ct} = 0$
$0 < t < \infty$	$\sigma_z = \sigma_0$	u 从 σ_0 减至 0	σ'_z 从 0 增至 σ_0	S_{ct} 从 0 增至 $S_{c\infty}$
$t = \infty$	$\sigma_z = \sigma_0$	$u = 0$	$\sigma'_z = \sigma_0$	$S_{ct} = S_{c\infty}$
备　　注	在任意时刻，σ_z，u，σ'_z 三者之间关系均服从有效应力原理，即 $$\sigma_z = \sigma_0 = P/A = u + \sigma'_z$$			

由此可见，饱和土的渗透固结不仅是孔隙水逐渐排出，变形逐步发展的过程，也是土

中超静孔压不断转化为有效应力，或即超静孔压不断消散，有效应力逐渐增长的过程。

5.4.2 太沙基一维固结方程及其解

1. 基本假定

上述物理模型只是从定性上说明了饱和土一维渗透固结过程中的应力和变形的变化规律，而要从定量上说明，尚需进一步建立相应的数学模型，即建立描述固结过程的数学方程（称为固结方程），并获得相应解。为此，太沙基基于图 5-10 所示模型提出了以下假定：

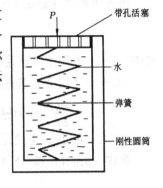

图 5-10　太沙基一维
固结模型

(1) 土体是完全饱和的；

(2) 土体是均质的；

(3) 土颗粒和孔隙水不可压缩；

(4) 土体固结变形是微小的；

(5) 土中渗流服从达西定律；

(6) 土中渗流和变形是一维的；

(7) 固结过程中土的竖向渗透系数 k_v 和压缩系数 a 为常数；

(8) 外部荷载连续均布且一次骤然（瞬时）施加。

显然，由于假定了土体是均质的（假定 2）且 a 为常数（假定 7），土体实际上已被简化为线弹性体，故基于这些假定建立的固结理论又可称为一维线（弹）性固结理论。

2. 太沙基一维固结方程及求解条件

基于以上假定，太沙基建立了饱和土的一维固结方程。考虑图 5-11 所示饱和正常固结土层受外荷作用而引起的一维固结问题。图中 H 为土层厚度；p_0 为瞬时施加的连续均布荷载；z 为原点取在地表（即土层顶面）的竖向坐标。

从地基任一深度 z 处取土微元 $dxdydz$（图 5-11b）。该处静水压力为 $\gamma_w z$（γ_w 为水重度）。在 p_0 作用下，该处产生超静孔压 u，则相应的超静水头 h（图 5-11a）为：

$$h = \frac{u}{\gamma_w} \tag{5.4.1}$$

设单位时间内从微元顶面流入的水量为 q。则由微分原理，同一时间从微元底面流出

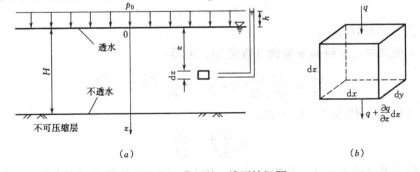

(a)   (b)

图 5-11　典型的一维固结问题
(a) 地基剖面；(b) 土微元

的水量为 $q + \dfrac{\partial q}{\partial z}\mathrm{d}z$（图 5-11$b$）。故 $\mathrm{d}t$ 时间内土微元的水量变化为：

$$\mathrm{d}Q = \left[q - \left(q + \frac{\partial q}{\partial z}\mathrm{d}z \right) \right]\mathrm{d}t = -\frac{\partial q}{\partial z}\mathrm{d}z\mathrm{d}t \tag{5.4.2}$$

由达西定律（假定 5）：

$$q = vA = k_{\mathrm{v}}iA = k_{\mathrm{v}}\left(-\frac{\partial h}{\partial z} \right)\mathrm{d}x\mathrm{d}y \tag{5.4.3}$$

式中 v——孔隙水渗透速度；

       k_{v}——土层竖向渗透系数，cm/s 或 cm/年；

       $i = -\dfrac{\partial h}{\partial z}$，水力梯度；

       $A = \mathrm{d}x\mathrm{d}y$，土微元过水断面面积。

将式（5.4.1）和（5.4.3）代入（5.4.2），并注意到 k_{v} 为常数（假定 7），可得：

$$\mathrm{d}Q = \frac{k_{\mathrm{v}}}{\gamma_{\mathrm{w}}}\frac{\partial^2 u}{\partial z^2}\mathrm{d}x\mathrm{d}y\mathrm{d}z\mathrm{d}t \tag{5.4.4}$$

而 $\mathrm{d}t$ 时间内土微元的体积变化为：

$$\mathrm{d}V = \frac{\partial V}{\partial t}\mathrm{d}t = \frac{\partial}{\partial t}\left[V_{\mathrm{s}}(1 + e) \right]\mathrm{d}t = \frac{1}{1 + e_1}\frac{\partial e}{\partial t}\mathrm{d}x\mathrm{d}y\mathrm{d}z\mathrm{d}t \tag{5.4.5}$$

式中 $V = V_{\mathrm{s}}(1 + e)$，固结过程中任一时刻土微元的体积；

       V_{s}——微元体中土颗粒体积，由于土颗粒不可压缩（假定 3），故

$$V_{\mathrm{s}} = \frac{\mathrm{d}x\mathrm{d}y\mathrm{d}z}{1 + e_1} = 常数$$

       e——固结过程中任一时刻土体的孔隙比；

       e_1——固结刚开始（$t = 0$）时土体的孔隙比；

显然，根据假定 1 和 3，$\mathrm{d}t$ 时间内土微元的水量变化应等于该微元体积的变化，即 $\mathrm{d}Q = \mathrm{d}V$，则将式（5.4.4）和（5.4.5）代入得：

$$\frac{k_{\mathrm{v}}}{\gamma_{\mathrm{w}}}\frac{\partial^2 u}{\partial z^2} = \frac{1}{1 + e_1}\frac{\partial e}{\partial t} \tag{5.4.6}$$

另由压缩系数定义式（5.2.2）和有效应力原理有：

$$\mathrm{d}e = -a\mathrm{d}p = -a\mathrm{d}\sigma'_z \tag{5.4.7a}$$

$$\sigma'_z = \sigma_z - u = p_0 - u \tag{5.4.7b}$$

式中 σ'_z 为竖向有效应力。

由以上两式并注意到 $p_0 =$ 常数（假定 8），可得：

$$\frac{\partial e}{\partial t} = \frac{\mathrm{d}e}{\mathrm{d}\sigma'_z}\frac{\partial \sigma'_z}{\partial t} = -a\frac{\partial(p_0 - u)}{\partial t} = a\frac{\partial u}{\partial t} \tag{5.4.8}$$

将式（5.4.8）代入（5.4.6）得：

$$c_{\mathrm{v}}\frac{\partial^2 u}{\partial z^2} = \frac{\partial u}{\partial t} \tag{5.4.9}$$

上式即为著名的太沙基一维固结方程，其中 c_{v} 称为土的竖向固结系数（cm^2/s 或 cm^2/年），即：

$$c_v = \frac{k_v(1 + e_1)}{\gamma_w a} \tag{5.4.10a}$$

利用压缩模量 E_s 和体积压缩系数 m_v 与 a 的关系式（5.2.6b）和（5.2.7b），还可将 c_v 写为：

$$c_v = \frac{k_v E_s}{\gamma_w} = \frac{k_v}{\gamma_w m_v} \tag{5.4.10b}$$

固结方程（5.4.9）是以超静孔压 u 为未知函数，竖向坐标 z 和时间 t 为变量的二阶线性偏微分方程，其求解尚需边界条件和初始条件。

从图 5-11 可见：土层顶面为透水边界，即在 $z = 0$ 处，超静孔压立刻消散为零，故有 $u = 0$；土层底面（$z = H$）为不透水边界，即通过该边界的水量 q 恒为零，故由式（5.4.3）有 $\frac{\partial h}{\partial z} = 0$，或即 $\frac{\partial u}{\partial z} = 0$。另因连续均布荷载下地基竖向附加应力（即竖向总应力）σ_z 恒等于 p_0，而当 $t = 0$ 时，附加应力完全由孔隙水承担，故此时超静孔压 $u = \sigma_z = p_0$。由此可得边界条件为：

$$0 < t < \infty, z = 0 : u = 0 \tag{5.4.11a}$$

$$0 < t < \infty, z = H : \frac{\partial u}{\partial z} = 0 \tag{5.4.11b}$$

初始条件为：

$$t = 0, 0 \leqslant z \leqslant H : u = p_0 \tag{5.4.11c}$$

式（5.4.11a）—（5.4.11c）即构成了太沙基一维固结方程（5.4.9）的求解条件。

3. 太沙基一维固结解

（1）超静孔压

满足方程（5.4.9）和求解条件（5.4.11）的超静孔压解可采用分离变量法或拉普拉斯变换等方法得到。

1925 年，太沙基首次给出了解答，即：

$$u = p_0 \sum_{m=1}^{\infty} \frac{2}{M} \sin\left(\frac{Mz}{H}\right) e^{-M^2 T_v} \tag{5.4.12}$$

式中　u——地基任一时刻任一深度处的超静孔压，kPa 或 MPa；

$M = \frac{\pi}{2}(2m - 1), m = 1, 2, 3 \cdots$

$T_v = \frac{c_v t}{H^2}$，竖向固结时间因子，无量纲。

以上解虽是在图 5-11 所示的地基土层顶面透水、底面不透水（简称单面排水）情况下得到的，但也适用于土层顶面和底面均透水（简称双面排水）情况。这是因为在双面排水情况下如将地基土层厚度视为 $2H$，则由对称性可知，此时土层中心面（即 $z = H$ 处）为不透水面，故可取土层一半考虑，这就转化为单面排水情况。因此，对于双面排水情况，只需在式（5.4.12）中将 H 代以 $H/2$ 即可。

为方便和统一起见，以后称式（5.4.12）中的 H 为地基土层的最大竖向排水距离，并记地基土层厚度为 H_s。则对于单面排水情况，$H = H_s$；对于双面排水情况，$H = H_s/2$。

（2）有效应力

根据有效应力原理和上述超静孔压解，可得地基中任一时刻任一深度处的有效应力 σ'_z，即：

$$\sigma'_z = p_0 - u = p_0\left[1 - \sum_{m=1}^{\infty} \frac{2}{M}\sin\left(\frac{Mz}{H}\right)e^{-M^2T_v}\right] \tag{5.4.13}$$

（3）平均超静孔压和平均有效应力

对式（5.4.12）积分，可得地基任一时刻的平均超静孔压 $\bar{u}$，即：

$$\bar{u} = \frac{1}{H}\int_0^{H_s} u\,\mathrm{d}z = p_0\sum_{m=1}^{\infty}\frac{2}{M^2}e^{-M^2T_v} \tag{5.4.14}$$

同理可得地基任一时刻的平均有效应力 $\bar{\sigma}'_z$，即：

$$\bar{\sigma}'_z = \frac{1}{H_s}\int_0^{H_s}\sigma'_z\,\mathrm{d}z = p_0\left(1 - \sum_{m=1}^{\infty}\frac{2}{M^2}e^{-M^2T_v}\right) \tag{5.4.15}$$

显然有：

$$\bar{\sigma}'_z = p_0 - \bar{u} \tag{5.4.16}$$

（4）平均固结度

平均固结度通常定义为：

$$U = \frac{S_{ct}}{S_{c\infty}} \tag{5.4.17a}$$

式中　U——地基平均固结度，一般用百分数表示；

S_{ct}——地基某时刻的主固结变形（即竖向压缩量或称沉降），cm 或 mm；

$S_{c\infty}$——地基的最终（$t = \infty$）主固结变形，cm 或 mm。

由弹性力学并注意到主固结终了时有效应力等于总应力（即 $\sigma'_z\big|_{t=\infty} = \sigma_z$），可得：

$$S_{ct} = \int_0^{H_s}\varepsilon_z\,\mathrm{d}z = \int_0^{H_s}\frac{\sigma'_z}{E_s}\,\mathrm{d}z \tag{5.4.18a}$$

$$S_{c\infty} = S_{ct}\big|_{t=\infty} = \int_0^{H_s}\frac{\sigma'_z\big|_{t=\infty}}{E_s}\,\mathrm{d}z = \int_0^{H_s}\frac{\sigma_z}{E_s}\,\mathrm{d}z \tag{5.4.18b}$$

于是，

$$U = \frac{S_{ct}}{S_{c\infty}} = \frac{\int_0^{H_s}\sigma'_z\,\mathrm{d}z}{\int_0^{H_s}\sigma_z\,\mathrm{d}z} = \frac{\bar{\sigma}'_z}{\bar{\sigma}_z} = 1 - \frac{\bar{u}}{p_0} \tag{5.4.17b}$$

式中 $\bar{\sigma}_z = \dfrac{1}{H_s}\int_0^{H_s}\sigma_z\,\mathrm{d}z = p_0$，地基平均总应力，kPa 或 MPa。

将式（5.4.14）代入（5.4.17b）即得平均固结度的计算式：

$$U = 1 - \sum_{m=1}^{\infty}\frac{2}{M^2}e^{-M^2T_v} \tag{5.4.19}$$

当 $U \leqslant 60\%$，可用下式替代上式：

$$U = 2\sqrt{T_v/\pi} = 1.128\sqrt{T_v} \qquad (5.4.20a)$$

当 $U \geqslant 30\%$，则可在式（5.4.19）级数中仅取首项（$m=1$）计算，即：

$$U = 1 - \frac{8}{\pi^2}e^{-\frac{\pi^2}{4}T_v} \qquad (5.4.20b)$$

地基某时刻平均固结度的大小说明了该时刻地基压缩和固结的程度。例如 $U=50\%$ 即说明此时地基的固结沉降已达最终沉降的一半，地基的固结程度已达 50%。

从式（5.4.17b）可见，将地基平均固结度定义为地基某时刻的主固结沉降 S_{ct} 与最终（主）固结沉降 $S_{c\infty}$ 之比（简称按变形定义或按应变定义）和将其定义为地基某时刻的平均有效应力（或所消散的平均超静孔压）$\overline{\sigma'_z}$ 与平均总应力 $\overline{\sigma_z}$ 之比（简称按应力定义或按孔压定义）是等价的。还可见，平均固结度也是地基中某时刻的有效应力面积$\left(即 \int_0^{H_s} \sigma'_z \, dz\right)$ 与总应力面积 $\left(即 \int_0^{H_s} \sigma_z \, dz\right)$ 之比。

需要说明，上段论述仅对于均质地基一维线弹性固结问题才是正确的，而对于多维（二或三维）固结、成层地基固结以及非线性固结等复杂情况，将地基平均固结度按应变定义与按应力定义是不同的，必须加以区别。

5.4.3　初始超静孔压非均布时的一维固结解

太沙基一维固结解是在初始超静孔压沿深度均布（即 $u|_{t=0} = \sigma_z = p_0$）的条件（见式（5.4.11c））下得到的，因此该解也可称作初始（超静）孔压均布时的一维固结解。

但实际荷载并不是如图 5-11 所示的连续均布荷载，故在地基中产生的附加应力 σ_z 是沿深度变化的。例如对于矩形均布荷载，其中心点下的 σ_z 即沿深度呈上大下小的非线性形态分布。因此实际的初始（超静）孔压沿深度是非均布的。

现考虑单面排水条件下，初始孔压呈梯形分布［图 5-12（a）］的一维固结问题及其解。显然，该问题的固结方程及边界条件与前相同，而初始条件应改为：

$$t = 0, 0 \leqslant z \leqslant H; u = \sigma_z = p_T + (p_B - p_T)\frac{z}{H} \qquad (5.4.21)$$

式中　p_T——土层顶面处的初始超静孔压；

　　　p_B——土层底面处的初始超静孔压。

因此，满足固结方程（5.4.9）及求解条件（5.4.11a）、（5.4.11b）和（5.4.21）的超静孔压解即为所求解。利用分离变量法可得该解为：

$$u = \sum_{m=1}^{\infty} \frac{2}{M}\left[p_T - (-1)^m \frac{p_B - p_T}{M}\right]\sin\frac{Mz}{H}e^{-M^2 T_v} \qquad (5.4.22)$$

由此可进一步据式（5.4.17b）得地基平均固结度

$$U = \frac{\int_0^{H_s} \sigma'_z \mathrm{d}z}{\int_0^{H_s} \sigma_z \mathrm{d}z} = 1 - \frac{\int_0^{H_s} u \mathrm{d}z}{\int_0^{H_s} \sigma_z \mathrm{d}z} = 1 - \sum_{m=1}^{\infty} \frac{4}{M^2(p_T + p_B)} \Big[p_T - (-1)^m \frac{p_B - p_T}{M} \Big] e^{-M^2 T_v}$$

(5.4.23)

易见，当 $p_B = p_T = p_0$，式（5.4.22）和（5.4.23）即退化为太沙基解式（5.4.12）和（5.4.19）。

在式（5.4.22）和（5.4.23）中令 $p_T = 0$，可得单面排水条件下初始孔压呈正三角形分布时地基的超静孔压和平均固结度计算式，即：

$$u = p_B \sum_{m=1}^{\infty} (-1)^{m-1} \frac{2}{M^2} \sin \frac{Mz}{H} e^{-M^2 T_v}$$

(5.4.24)

$$U = 1 - \sum_{m=1}^{\infty} (-1)^{m-1} \frac{4}{M^3} e^{-M^2 T_v}$$

(5.4.25)

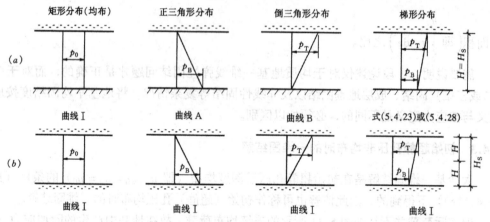

图 5-12　不同的初始孔压分布图及相应的平均固结度计算曲线或公式
（a）单面排水；（b）双面排水

类似地，在式（5.4.22）和（5.4.23）中令 $p_B = 0$，就可得单面排水条件下初始孔压呈倒三角形分布时的一维固结解，即

$$u = p_T \sum_{m=1}^{\infty} \frac{2}{M} \Big[1 + \frac{(-1)^m}{M} \Big] \sin \frac{Mz}{H} e^{-M^2 T_v}$$

(5.4.26)

$$U = 1 - \sum_{m=1}^{\infty} \frac{4}{M^2} \Big(1 + \frac{(-1)^m}{M} \Big] e^{-M^2 T_v}$$

(5.4.27)

对于双面排水条件，可以证明，超静孔压解与上述单面排水条件下的解不同，但地基平均固结度计算式都与太沙基解完全相同，即，无论初始孔压呈梯形分布还是呈三角形分布［图 5-12（b）］，地基平均固结度均可按式（5.4.19）计算（取 $H = H_s/2$）。

5.4.4　一维固结理论的应用

根据上述一维固结理论，可以确定对应于图 5-12 所示不同工况的地基土层中的任一时刻的超静孔压分布、地基平均固结度和（主）固结沉降，还可以计算地基平均固结度或固结沉降达到某给定值所需的时间，尤其是，据此可分析并掌握地基土层的压缩和固结规律。

1. 超静孔压分布曲线

为对地基中的超静孔压分布有较全面和直观的了解，可根据一维固结解绘制超静孔压分布曲线。例如，根据太沙基解式（5.4.12）可得如图5-13所示的对应于单面排水、初始超静孔压均布工况的以无量纲参数 z/H、u/p_0 表示的不同时刻（即不同 T_v 值）的超静孔压分布图（又称超静孔压等时线）。图中 $T_v = 0.197$ 和 $T_v = 0.848$ 所对应的两条曲线也就是平均固结度达到50%和90%时的超静孔压等时线。从中可见，超静孔压沿深度逐渐增大，随时间而逐渐减小（消散）。

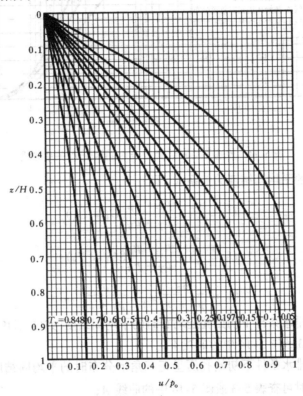

图 5-13　单面排水且初始孔压均布条件下的超静孔压等时线

2. 平均固结度计算曲线

图5-14为据式（5.4.19）、（5.4.25）和（5.4.27）计算绘制分别对应于单面排水条件下初始孔压均布、正三角形分布及倒三角形分布三种工况的平均固结度 U——时间因子 T_v 关系曲线。为便于实际应用，同样的计算结果还列于表5-3中。从中可见，地基平均固结度随时间的增长从0%增至100%；初始超静孔压呈倒三角形分布时，地基固结最快（即在同一时刻地基平均固结度最大），而呈正三角形分布时地基固结最慢。

图5-14和表5-3除可直接用于计算上述三种工况不同时刻地基的平均固结度外，还可用于单面排水条件下初始孔压呈梯形分布时地基平均固结度的计算，这是因为将式（5.4.23）与式（5.4.19）、（5.4.25）、（5.4.27）比较即可得初始孔压呈梯形分布时的平均

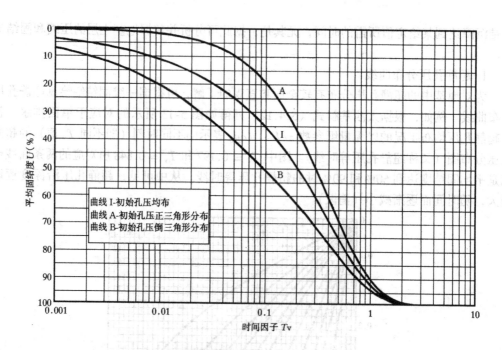

图 5-14　地基平均固结度 U 与时间因子 T_v 关系曲线

固结度与其他工况的平均固结度的关系式，即：

$$U_c = U_I + \frac{p_T - p_B}{p_T + p_B}(U_I - U_A) \tag{5.4.28a}$$

或：

$$U_c = U_I - \frac{p_T - p_B}{p_T + p_B}(U_I - U_B) \tag{5.4.28b}$$

或：

$$U_c = \frac{p_B}{p_T + p_B}U_A + \frac{p_T}{p_T + p_B}U_B \tag{5.4.28c}$$

式中　U_I——单面排水条件下初始孔压均布时的平均固结度[式(5.4.19)]，计算时可查表5-3或图5-14中的曲线Ⅰ；

U_A——单面排水条件下初始孔压呈正三角形分布时的平均固结度［式（5.4.25）］，计算时可查表5-3或图5-14中的曲线 A；

U_B——单面排水条件下初始孔压呈倒三角形分布时的平均固结度［式（5.4.27）］，计算时可查表5-3或图5-14中的曲线 B；

U_c——单面排水条件下初始孔压呈梯形分布时的平均固结度。

此外，U_I、U_A 和 U_B 三者之间有以下关系：

$$U_I = \frac{1}{2}(U_A + U_B) \tag{5.4.29}$$

对于双面排水条件，如前所述，不论初始孔压如何分布，地基平均固结计算式均与太沙基式（5.4.19）相同，故实际计算时可查表5-3中 U_I 值或图5-14中曲线Ⅰ，此时时间因子 T_v 中的 H 应取为 $H_s/2$。

图5-12标出了分析各种工况需用的平均固结度计算曲线或公式。

3. 地基主固结沉降与时间的关系

根据式 [5.4.18 (b)] 可得对应于不同工况的地基最终主固结沉降 $S_{c\infty}$，而由平均固结度的定义可进一步得地基任一时刻的主固结沉降 $S_{ct} = U \cdot S_{c\infty}$。由此可得如表 5-4 所示的对应于不同工况的 $S_{c\infty}$ 和 S_{ct} 计算式。

平均固结度与时间因子关系一览表　　　　　　　　　　　　　　　表 5-3

时间因子 T_V	平均固结度（%）			时间因子 T_V	平均固结度（%）		
	U_I（初始孔压均布）	U_A（初始孔压正三角形分布）	U_B（初始孔压倒三角形分布）		U_I（初始孔压均布）	U_A（初始孔压正三角形分布）	U_B（初始孔压倒三角形分布）
0.000	0.00	0.00	0.00	0.070	29.85	13.96	45.75
0.001	3.57	0.20	6.94	0.080	31.92	15.92	47.91
0.002	5.05	0.40	9.69	0.090	33.85	17.86	49.84
0.003	6.18	0.60	11.76	0.100	35.68	19.78	51.59
0.004	7.14	0.80	13.47	0.200	50.41	37.04	63.78
0.005	7.98	1.00	14.96	0.300	61.32	50.78	71.87
0.006	8.74	1.20	16.28	0.400	69.79	61.54	78.04
0.007	9.44	1.40	17.48	0.500	76.40	69.95	82.85
0.008	10.09	1.60	18.59	0.600	81.56	76.52	86.60
0.009	10.71	1.80	19.61	0.700	85.59	81.65	89.53
0.010	11.28	2.00	20.57	0.800	88.74	85.66	91.82
0.020	15.96	4.00	27.92	0.900	91.20	88.80	93.61
0.030	19.54	6.00	33.09	1.000	93.13	91.25	95.00
0.040	22.57	8.00	37.14	2.000	99.42	99.26	99.58
0.050	25.23	10.00	40.47	3.000	99.95	99.94	99.96
0.060	27.64	11.99	43.29				

不同工况的地基主固结沉降计算式一览表　　　　　　　　　　表 5-4

排水条件	初始孔压分布形式	$S_{c\infty}$	S_{ct}	备　注
单面排水	矩形分布	$\dfrac{p_0 H_s}{E_s}$	$U_I \cdot S_{c\infty}$	
	正三角形分布	$\dfrac{p_B H_s}{2E_s}$	$U_A \cdot S_{c\infty}$	$H = H_s$
	倒三角形分布	$\dfrac{p_T H_s}{2E_s}$	$U_B \cdot S_{c\infty}$	（H_s 为土层厚度）
	梯形分布	$\dfrac{(p_T + p_B) H_s}{2E_s}$	$U_c \cdot S_{c\infty}$	
双面排水	同上	同上	$U_I \cdot S_{c\infty}$	$H = H_s/2$

4. 土的压缩和固结规律

从前述平均固结度计算式或图 5-14 可见，地基平均固结度与时间因子 T_v 有单值关系。T_v 越大，平均固结度越大。而 $T_v = \dfrac{c_v t}{H^2} = \dfrac{E_s k_v t}{\gamma_w H^2}$，故当 t 一定，E_s 和 k_v 越大，H 越小，则 T_v 越大，U 越大。

由此可见，土的压缩性和渗透性以及土层的最大竖向排水距离是影响地基压缩和固结的关键因素。土的压缩性越低（即 E_s 越大），渗透性越好（即 k_v 越大），土层的最大竖向排水距离 H（或土层的厚度）越小，则地基在同一时刻所达到的固结度越大，地基固结越快。

尚可见，T_v 与 H 的二次方成反比，故相对而言，土层的排水距离 H 对地基固结的影响最大，缩短排水距离可极大地提高地基的固结速率。基于这一原理，当应用排水固结法处理软粘土地基时常采用在地基中打设砂井等竖向排水体的方法来缩短排水距离，从而加速地基的固结和强度增长。

【例题 5-1】 某地基饱和粘土层厚度为 10m，压缩模量 $E_s = 5$MPa，$k_v = 1.5$cm/年，粘土层顶面铺设砂垫层，底面以下为不透水硬土层。试对粘土层中附加应力沿深度均布（$\sigma_z = 100$kPa）或梯形分布（顶面 $\sigma_{z1} = 150$kPa，底面 $\sigma_{z2} = 50$kPa）情况分别求：1. 加荷历时 1 年地基的主固结沉降；2. 地基平均固结度达到 90% 所需时间。

【解】 由题意，粘土层在单面排水条件下固结，$H = H_s = 10$m。近似取 $\gamma_w = 10$kN/m³，则 $c_v = \dfrac{k_v E_s}{\gamma_w} \approx \dfrac{1.5 \times 5000}{0.1} = 7.5 \times 10^4 \text{cm}^2/\text{年}$。

1. 求 $t = 1$ 年时地基的固结沉降量

（1）当附加应力（即初始孔压）沿深度均布时，$p_0 = 100$kPa，地基的最终（主）固结沉降量为

$$S_{c\infty} = \frac{p_0 H}{E_s} = \frac{100 \times 10000}{5000} = 200\text{mm}$$

$t = 1$ 年时，

$$T_v = \frac{c_v t}{H^2} = \frac{7.5 \times 10^4 \times 1}{1000^2} = 0.075$$

由 $T_v = 0.075$ 从图 5-14 曲线 Ⅰ（或表 5-3）可查得相应的平均固结度 $U_I = 30.9\%$。
则 $t = 1$ 年时地基的固结沉降量为

$$S_{ct} = S_{c\infty} \cdot U_I = 200 \times 0.309 = 61.8\text{mm}$$

（2）当附加应力呈梯形分布时，$p_T = \sigma_{z1} = 150$kPa，$p_B = \sigma_{z2} = 50$kPa，则由表 5-4

$$S_{c\infty} = \frac{(p_T + p_B)H}{2E_s} = \frac{(150 + 50) \times 10000}{2 \times 5000} = 200\text{mm}$$

由 $T_v = 0.075$ 查图 5-14 曲线 A（或表 5-3）可得 $U_A = 14.9\%$。
则据式（5.4.28a）可得 $t = 1$ 年时地基平均固结度为：

$$U_c = U_I + \frac{p_T - p_B}{p_T + p_B}(U_I - U_A) = 0.309 + \frac{150 - 50}{150 + 50} \times (0.309 - 0.149) = 38.9\%$$

故 $t = 1$ 年时地基固结沉降量为：

$$S_{ct} = S_{c\infty} \cdot U_c = 200 \times 0.389 = 77.8\text{mm}$$

以上计算表明，单面排水条件下，当初始孔压呈梯形分布且 $p_T > p_B$ 时，地基固结和沉降速率要比初始孔压均布时快。

2. 求平均固结度达到 90% 所需时间

（1）当附加应力均布，从图 5-14 曲线 I（或表 5-3）可查得对应于 $U_I = 90\%$ 的时间因子 $T_{v90} = 0.848$，故平均固结度达到 90% 所需时间 t_{90} 为：

$$t_{90} = \frac{T_{v90} \cdot H^2}{c_v} = \frac{0.848 \times 1000^2}{7.5 \times 10^4} = 11.3 \text{ 年}$$

（2）当附加应力梯形分布，将 $p_T = 150\text{kPa}$，$p_B = 50\text{kPa}$ 和 $U_c = 0.9$ 代入式 $[5.4.28a]$ 可得：

$$1.5U_I - 0.5U_A = 0.9$$

由前述计算可知，U_c 达到90%要比 U_I 达到90%所需时间短，故对应于 $U_c = 90\%$ 的 T_v 应小于0.848。不妨先取 $T_v = 0.8$，查图 5-14 或表 5-3 可得：$U_I = 88.7\%$，$U_A = 85.7\%$。代入上式可得：左边 $= 0.902 >$ 右边 $= 0.9$，故 $T_v = 0.8$ 尚属偏大。再取 $T_v = 0.79$，查得 $U_I = 88.4\%$，$U_A = 85.3\%$，此时

$$1.5U_I - 0.5U_A = 1.5 \times 0.884 - 0.5 \times 0.853 = 0.8995 \approx 0.9$$

故对应于 $U_c = 0.9$ 的 $T_v \approx 0.79$。

显然也可直接采用式（5.4.23）来求对应于 $U = U_c = 90\%$ 的时间因子 T_v，为此可取级数首项（$m = 1$）计算（因 $U_c > 30\%$），即：

$$U = U_c \approx 1 - \frac{16}{(p_T + p_B)\pi^2}\left[p_T - \frac{2}{\pi}(p_T - p_B)\right]e^{-\frac{\pi^2}{4}T_v}$$

将 p_T、p_B 值以及 $U_c = 0.9$ 代入得：$e^{-\frac{\pi^2}{4}T_v} = 0.143$，由此可解得 $T_v \approx 0.79$，与查图表并按式 $[5.4.28a]$ 计算结果一致。

因此，附加应力梯形分布时平均固结度达到90%所需时间为：

$$t = \frac{T_v H^2}{c_v} = \frac{0.79 \times 1000^2}{7.5 \times 10^4} = 10.5 \text{ 年}$$

习题与思考题

5-1 某土样压缩试验结果如下表示，试绘制 e-p 曲线、确定 a_{1-2} 并评定该土的压缩性。

垂直压力 p (kPa)	0	50	100	200	400	800
孔隙比 e	0.655	0.627	0.615	0.601	0.581	0.567

（答案：$a_{1-2} = 0.14\text{MPa}^{-1}$，中压缩性土）

5-2 试确定上题中相应于压力范围为 $200 \sim 400\text{kPa}$ 的土的压缩系数、压缩模量和体积压缩系数。

（答案：$a = 0.1\text{MPa}^{-1}$，$E_s = 16\text{MPa}$，$m_v = 0.062\text{MPa}^{-1}$）

5-3 受大面积均布荷载 $p_0 = 80\text{kPa}$ 作用的某地基饱和粘土层厚12m，$k_v = 1.6\text{cm/年}$，$E_s = 6\text{MPa}$。试在单面和双面排水条件下分别求：（1）加荷半年后粘土层的平均固结度；（2）固结沉降量达 128mm 所需时间。

（答案：单面排水（1）$U = 20.6\%$，（2）$t = 8.5$ 年；双面排水（1）$U = 41.2\%$，（2）$t = 2.1$ 年。）

5-4 某建筑物地基有一厚度为5m的饱和粘土层，其顶面和底面均为透水砂层。取厚度为20mm的土样进行压缩试验，压力施加后4分钟测得土样的压缩量已达到总（稳定）压缩量的50%。试预估在同样大的压力作用下原位粘土层固结沉降量达到其总沉降量的90%所需时间。

（答案：$t = 2$ 年）

5-5 某地基饱和粘土层受上部结构荷载作用产生呈梯形分布的附加应力，顶面和底面附加应力值分别为 $\sigma_{z1}=240\text{kPa}$，$\sigma_{z2}=160\text{kPa}$。粘土层厚 8m，$k_v=0.2\text{cm}/\text{年}$，$E_s=4.82\text{MPa}$。试在单面和双面排水条件下分别计算：（1）1 年后的固结沉降量；（2）固结沉降达到 240mm 所需时间。

（答案：单面排水（1）$S_{ct}=53\text{mm}$，（2）$t=27.4$ 年；双面排水（1）$S_{ct}=92\text{mm}$，（2）$t=7.2$ 年）

参 考 文 献

1 华南理工大学，东南大学，浙江大学，湖南大学编．地基及基础．第二版．北京：中国建筑工业出版社，1991

2 龚晓南．高等土力学．杭州：浙江大学出版社，1996

3 谢康和．双层地基一维固结理论与应用．岩土工程学报，1994，16（5），24 – 35 页

4 Craig, R. F. Soil Mechanics. Sixth edition. Chapman & Hall, London, UK, 1997

5 Lee, P.K.K., Xie, K.H. & Cheung, Y.K., A study on one dimensional consolidation of layered systems. International Journal for Numerical and Analytical Methods in Geomechanics, 1992, Vol.16, 815-831

6 Mitchell, J. K. Fundamentals of Soil Behavior, Second Edition. John Wiley & Sons, Inc., New York, 1993

7 Schmertmann, J. H. Estimating the true consolidation behaviour of clay from laboratory test results, Proceedings ASCE, 1953, 79, 1-26

8 Terzaghi, K. Theoretical Soil Mechanics, John Wiley and Sons, New York, 1943

9 Xie, K.H., Lee, P.K.K., One dimensional consolidation of a three-layer system, Proc. of Int Conference on Computational Methods in Structural and Geotechnical Engrg. (COMAGE), 1994, Vol Ⅳ, 1574-1579, Hong Kong

10 Xie, K.H., Xie, X.Y., Gao, X., Theory of one dimensional consolidation of two-layered soil with partially drained boundaries. Computers and Geotechnics, 1999, 24 (4), 265-278

第6章 地基沉降计算

6.1 概　　述

地基沉降计算是工程设计的重要内容,对建筑工程、高等级公路、机场等工程尤其重要。在土木工程建设中,因沉降量或不均匀沉降量超过允许值而影响建(构)筑物正常使用,造成工程事故在建(构)筑物工程事故总数中所占比例不少。地基沉降计算是土力学基本课题之一。

地基沉降量大小主要取决于使地基土体产生压缩的原因和土体本身性状两个方面。使土体产生压缩变形的原因主要是土体中应力状态的改变。在第4章已讨论了地基中应力计算,这里土体性状主要指土的压缩性。在第5章已学习了土的压缩性和固结理论。地基土中附加应力的正确计算和地基土体压缩性的正确测定是提高沉降计算精度的两个关键问题。然而沉降计算精度的影响因素很多,土木工程师常常反映地基沉降量难以正确估算,特别是在深厚软粘土地区工作的工程师体会更深。在学习地基沉降计算时,不仅要学习一些计算方法,更重要的要掌握地基产生沉降的原理,各种计算方法的适用范围,以及计算参数的正确测定和选用。下面先讨论地基沉降的原理,然后介绍沉降计算方法,以及沉降随时间的变化规律,最后讨论沉降计算中应注意的问题。

6.2 地基沉降原理

首先分析饱和软粘土地基的沉降原理,然后讨论砂土地基的沉降原理,最后讨论工后沉降的组成部分。

按变形机理饱和软粘土地基可能产生的总沉降 s 可以分成三部分:初始沉降 s_d,固结沉降 s_c 和次固结沉降 s_s。可能产生的总沉降可用下式表示:

$$s = s_d + s_c + s_s \tag{6.2.1}$$

在附加应力作用下土体体积保持不变情况下产生的土体偏斜变形引起的那部分沉降称为初始沉降 s_d,它与地基土的侧向变形密切相关。在有的教科书或参考书中将初始沉降又称为瞬时沉降,或立即沉降。实际上该部分沉降产生需要一定的时间,视土质情况不同,个别可达几个月。比较确切的称呼应是土体体积不变土体形状改变引起的沉降。固结沉降 s_c 是土体在附加应力作用下产生固结变形引起的沉降。固结变形持续时间较长,与地基土层厚度、排水条件和土体固结系数有关。深厚软粘土地基中深处超孔隙水压力消散历时很长,有时需要几年,或几十年,甚至更长。所以将总沉降 s 称为可能产生的总沉降。次固结沉降 s_s 是土体在附加应力作用下,随着时间的发展,土体产生蠕变变形引起的。次固结沉降又称为蠕变沉降。蠕变沉降持续时间可能更长,根据对长期观测资料的分析(章胜南,1985;刘世明,1988),浙江沿海地区饱和软粘土地基一般情况下蠕变沉降约占总沉降的 10% 左右。

在第5章介绍粘性土的压缩试验时，采用卡萨格兰德作图法将试验所得的 e-$\log t$ 曲线分成两段，分别称为主固结阶段和次固结阶段，认为土样的次固结发生在主固结完成之后。这在土样只有 20mm 厚且两面排水的情况下基本上是可以的。但将地基的沉降分成主固结阶段和次固结阶段，认为次固结沉降是在主固结沉降完成后发生的是欠妥当的。对深厚软粘土地基，在荷载作用下地基土体完成固结所需时间极长，有时长达几年，甚至十几年，几十年。在这么长的时间内，地基土体次固结变形是早已发生了。上述分析说明：将地基沉降分成三部分是从变形机理角度考虑，并不是从时间角度划分的。地基固结沉降和次固结沉降难以在时间上分开。初始沉降与固结沉降在时间上也难以截然分开。地基的初始沉降并不是物理上的瞬时沉降，也需要一定的时间过程。而土体固结变形，特别是邻近排水面的土体的固结，几乎是瞬时发生的。

对软粘土地基，初始沉降可以采用弹性理论求解，其计算参数采用不排水条件下土工试验测定；固结沉降采用固结理论计算；次固结沉降采用次固结理论计算。在总沉降中固结沉降所占比例较大。

对砂土地基，土的渗透性较大，土体偏斜变形和排水固结变形在荷载作用后很快完成，土体的蠕变变形也较小，故一般不需将其分成三部分计算。砂土地基的变形可采用弹性理论的方法计算，其计算参数采用试验测定。在荷载较大时，需要考虑其非线性。

地基沉降又可分为施工期沉降和工后沉降两部分。工后沉降又可分为工后某段时间内的沉降量和工后某段时间后的沉降量。以高速公路为例，人们关心的是工后 15 年内的工后沉降量。对施工期内发生的沉降量和竣工 15 年以后的沉降量并不是很关心。为了提高对工后沉降的估算能力，还需要提高沉降随时间变化的计算分析能力。一般情况下，工后沉降包括在施工阶段尚未完成的固结沉降、次固结沉降的大部分，有时也包括部分初始沉降。对工后沉降的计算因工程性质、工程地质情况差异较大，工程师计算能力的提高不仅需要概念清楚，而且还需要实践经验的积累。

6.3 常用沉降计算方法

6.3.1 弹性理论计算式

将地基视为半无限各向同性弹性体，根据弹性理论可得到沉降计算公式。

在集中力 P 作用下，半无限弹性体中（图 6-1）点 A（x，y，z）处的竖向应变 ε_z 表达式为

$$\varepsilon_z = \frac{1}{E}[\sigma_z - \mu(\sigma_x + \sigma_y)] \tag{6.3.1}$$

式中　E——土体变形模量；

　　　μ——土体泊松比。

上式中点 A 处的附加应力 σ_x，σ_y 和 σ_z 可采用布辛涅斯克解，地面上某点（x，y，0）处的沉降可通过积分得到，

$$s = \int \varepsilon_z \mathrm{d}z = \frac{P(1 - \mu^2)}{\pi E \sqrt{x^2 + y^2}} \tag{6.3.2}$$

在半无限弹性体上作用有均布柔性圆形荷载（图6-2），荷载密度为 p，荷载作用区半径为 b，直径为 $B = 2b$。类似前面分析，可以通过积分得到地基中土体竖向位移表达式为

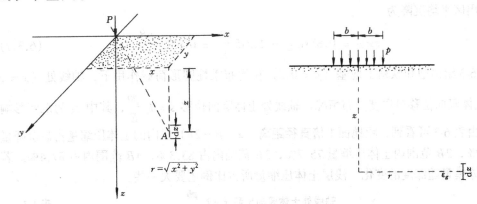

图6-1　集中荷载作用下地基中竖向应变　　　图6-2　圆形均布荷载作用下地基中竖向应变

$$s = \frac{pb(1 + \mu)}{E}\left[\frac{z}{b}I_2 + (1 - \mu)I_1\right] \tag{6.3.3}$$

式中　I_1 和 I_2——沉降影响系数，与 $\frac{z}{b}$ 值和 $\frac{z}{r}$ 值有关，$r = \sqrt{x^2 + y^2}$。

表6-1给出圆形荷载轴线处（$r = 0$）不同深度处的土体的沉降（即竖向位移）影响系数 I_1 和 I_2 值，表6-2给出地面（$z = 0$）时沉降影响系数 I_1 的值。

$r = 0$ 时沉降影响系数 I_1 和 I_2　　　　　　　　　　　　　　　表6-1

$\frac{z}{b}$	0	0.1	0.2	0.3	0.4	0.5	0.6	0.8	1.0	1.2
I_1	2.000	1.810	1.640	1.488	1.354	1.236	1.132	0.961	0.828	0.724
I_2	1.000	0.901	0.804	0.713	0.629	0.553	0.486	0.375	0.293	0.232
$\frac{z}{b}$	1.5	2.0	2.5	3.0	4.0	5.0	6.0	7.0	8.0	9.0
I_1	0.606	0.472	0.385	0.324	0.246	0.198	0.165	0.142	0.124	0.110
I_2	0.168	0.106	0.072	0.051	0.030	0.019	0.014	0.010	0.008	0.006

$z = 0$ 时沉降影响系数 I_1　　　　　　　　　　　　　　　表6-2

$\frac{r}{b}$	0	0.2	0.4	0.6	0.8	1.0	1.5	2.0	4.0	8.0	12.0
I_1	2.000	1.980	1.918	1.806	1.626	1.273	0.712	0.517	0.252	0.125	0.083

$z = 0$ 时，由式6.5.3可得到均布柔性圆形荷载作用下地面沉降表达式

$$s = \frac{pb(1 - \mu^2)}{E}I_1 \tag{6.3.4}$$

式中　I_1——沉降影响系数，与 $\frac{r}{b}$ 值有关，见表6-2，$r = \sqrt{x^2 + y^2}$。

对饱和软粘土地基，在不排水条件下，$\mu = 0.5$。对圆形荷载中心，由式6.3.4可得到

$$s_{中心} = \frac{1.5pb}{E} = \frac{0.75pB}{E} \tag{6.3.5}$$

对圆形荷载边缘处地面沉降表达式为

$$s_{边} = 0.95 \frac{pb}{E} = 0.475 \frac{pB}{E} \tag{6.3.6}$$

荷载作用区平均沉降为

$$s_{平均} = 0.85 s_{中心} = 1.275 \frac{pb}{E} = 0.6375 \frac{pB}{E} \tag{6.3.7}$$

表 6-3 给出饱和软粘土地基（$\mu = 0.5$）在均布柔性圆形荷载作用下，轴线处（$x = y = 0$）土体竖向位移沿深度分布情况。轴线处土体竖向位移 $s = I_3 \frac{pb}{E}$，其中 I_3 为沉降影响系数。由表 6-3 可看到，距地面 1 倍直径距离（$z = B = 2b$）以内的土体压缩量占总沉降量的 55.2%，$2B$ 范围内土体压缩量 75.7%，$3B$ 范围内占 83.3%，$4B$ 范围内占 87.4%。若考虑土体模量随深度的变化，浅层土体压缩量所占比例还要大一些。

轴线处土体竖向位移 $s = I_3 \dfrac{pb}{E}$ 表 6-3

$\frac{z}{b}$	0	0.25	0.5	1.0	1.5	2.0	3.0	4.0	5.0	6.0	8.0
I_3	1.500	1.471	1.342	1.061	0.833	0.672	0.473	0.365	0.291	0.250	0.189

均布柔性矩形荷载密度为 p，荷载作用面积 $L \times B$。在荷载作用下，荷载作用面角点处（$z = 0$）沉降表达式为

$$s_{角点} = \frac{pB}{2E}(1 - \mu^2) I_4 \tag{6.3.8}$$

荷载作用面中心处沉降采用迭加法，由角点处沉降计算式得到，即

$$s_{中心} = 4\left[\frac{p(B/2)}{2E}(1 - \mu^2) I_4\right] = \frac{pB}{E}(1 - \mu^2) I_4 \tag{6.3.9}$$

荷载作用面平均沉降为

$$s_{平均} = 0.848 s_{中心} \tag{6.3.10}$$

表 6-4 给出 $z = 0$ 时沉降影响系数 I_4 的值。

$z = 0$ 时沉降影响系数 I_4 表 6-4

$\frac{L}{B}$	1	1.5	2.0	3.0	5.0	7.0	10.0	15.0	20.0	30.0	50.0	100.0
I_4	1.122	1.358	1.532	1.783	2.105	2.138	2.544	2.802	2.985	3.243	3.568	4.010

有限厚度弹性土层上作用有柔性荷载时其沉降可采用下述方法计算。图 6-3 中，有限厚度弹性土层厚度为 H，下卧层为不可压缩层，则地面沉降可近似采用下式计算：

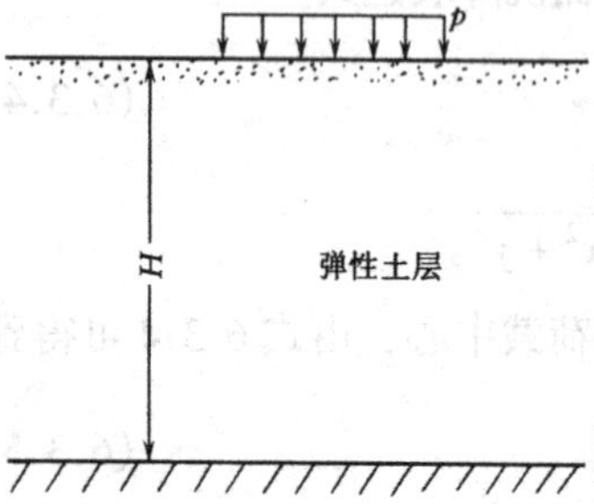

$$s = \int_0^\infty \varepsilon_z \mathrm{d}z - \int_H^\infty \varepsilon_z \mathrm{d}z = s_{z=0} - s_{z=H} \tag{6.3.11}$$

式中　$s_{z=0}$——半无限空间弹性体 $z = 0$ 处的沉降；

$s_{z=H}$——半无限空间弹性体 $z = H$ 处的竖向位移。

采用弹性理论计算式计算沉降有一定的应用范围，主要应用于砂土地基沉降的计算，饱和软粘土地基初始沉降的计算，有时也应用于排水条件下固结沉降的估算。下面分别加以介绍。

弹性土层

H

图 6-3　有限厚度弹性地基

在荷载作用下砂土地基的沉降很快完成，与软粘土地基比较，其沉降值也较小。在应用弹性理论计算式计算沉降时，弹性参数通常根据土体的类别和它的密实度来选用。砂土的弹性参数可参考表 6-5 选用。

弹性参数参考值 表6-5

土类	泊松比 μ	变形模量 E（kPa）		
		$e = 0.41 \sim 0.50$	$e = 0.51 \sim 0.60$	$e = 0.60 \sim 0.70$
粗砂	0.15	45200	39300	32400
中砂	0.20	45200	39300	32400
细砂	0.25	36600	27600	23500
粉土	$0.30 \sim 0.35$	13800	11700	10000

饱和软粘土地基在荷载作用下的初始沉降是土体处于不排水状态，土体体积不变，产生偏斜变形引起的沉降。在采用弹性理论计算式计算时泊松比 μ 一般可取 0.5，不排水变形模量（杨氏模量）可采用三轴固结不排水压缩试验（CIU 试验）测定。采用三轴固结不排水压缩试验测定 E 值时，通常取 E_{50} 值。若试验曲线如图 6-4 所示，最大主应力差为 $(\sigma_1 - \sigma_3)_{max}$，$E_{50}$ 是主应力差 $(\sigma_1 - \sigma_3)$ 达到 $\frac{1}{2}(\sigma_1 - \sigma_3)_{max}$ 时的割线斜率。

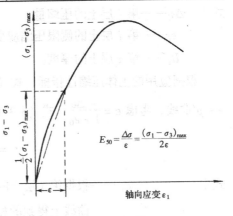

$$E_{50} = \frac{\Delta \sigma}{\epsilon} = \frac{(\sigma_1 - \sigma_3)_{max}}{2\epsilon}$$

图 6-4 E_{50}值

弹性理论计算式有时也应用于饱和软粘土地基排水条件下地基总沉降计算。此时，土体弹性参数 E 和 μ 应采用三轴固结排水压缩试验（CID 试验）测定。

【例题 6-1】 地基土体变形模量 $E = 10000$kPa，泊松比 $\mu = 0.30$，作用一圆形均布柔性荷载，荷载密度 $p = 200$kPa，圆形荷载作用面直径 10m，求中心点和边缘点地面沉降。

【解】 均布柔性圆形荷载作用下地面沉降计算式为

$$s = \frac{pb(1 - \mu^2)}{E} I_1$$

由表 6-2 可得到沉降影响数 I_1，$r = 0$m 时，$I_1 = 2.0$；$r = 5$m 时，$r/b = 1.0$，$I_1 = 1.273$。将有关数据代入计算可得，

$$s_{中心} = \frac{200 \times 500 \times (1 - 0.3^2)}{10000} \times 2 = 18.2\text{cm}$$

$$s_{边缘} = \frac{200 \times 500 \times (1 - 0.3^2)}{10000} \times 1.273 = 11.6\text{cm}$$

荷载作用面中心点和边缘点地面沉降分别为 18.2cm 和 11.6cm。

6.3.2 分层总和法

分层总和法是一类沉降计算方法的总称，在这些方法中，将压缩层范围内的地基土层分成若干层，分层计算土体竖向压缩量，然后求和得到总竖向压缩量，即总沉降量。在分层计算土体压缩量时，多数采用一维压缩模式。竖向应力采用弹性理论解，如第 4 章中介绍。压缩模量采用压缩试验测定，如采用 $e - p'$ 曲线，或 $e - \log p'$ 曲线。考虑地基实际情

况多为三维空间课题等因素有时对一维压缩分层总和所得解进行必要的修正。下面首先介绍普通分层总和法，然后介绍考虑前期固结压力的分层总和法，再介绍建筑地基基础设计规范法，以及压缩层厚度的计算方法，最后对分层总和法作简要讨论。

1. 普通分层总和法

将压缩层范围内土层分成 n 层，应用弹性理论计算在荷载作用下各土层中的附加应力，采用压缩试验所得的土体压缩性指标，分层计算各土层的压缩量，然后求和得到沉降量。沉降计算公式如下：

$$s = \sum_{i=1}^{n} \Delta s_i = \sum_{i=1}^{n} \epsilon_i H_i \tag{6.3.12}$$

式中　Δs_i——第 i 层土的压缩量；

　　　ϵ_i——第 i 层土的侧限压缩应变；

　　　H_i——第 i 层土的厚度。

根据应用的土体压缩性指标，式（6.3.12）可改写下述几种形式。直接采用压缩试验 $e - p'$ 曲线，考虑 $\epsilon = \dfrac{-\Delta e}{1 + e_0}$，式（6.3.12）可改写为下述形式，

$$s = \sum_{i=1}^{n} \frac{e_{1i} - e_{2i}}{1 + e_{1i}} H_i \tag{6.3.13}$$

式中　　　e_{1i}——根据第 i 层土的自重应力平均值 $\dfrac{\sigma_{0i} + \sigma_{0(i-1)}}{2}$（即 p_{1i}）从土的压缩曲线上得到的相应土体孔隙比；

　　　σ_{oi} 和 σ_{oi-1}——第 i 层土底面处和顶面处的自重应力；

　　　e_{2i}——根据第 i 层土的自重应力平均值 $\dfrac{\sigma_{oi} + \sigma_{o(i-1)}}{2}$ 和附加应力平均值 $\dfrac{\sigma_{zi} + \sigma_{z(i-1)}}{2}$ 之和（即 $p_{2i} = p_{1i} + \Delta p_i$）从压缩曲线上得到的相应土体孔隙比；

　　　σ_{zi} 和 σ_{zi-1}——第 i 层土底面处和顶面处的附加应力。

采用压缩系数表示，式（6.3.12）可改写成下述形式，

$$s = \sum_{i=1}^{n} \frac{a_i(p_{2i} - p_{1i})}{1 + e_{1i}} H_i = \sum_{i=1}^{n} \frac{a_i \Delta p_i}{1 + e_{1i}} H_i \tag{6.3.14}$$

式中　a_i——第 i 层土的压缩系数；

其他符号意义同式（6.3.13）。

采用压缩模量表示，式（6.3.12）可改为下述形式，

$$s = \sum_{i=1}^{n} \frac{\Delta p_i}{E_{si}} H_i \tag{6.3.15}$$

式中　E_{si}——第 i 层土的压缩模量。

采用体积压缩系数表示，式（6.3.12）可改写为下述形式，

$$s = \sum_{i=1}^{n} m_{vi} \Delta p_i H_i \tag{6.3.16}$$

式中　m_{vi}——第 i 层土的体积压缩系数。

在计算中附加应力一般取基础轴线处的附加应力值，以弥补采用该法计算得到的沉降

偏小的缺点。

2. 考虑前期固结压力的分层总和法

考虑前期固结压力的分层总和法又称为 $e-\log p'$ 法。正常固结土和超固结土压缩试验的 $e-\log p'$ 曲线分别如图 6-5（a）和（b）所示。p_c 为前期固结应力，p_0 为上覆地基土体重量。对正常固结土 $p_0 = p_c$，对超固结土 $p_0 < p_c$。当 $p < p_c$ 时，$e-\log p'$ 曲线斜率（回弹指数）为 C_e；当 $p > p_c$ 时，$e-\log p'$ 曲线斜率（压缩指数）为 C_c。

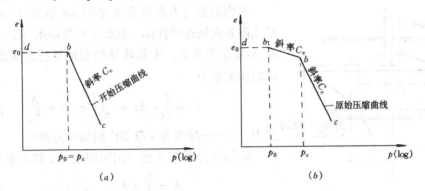

图 6-5　$e-\log p'$ 曲线

（a）正常固结土；（b）超固结土

采用分层总和法计算沉降，在计算各土层压缩时，应判断土体在附加应力 Δp 作用下是处于超固结状态（$\Delta p < p_c - p_0$），还是已进入正常固结状态（$\Delta p > p_c - p_0$）。现计算第 i 层土体压缩量 Δs，设 $p_c > p_0$，即土体为超固结土，当附加应力 $\Delta p < (p_c - p_0)$ 时，即土体在 Δp 作用下还处于超固结状态时，土体压缩性指标应取回弹指数，式（6.3.12）可改写成下述形式

$$\Delta s_i = H_i \frac{C_e}{1 + e_0} \log \frac{p_0 + \Delta p}{p_0} \tag{6.3.17}$$

式中　e_0——土体初始孔隙比；

　　　H_i——第 i 层土体厚度。

当附加应力 $\Delta p > (p_c - p_0)$ 时，即土体在 Δp 作用下，已由超固结状态转变为正常固结状态时，其压缩量分二段计算，第一阶段采用回弹指数，第二阶段采用压缩指数，式（6.3.12）可改为下述形式

$$\Delta s_i = \frac{H_i}{1 + e_0} \left(C_e \log \frac{p_c}{p_0} + C_c \log \frac{p_0 + \Delta p}{p_c} \right) \tag{6.3.18}$$

得到各土层压缩量后，再求和得到总沉降，即

$$s = \sum_{i=1}^{n} \Delta s_i \tag{6.3.19}$$

对正常固结粘土地基，$p_c = p_0$，则 $e-\log p'$ 法沉降计算式为

$$s = \sum_{i=1}^{n} \frac{H_i C_{ci}}{1 + e_{0i}} \log \frac{p_{0i} + \Delta p_i}{p_{0i}} \tag{6.3.20}$$

考虑前期固结压力的分层总和法与普通分层总和法计算正常固结土地基时差别不大，不同的是前者应用 $e-\log p'$ 曲线，后者应用 $e-p'$ 曲线。在计算超固结土地基或加载—卸载—再加载情况时，$e-\log p'$ 法比普通分层总和法要精确，它考虑了土体处于超固结状态阶段

和正常固结状态阶段土体压缩性指标不同的影响。

3. 建筑地基基础设计规范法

以建筑地基基础设计规范（GB 50007—2002）中关于沉降计算方法（以下简称规范法）为例介绍对普通分层总和法的修正及应用情况。

在规范法中，采用侧限条件下的压缩性指标，并应用平均附加应力系数计算，对分层求和值采用沉降计算经验系数进行修正，使计算结果更接近实测值。

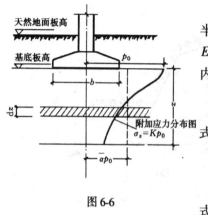

平均附加应力系数意义见图 6-6 所示。将地基视为半无限各向同性弹性体，假设土体侧限条件下压缩模量 E_s 不随深度改变，于是从基底至地基任意深度 z 范围内的压缩量为

$$s' = \int_0^z \varepsilon_z \mathrm{d}z = \frac{1}{E_s}\int_0^z \bar{\sigma}_z \mathrm{d}z = \frac{A}{E_s} \qquad (6.3.21)$$

式中　A——深度为 z 范围内附加应力面积。

附加应力面积 A 也可用附加应力系数 K 来表示，

$$A = \int_0^z \bar{\sigma}_z \mathrm{d}z = p_0 \int_0^z K \mathrm{d}z \qquad (6.3.22)$$

图 6-6

式中　p_0——对应于荷载效应永久组合时的基础底面处的附加应力，即荷载作用密度。

为了方便计算，引进平均附加应力系数 $\bar{\alpha}$，

$$\bar{\alpha} = \frac{1}{z}\int_0^z K \mathrm{d}z \qquad (6.3.23)$$

$\bar{\alpha}$ 值可查表，表 6-6 给出均布矩形荷载下平均竖向附加应力系数 $\bar{\alpha}$ 值，其他情况可参阅有关规范。

于是式（6.3.21）可改写为

$$s' = \frac{p_0 z \bar{\alpha}}{E_s} \qquad (6.3.24)$$

第 i 层土体压缩量为　　$$\Delta s' = \frac{p_0}{E_{si}}(z_i \bar{\alpha}_i - z_{i-1} \bar{\alpha}_{i-1}) \qquad (6.3.25)$$

式中　p_0——对应于荷载效应永久组合时的基础底面处的附加压力（kPa）；

　　　　E_{si}——基础底面下第 i 层土的压缩模量（MPa），应取土的自重应力至土的自重应力与附加应力之和的应力段计算；

　　　　z_i，z_{i-1}——分别为基础底面至第 i 层土、第 $i-1$ 层土底面的距离；

　　　　$\bar{\alpha}_i$，$\bar{\alpha}_{i-1}$——分别为基础底面计算点至第 i 层土、第 $i-1$ 层土底面范围内平均附加应力系数，可查表。

为了提高计算精度，规范法规定地基总沉降按式（6.3.25）采用分层总和法得到各层土体压缩量之和后尚需乘以一沉降计算经验系数 ψ_s。于是得到沉降计算表达式为

$$s = \psi_s s' = \psi_s \sum_{i=1}^n \frac{p_0}{E_{si}}(z_i \bar{\alpha}_i - z_{i-1} \bar{\alpha}_{i-1}) \qquad (6.3.26)$$

表 6-6

均布的矩形荷载角点下的平均竖向附加应力系数 $\bar{\alpha}$

z/b \\ l/b	1.0	1.2	1.4	1.6	1.8	2.0	2.4	2.8	3.2	3.6	4.0	5.0	10.0
0.0	0.2500	0.2500	0.2500	0.2500	0.2500	0.2500	0.2500	0.2500	0.2500	0.2500	0.2500	0.2500	0.2500
0.2	0.2496	0.2497	0.2497	0.2498	0.2498	0.2498	0.2498	0.2498	0.2498	0.2498	0.2498	0.2498	0.2498
0.4	0.2474	0.2479	0.2481	0.2483	0.2483	0.2484	0.2485	0.2485	0.2485	0.2485	0.2485	0.2485	0.2485
0.6	0.2423	0.2437	0.2444	0.2448	0.2451	0.2452	0.2454	0.2455	0.2455	0.2455	0.2455	0.2455	0.2456
0.8	0.2346	0.2372	0.2387	0.2395	0.2400	0.2403	0.2407	0.2408	0.2409	0.2409	0.2410	0.2410	0.2410
1.0	0.2252	0.2291	0.2313	0.2326	0.2335	0.2340	0.2346	0.2349	0.2351	0.2352	0.2352	0.2353	0.2353
1.2	0.2149	0.2199	0.2229	0.2248	0.2260	0.2268	0.2278	0.2282	0.2285	0.2286	0.2287	0.2288	0.2289
1.4	0.2043	0.2102	0.2140	0.2164	0.2190	0.2191	0.2204	0.2211	0.2215	0.2217	0.2218	0.2220	0.2221
1.6	0.1939	0.2006	0.2049	0.2079	0.2099	0.2113	0.2130	0.2138	0.2143	0.2146	0.2148	0.2150	0.2152
1.8	0.1840	0.1912	0.1960	0.1994	0.2018	0.2034	0.2055	0.2066	0.2073	0.2077	0.2079	0.2082	0.2084
2.0	0.1746	0.1822	0.1875	0.1912	0.1938	0.1958	0.1982	0.1996	0.2004	0.2009	0.2012	0.2015	0.2018
2.2	0.1659	0.1737	0.1793	0.1833	0.1862	0.1883	0.1911	0.1927	0.1937	0.1943	0.1947	0.1952	0.1955
2.4	0.1578	0.1657	0.1715	0.1757	0.1789	0.1812	0.1843	0.1862	0.1873	0.1880	0.1885	0.1890	0.1896
2.6	0.1503	0.1583	0.1642	0.1686	0.1719	0.1745	0.1779	0.1799	0.1812	0.1820	0.1825	0.1832	0.1838
2.8	0.1433	0.1514	0.1574	0.1619	0.1654	0.1680	0.1717	0.1739	0.1753	0.1763	0.1769	0.1777	0.1784
3.0	0.1369	0.1449	0.1510	0.1556	0.1592	0.1619	0.1658	0.1682	0.1698	0.1708	0.1715	0.1725	0.1733
3.2	0.1310	0.1390	0.1450	0.1497	0.1533	0.1562	0.1602	0.1628	0.1645	0.1657	0.1664	0.1675	0.1685
3.4	0.1256	0.1334	0.1394	0.1441	0.1478	0.1508	0.1550	0.1577	0.1595	0.1607	0.1616	0.1628	0.1639
3.6	0.1205	0.1282	0.1342	0.1389	0.1427	0.1456	0.1500	0.1528	0.1548	0.1561	0.1570	0.1583	0.1595
3.8	0.1158	0.1234	0.1293	0.1340	0.1378	0.1408	0.1452	0.1482	0.1502	0.1516	0.1526	0.1541	0.1554
4.0	0.1114	0.1189	0.1248	0.1294	0.1332	0.1362	0.1408	0.1438	0.1459	0.1474	0.1485	0.1500	0.1516
4.2	0.1073	0.1147	0.1205	0.1251	0.1289	0.1319	0.1365	0.1396	0.1418	0.1434	0.1445	0.1462	0.1479
4.4	0.1035	0.1107	0.1164	0.1210	0.1248	0.1279	0.1325	0.1357	0.1379	0.1396	0.1407	0.1425	0.1444
4.6	0.1000	0.1070	0.1127	0.1172	0.1209	0.1240	0.1287	0.1319	0.1342	0.1359	0.1371	0.1390	0.1410
4.8	0.0967	0.1036	0.1091	0.1136	0.1173	0.1204	0.1250	0.1283	0.1307	0.1324	0.1337	0.1357	0.1379
5.0	0.0935	0.1003	0.1057	0.1102	0.1139	0.1169	0.1216	0.1249	0.1273	0.1291	0.1304	0.1325	0.1348
5.2	0.0906	0.0972	0.1026	0.1070	0.1106	0.1136	0.1183	0.1217	0.1241	0.1259	0.1273	0.1295	0.1320
5.4	0.0878	0.0943	0.0996	0.1039	0.1075	0.1105	0.1152	0.1186	0.1211	0.1229	0.1243	0.1265	0.1292
5.6	0.0852	0.0916	0.0968	0.1010	0.1046	0.1076	0.1122	0.1156	0.1181	0.1200	0.1215	0.1238	0.1266
5.8	0.0828	0.0890	0.0941	0.0983	0.1018	0.1047	0.1094	0.1128	0.1153	0.1172	0.1187	0.1211	0.1240

z/b \ l/b	1.0	1.2	1.4	1.6	1.8	2.0	2.4	2.8	3.2	3.6	4.0	5.0	10.0
6.0	0.0805	0.0866	0.0916	0.0957	0.0991	0.1021	0.1067	0.1101	0.1126	0.1146	0.1161	0.1185	0.1216
6.2	0.0783	0.0842	0.0891	0.0932	0.0966	0.0995	0.1041	0.1075	0.1101	0.1120	0.1136	0.1161	0.1193
6.4	0.0762	0.0820	0.0869	0.0909	0.0942	0.0971	0.1016	0.1050	0.1076	0.1096	0.1111	0.1137	0.1171
6.6	0.0742	0.0799	0.0847	0.0886	0.0919	0.0948	0.0993	0.1027	0.1053	0.1073	0.1088	0.1114	0.1149
6.8	0.0723	0.0779	0.0826	0.0865	0.0898	0.0926	0.0970	0.1004	0.1030	0.1050	0.1066	0.1092	0.1129
7.0	0.0705	0.0761	0.0806	0.0844	0.0877	0.0904	0.0949	0.0982	0.1008	0.1028	0.1044	0.1071	0.1109
7.2	0.0688	0.0742	0.0787	0.0825	0.0857	0.0884	0.0928	0.0962	0.0987	0.1008	0.1023	0.1051	0.1090
7.4	0.0672	0.0725	0.0769	0.0806	0.0838	0.0865	0.0908	0.0942	0.0967	0.0988	0.1004	0.1031	0.1071
7.6	0.0656	0.0709	0.0752	0.0789	0.0820	0.0846	0.0899	0.0922	0.0948	0.0968	0.0984	0.1012	0.1054
7.8	0.0642	0.0693	0.0736	0.0771	0.0802	0.0828	0.0871	0.0904	0.0929	0.0950	0.0966	0.0994	0.1036
8.0	0.0627	0.0678	0.0720	0.0755	0.0785	0.0811	0.0853	0.0886	0.0912	0.0932	0.0948	0.0976	0.1020
8.2	0.0614	0.0663	0.0705	0.0739	0.0769	0.0795	0.0837	0.0869	0.0894	0.0914	0.0931	0.0959	0.1004
8.4	0.0601	0.0649	0.0690	0.0724	0.0754	0.0779	0.0820	0.0852	0.0878	0.0898	0.0914	0.0943	0.0988
8.6	0.0588	0.0636	0.0676	0.0710	0.0739	0.0764	0.0805	0.0836	0.0862	0.0882	0.0898	0.0927	0.0973
8.8	0.0576	0.0623	0.0663	0.0696	0.0724	0.0749	0.0790	0.0821	0.0846	0.0866	0.0882	0.0912	0.0959
9.2	0.0554	0.0599	0.0637	0.0670	0.0697	0.0721	0.0761	0.0792	0.0817	0.0837	0.0853	0.0882	0.0931
9.6	0.0533	0.0577	0.0614	0.0645	0.0672	0.0696	0.0734	0.0765	0.0789	0.0809	0.0825	0.0855	0.0905
10.0	0.0514	0.0556	0.0592	0.0622	0.0649	0.0672	0.0710	0.0739	0.0763	0.0783	0.0779	0.0829	0.0880
10.4	0.0496	0.0537	0.0572	0.0601	0.0627	0.0649	0.0686	0.0716	0.0739	0.0759	0.0775	0.0804	0.0857
10.8	0.0479	0.0519	0.0553	0.0581	0.0606	0.0628	0.0664	0.0693	0.0717	0.0736	0.0751	0.0781	0.0834
11.2	0.0463	0.0502	0.0535	0.0563	0.0587	0.0609	0.0644	0.0672	0.0695	0.0714	0.0730	0.0759	0.0813
11.6	0.0448	0.0486	0.0518	0.0545	0.0569	0.0590	0.0625	0.0652	0.0675	0.0694	0.0709	0.0738	0.0793
12.0	0.0435	0.0471	0.0502	0.0529	0.0552	0.0573	0.0606	0.0634	0.0656	0.0674	0.0690	0.0719	0.0774
12.8	0.0409	0.0444	0.0474	0.0499	0.0521	0.0541	0.0573	0.0599	0.0621	0.0639	0.0654	0.0682	0.0739
13.6	0.0387	0.0420	0.0448	0.0472	0.0493	0.0512	0.0543	0.0568	0.0589	0.0607	0.0621	0.0649	0.0707
14.4	0.0367	0.0398	0.0425	0.0448	0.0468	0.0486	0.0516	0.0540	0.0561	0.0577	0.0592	0.0619	0.0677
15.2	0.0349	0.0379	0.0404	0.0426	0.0446	0.0463	0.0492	0.0515	0.0535	0.0551	0.0565	0.0592	0.0650
16.0	0.0332	0.0361	0.0385	0.0407	0.0425	0.0442	0.0469	0.0492	0.0511	0.0527	0.0540	0.0567	0.0625
18.0	0.0297	0.0323	0.0345	0.0364	0.0381	0.0396	0.0422	0.0442	0.0460	0.0475	0.0487	0.0512	0.0570
20.0	0.0269	0.0292	0.0312	0.0330	0.0345	0.0359	0.0383	0.0402	0.0418	0.0432	0.0444	0.0468	0.0524

式中 s' ——按分层总和法计算出的地基变形量；

ψ_s ——沉降计算经验系数，根据地区沉降观测资料及经验确定，也可采用表6-7推荐的数值；

沉降计算经验系数 ψ_s　　　　　　　　　表6-7

$\overline{E}_s$ (MPa) 地基附加应力	2.5	4.0	7.0	15.0	20.0
$p_0 \geqslant f_{ak}$	1.4	1.3	1.0	0.4	0.2
$p_0 \leqslant 0.75 f_{ak}$	1.1	1.0	0.7	0.4	0.2

注：f_{ak} 为地基承载力特征值；$\overline{E}_s$ 为沉降计算范围（压缩层）内的压缩模量的当量值，应按下式计算 $\overline{E}_s = \dfrac{\Sigma A_i}{\Sigma A_i / E_{si}}$，式中 A_i——第 i 层土附加应力系数沿土层厚度的积分值。

规范法对压缩层厚度作了明确规定，将在下一小节一道讨论。

4. 压缩层厚度的确定

采用分层总和法计算时，需要确定（地基变形）计算深度。地基变形计算深度又称压缩层厚度。压缩层厚度通常根据荷载作用下地基中位移场分布情况，或应力场分布情况确定：

《建筑地基基础设计规范》规定地基变形计算深度 z_n 由下述方法确定：

由深度 z_n 处向上取表6-8规定的计算厚度 Δz 所得的压缩量 $\Delta s'_n$ 不大于 z_n 范围内总的压缩量 s' 的2.5%，即应满足下式要求（包括考虑相邻载影响）：

$$\Delta s'_n \leqslant 0.025 \sum_{i=1}^{n} \Delta s'_i \qquad (6.3.27)$$

若由上式确定的计算深度 z_n 以下还有软土层，尚应向下继续计算，直至软土层中按规定厚度 Δz 计算的压缩量满足式（6.3.27）为止。

计算厚度 Δz　　　　　　　　　表6-8

b (m)	$b \leqslant 2$	$2 < b \leqslant 4$	$4 < b \leqslant 8$	$8 < b$
Δz (m)	0.3	0.6	0.8	1.0

注：b——基础宽度。

当无相邻荷载影响，基础宽度在 $1 \sim 30m$ 范围以内时，基础中点地基变形计算深度也可按下式计算：

$$z_n = b(2.5 - 0.4\ln b) \qquad (6.3.28)$$

式中 b——基础宽度。

上述规定是从位移场角度考虑的，也有从应力场角度考虑，如有的地区习惯上常用附加应力 $\sigma_z < 0.1 p_{oz}$（p_{oz} 为土的自重应力）的方法确定沉降计算深度。

【例题6-2】 某厂房柱基底面积为 4×4（m^2），如图6-7所示，上部荷重传至基础顶面 $P = 1440kN$，基础埋深 $D = 1.0m$，地基为粉质粘土，地下水位深3.4m，土的天然重度 $\gamma = 16.0kN/m^3$，饱和重度 $\gamma_{sat} = 17.2kN/m^3$。地下水位以上土的平均压缩模量 $E_{s1} = 5.5MPa$，地下水位以下

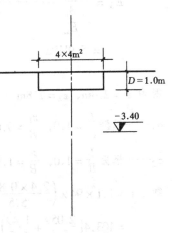

图6-7 【例题6-1】图示

土的平均压缩模量 $E_{s2}=6.5$ MPa，$f_1=94$ kPa，用规范推荐的沉降计算法，计算柱基中点的沉降量。

【解】 （1）确定地基变形计算深度 z_n，按公式（6.3.28）得

$$z_n = b(2.5 - 0.4\ln b)$$
$$= 4.0(2.5 - 0.4\ln 4)$$
$$= 7.8\text{m}$$

（2）计算基底附加压力和地基中附加应力，设基础自重为 20 kN/m³，则基底接触压力为：

$$\sigma = \frac{p}{b^2} + 20 \times D = \frac{1440}{16} + 20 = 110(\text{kPa})$$

基底附加压力 p_0 为：

$$p_0 = \sigma - \gamma D = 110 - 16 = 94(\text{kPa})$$

地基中附加应力为：

采用角点法，分成四小块进行计算，则附加应力 $\sigma_z = 4\alpha_c p_0$，α_c 查表 4-4，列表计算如下：

深度 z （m）	$2z/B$	应力系数 α_c	附加应力 σ_z （kPa）
0	0	0.2500	94.0
1.2	0.6	0.2229	84.0
2.4	1.2	0.1516	57.0
4.0	2.0	0.0840	31.6
6.0	3.0	0.0447	16.8

（3）计算柱基中点沉降量，由公式（6.3.26）得

$$S = \psi_s\left[\frac{p_0}{E_{s1}}(z_1\bar{\alpha}_1) + \frac{p_0}{E_{s2}}(z_2\bar{\alpha}_2 - z_1\bar{\alpha}_1)\right]$$

式中 ψ_s——沉降计算经验系数，根据加权平均值，查表 6-7。

$$E_S = \frac{\sum A_i}{\sum \frac{A_i}{E_{si}}} = \frac{89 \times 1.2 + 70.5 \times 1.2 + 44.3 \times 1.6 + 24.2 \times 2.0 + 13.7 \times 1.8}{\frac{106.8}{5.5} + \frac{84.6}{5.5} + \frac{70.88}{6.5} + \frac{48.4}{6.5} + \frac{24.66}{6.5}}$$
$$= 5.9\text{MPa}$$

$$\psi_s = 1.1$$

因为 $z_1 = 2.4$m，$z_2 = 7.8$m

$\bar{\alpha}_1$——根据 $\frac{L}{B} = 1.0$，$\frac{z_1}{B} = 0.6$，查表 6-6 得 $\bar{\alpha}_1 = 0.858$；

$\bar{\alpha}_2$——根据 $\frac{L}{B} = 1.0$，$\frac{z_2}{B} = 1.95$，查表 6-6 得 $\bar{\alpha}_2 = 0.455$。

则 $$s = 1.1 \times 94 \times \left(\frac{2.4 \times 0.858}{5.5} + \frac{7.8 \times 0.455 - 2.4 \times 0.858}{6.5}\right)$$
$$= 103.4\left(\frac{2.059}{5.5} + \frac{1.49}{6.5}\right)$$
$$= 62.4\text{mm}$$

6.3.3 次固结沉降计算方法

前面已经谈到,按变形机理粘性土地基沉降可分为三部分:初始沉降、固结沉降和次固结沉降。初始沉降通常采用弹性理论计算法计算,固结沉降多采用分层总和法计算,这一节介绍次固结沉降计算方法。

次固结沉降也采用分层总和法计算。将地基土层分成 n 层,分别计算每一土层的次固结压缩量,然后求各层压缩量之和得到次固结沉降量。在压缩试验中可以测定土体次固结引起的孔隙比变化,其表达式为

$$\Delta e = C_\alpha \log \frac{t}{t_1} \tag{6.3.29}$$

式中　C_α——次固结系数,为半对数图($\Delta e \sim \log t$)上直线斜率;

　　　t——所求次固结变形时间;

　　　t_1——压缩试验中次固结开始时间,相当于主固结完成时间。

于是地基次固结沉降可采用下式计算,

$$s_s = \sum_{i=1}^{n} \frac{.C_{\alpha i}}{1 + e_{0i}} H_i \log \frac{t}{t_1} \tag{6.3.30}$$

式中　$C_{\alpha i}$——第 i 层土次固结系数;

　　　e_{0i}——第 i 层土平均初始孔隙比;

　　　H_i——第 i 层土厚度;

　　　t_1——第 i 层土次固结变形开始产生时间;

　　　t——计算所求次固结沉降 s_s 产生的时间。

*6.4　其他分析方法简介

除了上一节介绍的常用地基沉降计算方法外,国内外学者还发展了许多沉降计算方法,主要有下述四类,现作扼要介绍。

一类是为了考虑地基土体的实际应力状态对前述分层总和法进行改进。在分层总和法中假设土体不产生侧向变形,而荷载作用下地基土体变形实际上处于三维压缩状态,黄文熙(1957)建议在采用分层总和法计算各层土的压缩量时采用三维压缩计算公式,发展了三维压缩法计算沉降。为了更好地模拟地基土体的实际变形性状,朗普(Lambe,1964)提出沉降计算应力路径法。在应力路径法中,首先应用弹性理论计算荷载作用下地基土体中各点的应力路径,然后在实验室根据计算得到的应力路径进行试验,测定土体压缩量,再计算沉降。还有一些沉降计算方法属于这一类,这里不再介绍。

另一类是首先利用原位试验测定相应计算参数,然后根据一定理论计算地基沉降。如利用平板载荷试验测定荷载与沉降关系曲线,然后根据尺寸效应修正来估计沉降。该法主要适用于砂土地基。静力触探试验是测量土体强度的方法。但可通过大量实测资料分析获得的静力触探贯入阻力和土的压缩性指标之间的关系,先得到压缩模量,然后采用分层总和法计算沉降。采用标准贯入试验法是将锤击数 $N_{63.5}$ 同土的压缩模量联系起来,得到压缩模量后,采用分层总和法计算沉降。

再一类是根据软粘土地基在荷载作用下沉降需要持续一段时间才能完成的情况,利用初期沉降观测资料,预测地基最终沉降。通常认为沉降-时间关系曲线形状为双曲线或对数曲线,采用双曲线配合法或对数曲线配合法预测总沉降。现将双曲线配合法作简要介绍。

实测沉降曲线形状常常如图 6-8 中 ABC 所示,自拐点 B 以后形状为双曲线形。现对 B 点以后曲线采用双曲线配合。双曲线方程为:

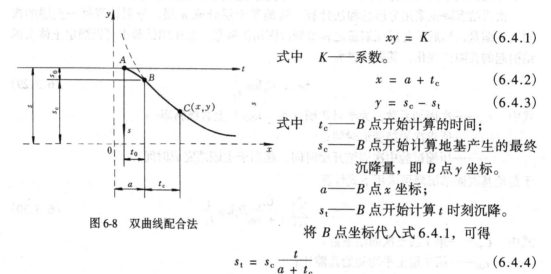

$$xy = K \tag{6.4.1}$$

式中 K——系数。

$$x = a + t_c \tag{6.4.2}$$

$$y = s_c - s_t \tag{6.4.3}$$

式中 t_c——B 点开始计算的时间;

s_c——B 点开始计算地基产生的最终沉降量,即 B 点 y 坐标。

a——B 点 x 坐标;

s_t——B 点开始计算 t 时刻沉降。

图 6-8 双曲线配合法

将 B 点坐标代入式 6.4.1,可得

$$s_t = s_c \frac{t}{a + t_c} \tag{6.4.4}$$

将实测曲线 $s \sim t$ 曲线上二点 (s_1, t_1) 和 (s_2, t_2) 代入上式可得 s_c 和 a 值:

$$a = \frac{s_2 t_1 t_2 - s_1 t_1 t_2}{s_1 t_2 - s_2 t_1} \tag{6.4.5}$$

$$s_c = s_1 s_2 \frac{t_2 - t_1}{(s_1 t - s_2 t_1)} \tag{6.4.6}$$

总沉降为

$$s = s_0 + s_c \tag{6.4.7}$$

式中 s_0——沉降曲线 s-t 曲线上拐点 B 对应的沉降。

还有一类是采用数值解法,应用最多的是有限单元法。

6.5 饱和软粘土地基沉降随时间发展规律分析

前面已经分析过在荷载作用下,饱和软粘土地基沉降可分为三部分:初始沉降、固结沉降和次固结沉降。

初始沉降是土体体积保持不变,体积形状发生改变引起的地基沉降。初始沉降一般历时不长,视土质情况,加载后几天内或几星期内可以完成,少数情况可达几个月。因时间不长,影响不大,随时间发展规律研究甚少。

固结沉降历时较长,视土体渗透性和最小排水距离等因素确定。根据固结理论,固结沉降随时间发展规律可通过固结度来计算。设固结完成时土层的固结压缩量为 s_c,在某一时刻 t,土体的固结度为 U_t,则此时该土层的压缩量 s_{ct} 可表示为

$$s_{ct} = U_t s_c \tag{6.5.1}$$

这样就得到了固结沉降随时间发展计算式。

次固结沉降是荷载保持不变，土体产生蠕变产生的沉降。次固结沉降随时间发展的规律在 6.3.3 节已作介绍，其表达式为

$$s_s = \sum_{i=1}^{n} \frac{C_{ai}}{1 + e_{oi}} H_i \log \frac{t}{t_1} \tag{6.5.2}$$

式中　C_{ai}——第 i 层土次固结系数；

　　　e_{oi}——第 i 层土平均初始孔隙比；

　　　H_i——第 i 层土厚度；

　　　t_1——第 i 层土次固结变形开始产生时间；

　　　t——计算所求次固结沉降产生时间。

综合上述分析饱和软粘土地基沉降随时间变化规律主要取决于固结沉降和次固结沉降两部分，固结沉降随时间的发展取决于固结度，即取决于地基中超孔隙水压力的消散。超孔隙水压力消散快，固结完成快，超孔隙水压力消散慢，固结沉降历时长。次固结沉降随时间发展规律可用对数曲线表示。

6.6　沉降计算应注意的几个问题

从地基变形机理分析，地基总沉降可以分为初始沉降、固结沉降和次固结沉降三部分。从工程建设时间来分，可以分为施工期间沉降、工后沉降。工后沉降又可分为工后某一段时间内的沉降量和工后某一段时间后的沉降量。在沉降计算时一定要首先搞清概念，明确自己要算什么沉降量，然后再去选用较合适的计算方法进行计算。

沉降计算方法很多，各有假设条件和适用范围，应根据工程地质条件和工程情况合理选用计算方法。最好采用多种方法计算，通过比较分析，使分析结果更接近实际。

在前面介绍的常规沉降计算方法中，地基中应力状态的变化都是根据线性弹性理论计算得到的。实际上地基土体不是线性弹性体。另外，由上部结构物传递给地基的荷载分布情况受上部结构、基础和地基共同作用性状的影响。这些都将影响地基中附加应力的计算精度。在前述常规沉降计算方法中，土体变形模量的测量误差也将影响沉降计算精度。只有了解沉降计算中产生误差的主要影响因素，才能提高沉降计算精度。

习题与思考题

6.1　如图 6-9 所示，岩层上土层 20m，土体弹性模量为 10MPa，$\mu = 0.35$，地基上作用一直径为 8m 的柔性圆形荷载，荷载密度为 200kPa，试求荷载作用中心点和边缘点位置的沉降量。

6.2　如图 6-10 所示，条形基础宽度为 2.0m，荷载为 1200kN/m，基础埋置深度为 1.0m，地下水位在基底下 1.0m，地基土层压缩试验成果见附表 6-1，试用分层总和法求基础中点的沉降量。

地基土层的 $e-p$ 曲线数据　　附表 6-1

	0	50	100	200	400
土层 1	0.780	0.720	0.697	0.663	0.640
土层 2	0.875	0.812	0.785	0.742	0.721
土层 3	1.05	0.942	0.886	0.794	0.698

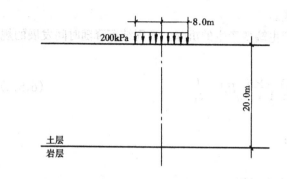

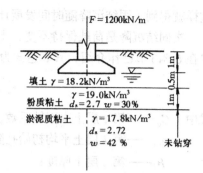

图6-9 习题6-1图示

图6-10 习题6-2图示

6.3 采用规范法计算［例题6.2］中条形基础中点沉降量。

6.4 某超固结土层厚3.0m，前期固结压力 $p_c = 320\text{kPa}$，压缩指数 $C_c = 0.52$，回弹指数 $C_e = 0.12$，土层所受平均自重应力为 $p_1 = 120\text{kPa}$，$e_0 = 0.72$。求下列两种情况下该土层的最终压缩量。(1) 荷载引起平均竖向附加应力 $\Delta p = 400\text{kPa}$；(2) 荷载引起的平均竖向附加应力 $\Delta p = 200\text{kPa}$。

6.5 试说明软粘土地基在荷载作用下产生初始沉降、固结沉降和次固结沉降的机理。

6.6 试述沉降计算中应注意的问题。

6.7 已知甲乙两条形基础，甲基础尺寸宽度为 B，埋深 H_1，乙基础宽度为 B_2，埋深 H_2，甲基础上作用有荷载 N_1，乙基础作用有荷载 N_2。其中 $H_1 = H_2$，$B_2 = 2B_1$，$N_2 = 2N_1$，问两基础沉降量是否相同，为什么？通过调整两基础的 H 和 B，能否使两基础的沉降相接近，有几种调整方案及评价。(甲、乙两基础相距 L，所处土层完全一致)

6.8 计算沉降的分层总和法和《规范》法有何区别？

参 考 文 献

1 龚晓南.高等土力学.杭州：浙江大学出版社，1996

2 高大钊主编.土力学与基础工程.北京：中国建筑工业出版社，1998

3 华南理工大学等编.地基及基础.北京：中国建筑工业出版社，1991

第7章 土的抗剪强度

7.1 概　　述

土是三相体，土的抗剪强度是指土体抵抗由于荷载作用产生的土颗粒间相互滑动而导致土体破坏的极限能力。图7-1为一土坡失稳示意图。图中土体沿着 *AB* 滑动面产生滑动造成土坡失稳，是由于 *AB* 滑动面上土体的抗剪强度不足以抵抗其滑动力。

影响土的抗剪强度因素很多。土的组成成分、土体结构、应力历史、土体中应力大小、排水条件、加荷速率等都对土的抗剪强度有影响。

地基承载力大小、作用在挡土墙上的土压力大小、边坡稳定性等与土的抗剪强度有关。土的抗剪强度是土力学的重要组成部分。

图7-1　土坡失稳示意图

学习土的抗剪强度，要掌握土的抗剪强度理论、土的抗剪强度和抗剪强度指标的关系、土的抗剪强度测定方法，更要重视在工程分析中如何确定、选用土的抗剪强度。

7.2　土的抗剪强度理论和极限平衡条件

7.2.1　摩尔-库伦强度理论

1776年，库伦（Coulomb）根据试验结果（图7-2），提出土的抗剪强度 τ_f 表达式

$$\tau_f = c + \sigma \mathrm{tg}\varphi \tag{7.2.1}$$

式中　c——土的粘聚力，kPa；

　　　σ——剪切滑动面上法向应力，kPa；

　　　φ——土的内摩擦角，(°)。

1910年摩尔（Mohr）提出材料产生剪切破坏时，剪切面上的剪应力 τ_f 是该面上法向应力 σ 的函数，可记为

$$\tau_f = f(\sigma) \tag{7.2.2}$$

一般情况式(7.2.2)呈曲线关系，如图7-3所示，通常称为摩尔包线。土的摩尔包线多数情况下可用直线表示，如图7-2中所示，其表达式为库伦所表示的直线方程。通常将由库伦直线方程表示摩尔包线的土体抗剪强度理论为摩尔-库伦(Mohr–Coulomb)强度理论。

由式(7.2.1)可知，土的抗剪强度由二部分组成。一部分是与剪切面上作用的法向应力无关的抵抗颗粒间相互滑动的力，称为粘聚力。土的粘聚力主要来自土的结构性。砂土粘聚力常为零，所以又称为无粘性土。毛细压力也会引起粘聚力增加，但一般可忽略不计；另一部分是与剪切面上作用的法向应力有关的抵抗颗粒间相互滑动的力，称为摩阻力，通常与

法向应力成正比例关系,其本质是摩擦力。摩擦力又可分为二种:一种是由颗粒表面产生的滑动摩擦力,一种是由颗粒相互咬合产生的咬合摩擦力。

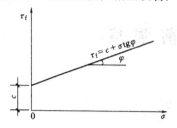

图 7-2 土的抗剪强度与法向应力之间的关系   图 7-3 摩尔包线

7.2.2 土的抗剪强度与抗剪强度指标

式(7.2.1)中,土的粘聚力 c 和摩擦角 φ 常称为土的抗剪强度指标。土的抗剪强度常常需要应用抗剪强度指标来计算,对一种土,抗剪强度指标是常数。不能把土的抗剪强度与土的抗剪强度指标等同起来。由式(7.2.1)可知,当 $\varphi \neq 0$ 时,土的抗剪强度随剪切面上的法向应力增大而增大。对一种土,其抗剪强度是随土中应力高低而变化的。例如天然地基,由自重应力形成的初始应力场随着深度自重应力是增加的。对同层土,地基土的抗剪强度是随深度而增大的,但抗剪强度指标是常数。

根据有效应力原理,土中总应力等于有效应力和孔隙水压力之和。土的抗剪强度值与土中应力有关。土的抗剪强度可以用总应力表示,也可用有效应力表示。采用有效应力表达时,土的抗剪强度表达式为

$$\begin{aligned}
\tau_f &= c' + \sigma' \mathrm{tg}\varphi' \\
&= c' + (\sigma - u)\mathrm{tg}\varphi'
\end{aligned} \tag{7.2.3}$$

式中 c', φ'——土的抗剪强度有效应力强度指标;

σ, σ'——分别为作用在剪切面上的总应力和有效应力值;

u——破坏时土体中孔隙水压力。

采用总应力表达时,土的抗剪强度表达式为

$$\tau_f = c + \sigma \mathrm{tg}\varphi \tag{7.2.4}$$

式中 c, φ——土的抗剪强度总应力强度指标。

在土工分析中,采用有效应力分析时,应用土的有效应力强度指标,采用总应力分析时,应用土的总应力强度指标。

7.2.3 极限平衡条件

在讨论极限平衡条件时,先采用总应力分析讨论。当土体发生剪切破坏时,该点应力摩尔圆与摩尔强度包线相切,如图 7-4(a)所示。土的抗剪强度指标为 c 和 φ,该点此时最大主应力为 σ_1,最小主应力为 σ_3。在摩尔圆中,O_1B 表示剪切面。根据材料力学,由图 7-4 可知剪切面方向与 σ_1 作用面方向角度为 $\alpha = 45° + \dfrac{\varphi}{2}$,如图 7-4(b)所示。土体中某点发生剪切破坏,亦称该点处于极限平衡状态。处于极限平衡状态的应力条件称为极限平衡条件。根据极限应力圆(即剪切破坏时的应力摩尔圆)与抗剪强度包线(即摩尔强度包线)之间的几何

关系,可建立土的极限平衡条件。

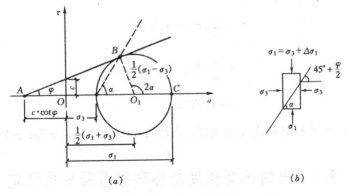

图 7-4 土体到达极限平衡状态的摩尔圆

图 7-4 中,抗剪强度包线与竖轴截距为 c ,与横轴成 φ 角。图中 $OA = c \cot\varphi$, $OO_1 = \dfrac{\sigma_1 + \sigma_3}{2}$,摩尔圆半径为 $\dfrac{\sigma_1 - \sigma_3}{2}$,于是由三角形 AO_1B 可得到下述关系式:

$$\frac{1}{2}(\sigma_1 - \sigma_3) = \left(\frac{\sigma_1 + \sigma_3}{2} + c \cot\varphi\right)\sin\varphi \qquad (7.2.5)$$

经化简并通过三角函数间的变换关系,可得到土体处于极限平衡状态时最大主应力和最小主应力之间的关系式,

$$\sigma_1 = \sigma_3 \mathrm{tg}^2\left(45^\circ + \frac{\varphi}{2}\right) + 2c\,\mathrm{tg}\left(45^\circ + \frac{\varphi}{2}\right) \qquad (7.2.6)$$

或

$$\sigma_3 = \sigma_1 \mathrm{tg}^2\left(45^\circ - \frac{\varphi}{2}\right) - 2c\,\mathrm{tg}\left(45^\circ - \frac{\varphi}{2}\right) \qquad (7.2.7)$$

采用有效应力分析时,类似可得

$$\sigma'_1 = \sigma'_3 \mathrm{tg}^2\left(45^\circ + \frac{\varphi'}{2}\right) + 2c'\,\mathrm{tg}\left(45^\circ + \frac{\varphi'}{2}\right) \qquad (7.2.8)$$

或

$$\sigma'_3 = \sigma'_1 \mathrm{tg}^2\left(45^\circ - \frac{\varphi'}{2}\right) - 2c'\,\mathrm{tg}\left(45^\circ - \frac{\varphi'}{2}\right) \qquad (7.2.9)$$

通常可用上述表达式(式 7.2.1,式 7.2.3 至式 7.2.9)来验算土体某点是否达到极限平衡状态。上述表达式均可称为土体极限平衡条件,它们均是等价的,都表示土体处于破坏状态,或称之处于极限平衡状态。

【例题 7.1】 某土体抗剪强度指标 $c = 10\mathrm{kPa}$, $\varphi = 20^\circ$,土体处于极限平衡状态时,最小主应力 $\sigma_3 = 100\mathrm{kPa}$,求此时最大主应力 σ_1 值和相应的土的抗剪强度 τ_f 值。

【解】 将有关计算参数代入式(7.2.6),得

$$\sigma_1 = \sigma_3 \mathrm{tg}^2\left(45^\circ + \frac{\varphi}{2}\right) + 2c\,\mathrm{tg}\left(45^\circ + \frac{\varphi}{2}\right)$$

$$= 100\mathrm{tg}^2 55^\circ + 20\mathrm{tg}55^\circ$$

$$= 231.5\mathrm{kPa}$$

由图 7-4 可知，

$$\tau_f = \frac{1}{2}(\sigma_1 - \sigma_3)\cos\varphi$$

$$= \frac{1}{2}(231.5 - 100)\cos 20°$$

$$= 61.8\text{kPa}$$

由计算可知，土的抗剪强度为 61.8kPa，此时最大主应力值 $\sigma_1 = 231.5$kPa。

7.3 土的抗剪强度指标和抗剪强度的测定

土的抗剪强度可以通过室内试验或现场试验测定。在室内试验中主要测定土的抗剪强度指标。土的抗剪强度测定方法很多，下面对室内试验只介绍直接剪切试验、无侧限抗压试验和常规三轴压缩试验，现场试验只介绍十字板试验。

7.3.1 直接剪切试验

直接剪切试验是最古老和最简单的剪切试验。试验原理如图 7-5 所示。土样装在金属剪切盒内，对土样施加一法向压力和剪切力，增大剪切力使土体沿指定的剪切面破坏。剪切仪按施加剪切力的特点分为应力控制式和应变控制式两种。应力控制式是分级施加等量水平剪切力于土样使之受剪；应变控制式是等速推动剪切容器使土样等速位移受剪。两者相比，应变控制式直剪仪具有明显优点。图 7-5 所示的为应变控制式直剪仪，该种仪器在我国得到普遍应用。该仪器的主

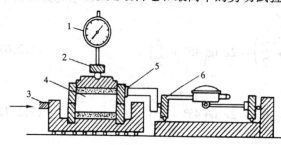

图 7-5 直剪仪原理图
1—垂直变形量表；2—垂直加荷框架；3—推动座；
4—试样；5—剪切容器；6—量力环

要部件由固定的上盒和活动的下盒组成，土样放在盒内上下两块透水石之间。试验时，由杠杆系统通过加压活塞和透水石对土样施加一法向应力 σ，然后等速推动下盒，使土样在沿上下盒之间的水平面上产生剪切，直至破坏，作用在水平面上的剪应力 τ 的大小可通过与上盒接触的量力环确定。

不同法向应力作用下，土样剪切过程中的剪应力 τ 与剪切位移 δ 之间的关系曲线如图 7-6(a)所示。当曲线有峰值时，取峰值为该法向应力 σ 作用下的抗剪强度 τ_f 值；当曲线无峰值时，可取剪切位移 $\delta = 2$mm 所对应剪应力值为该法向应力 σ 作用下的抗剪强度 τ_f 值。对一种土取 3~4 个土样，分别在不同的法向应力作用下剪切破坏，可得 3~4 组 (σ, τ_f) 值，绘在图上，如图 7-6(b)所示。试验结果表明抗剪强度与法向应力之间的关系基本上成直线关系，该直线在竖轴上截距称为土的粘聚力，与水平轴夹角称为土的内摩擦角。该直线方程即为摩尔-库伦强度方程式。

前面已经谈到土的抗剪强度与土中应力、土的排水条件、加荷速率有关。土中应力与土

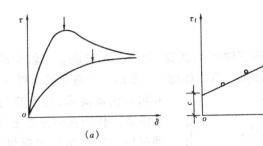

图 7-6　直接剪切试验成果
(a)剪应力-剪切位移关系;(b)抗剪强度-法向应力关系

的固结程度有关。为了能近似地模拟现场土体的剪切条件,考虑剪切前土在荷载作用下的固结程度、土体剪切速率或加荷速度快慢情况,把直剪试验分为下述三种:快剪试验、固结快剪试验和慢剪试验。现作简要介绍:

1. 快剪试验

根据试验规程,对土样施加竖向压力后,立即以 0.8mm/min 的剪切速率施加水平剪切力,直至土样产生剪切破坏。从加荷到剪切破坏一般情况下一个土样只需 3～5min。由于施加竖向压力后立即开始剪切,土体在该竖向压力作用下未产生排水固结。由于剪切速率较快,对渗透性较小的粘性土可认为土体在剪切过程中也未产生排水固结。由快剪试验得到的抗剪强度指标通常用 c_q 和 φ_q 表示,土体由快剪试验测定的抗剪强度表达式为

$$\tau_{fq} = c_q + \sigma \mathrm{tg}\varphi_q \tag{7.3.1}$$

2. 固结快剪试验

对土样施加竖向应力后,让土样充分排水,待土样排水固结稳定后,再以 0.8mm/min 的剪切速率进行剪切,直至土体破坏。由试验得到的强度指标常用 c_{cq} 和 φ_{cq} 表示,土体由固结快剪试验测定的抗剪强度表达式为

$$\tau_{fcq} = c_{cq} + \sigma \mathrm{tg}\varphi_{cq} \tag{7.3.2}$$

3. 慢剪试验

对土样施加竖向应力后,让土样充分排水,待土样排水固结稳定后,再以小于 0.02mm/min 的剪切速率进行剪切,直至土体破坏。由于剪切速率较慢,可认为在剪切过程中土体充分排水并产生体积变形。由试验得到的强度指标常用 c_s 和 φ_s 表示,土体由慢剪试验测定的抗剪强度表达式为

$$\tau_{fs} = c_s + \sigma \mathrm{tg}\varphi_s \tag{7.3.3}$$

直接剪切试验设备简单,土样制备和试验操作方便,曾在一般工程中得到广泛使用,但存在不少缺点,随着技术的进步,可能逐步被三轴试验替代。其主要缺点有:

(1)剪切面限定为上下盒之间的平面,不是土样剪切破坏时最薄弱的面;

(2)用剪切速度大小来模拟剪切过程中的排水条件,误差很大,在试验过程中不能控制排水条件;

(3)剪切面上剪应力分布不均匀,剪切过程中上下盒轴线不重合,实际剪切面逐步变小,试验中主应力大小及方向发生变化。整理试验成果中难以考虑上述因素影响。

7.3.2 常规三轴压缩试验

常规三轴压缩试验又称常规三轴剪切试验,简称三轴试验。三轴试验是在三向加压条件下的剪切试验。常规三轴仪示意图如图 7-7 所示。三轴试验试样形状为圆柱形,外包不透水薄膜,让土样与压力室中水相隔离。作用在圆柱形土样上的围压 σ_3 通过压力室中水压力提供,圆柱形土样轴向荷载通过活塞杆施加。在三轴试验中可以量测围压(径向压力)、轴向压力、土样中孔隙压力、轴向压缩量以及排水条件下土样的排水量等。在试验中先对土样施加恒定的围压($\sigma_1 = \sigma_2 = \sigma_3$),然后增加轴向压力,即增大 σ_1,直至土体剪切破坏。由于在试验中土样受力明确,基本上可自由变形,可以较好的控制土样的排水条件,测量土体中孔隙水压力,所以三轴试验是测定土的抗剪强度指标较为完善的方法,它将成为土的抗剪强度指标主要测定方法。根据土样在围压作用下是否排水固结和剪切过程中排水条件,三轴试验可分为不固结不排水剪切试验(简称 UU 试验)、固结不排水剪切试验(简称 CIU 试验)和固结排水剪切

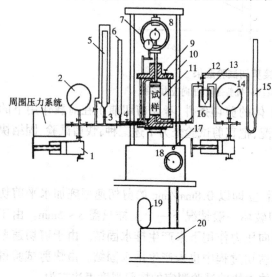

图 7-7　常规三轴仪示意图

1—调压筒;2—周围压力表;3—周围压力阀;4—排水阀;5—体变管;6—排水管;7—变形量表;8—量力环;9—排气孔;10—轴向加压设备;11—压力室;12—量管阀;13—零位指示器;14—孔隙压力表;15—量管;16—孔隙压力阀;17—离合器;18—手轮;19—马达;20—变压箱

试验(简称 CID 试验)三种,下面分别加以介绍。

1. 不固结不排水剪切试验(UU 试验)

土样在施加周围压力和随后增加轴向压力直至土样剪切破坏的全过程中均处于不排水状态。饱和土样在不排水过程中土体体积保持不变。试验过程中围压保持不变,可测量轴向力、轴向位移和土样中超孔隙水压力的变化过程,可测定剪切破坏时最大和最小主应力值和超孔隙水压力值。UU 试验常用来测定粘性土的不排水抗剪强度 C_u。

图 7-8 中圆 Ⅰ 表示一土样在压力室压力(即径向压力)为 $(\sigma_3)_Ⅰ$、轴向压力为 $(\sigma_1)_Ⅰ$ 时发生破坏时的总应力圆。应力圆直径为 $(\sigma_1 - \sigma_3)_Ⅰ$。若破坏时土样中孔隙水压力为 u,则破坏时有效主应力 $\sigma'_1 = (\sigma_1)_Ⅰ - u$,$\sigma'_3 = (\sigma_3)_Ⅰ - u$。虚线圆是总应力圆 Ⅰ 相应的有效应力圆。因为 $\sigma'_1 - \sigma'_3 = (\sigma_1 - \sigma_3)_Ⅰ$,所以有效应力圆的直径与总应力圆的直径相等。图中圆 Ⅱ 是同组另一土样在压力室压力为 $(\sigma_3)_Ⅱ$ 时进行同样试验得到的土样破坏时总应力圆,此时轴向压力为 $(\sigma_1)_Ⅱ$。UU 试验中试样在压力室压力下不发生固结,所以改变压力室压力并不改变试样中的有效应力,而只引起土样中孔隙水压力变化。由于两个试样在剪切前的有效应力相等,在剪切时含水量保持不变,有效应力保持不变,因此抗剪强度不变,破坏时的应力圆直径不变。圆 Ⅲ 是压力室压力等于 $(\sigma_3)_Ⅲ$ 时进行 UU 试验得到的土样破坏时总应力圆。三个

总应力圆对应的有效应力圆是相同的。

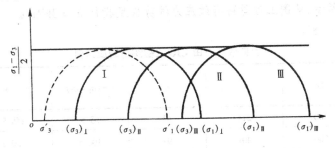

图 7-8　UU 试验

图 7-8 中三个总应力圆的包线是一条水平线。根据摩尔-库伦公式,

$$\varphi_u = 0 \tag{7.3.4}$$

$$C_u = \frac{1}{2}(\sigma_1 - \sigma_3) \tag{7.3.5}$$

式中　C_u——土的不排水抗剪强度。

因为几个土样的不固结不排水三轴试验破坏时有效应力圆只有一个,所以不能由 UU 试验测定相应的有效应力强度指标 c' 和 φ'。

UU 试验一般只用于测定饱和粘土不排水抗剪强度 C_u,应用于总应力 $\varphi_u = 0$ 的分析方法中验算地基的稳定性。

不固结不排水三轴试验中试样的剪切前"不固结"是指保持试样中原来的有效应力不变。原状土土样中的有效应力取决于土样在天然地层中的有效应力状态,制备土样中的有效应力取决于制备过程中土体的固结情况。如果饱和土从未发生过固结,有效应力等于零,抗剪强度也必然等于零,这种土是泥浆状的。一般从天然地基土层中取出的试样或是人工制备的试样,总是具有一定的强度,相当于在某一压力下已经发生固结。不固结是指在三轴仪中在所加压力的作用下土体未发生固结。

2. 固结不排水剪切试验(CIU 试验)

土样在施加周围压力后,将排水阀打开,让土样在围压作用下排水固结,土样中超孔隙水压力消散。固结完成后,关闭排水阀。增加轴向压力对土样进行剪切,直至土样剪切破坏。在剪切过程中,土样处于不排水状态。试验过程中可测量轴向力、轴向位移和土样中超孔隙水压力的变化过程。CIU 试验中还可测量土样施加围压后,排水阀门尚未打开前,土样中的超孔隙水压力值。通过围压值与由其产生的超孔隙水压力值的比较,可判断土样是否是饱和土样。对处于不排水条件下的饱和土样,围压值与由其产生的超孔隙水压力值应是相等的。这一点在下一节讨论孔隙压力系数 B 时将进一步说明。下面通过一例题说明如何采用固结不排水试验测定土的抗剪强度指标。

【例题 7.2】　三个土样在固结不排水试验过程中围压分别为 100kPa、200kPa 和 300kPa,测得土样在剪切破坏时最大轴向应力分别为 211kPa、401kPa 和 590kPa,破坏时超孔隙水压力分别为 43kPa、92kPa 和 142kPa,试求土的抗剪强度总应力指标和有效应力强度指标。

【解】　由测定的围压值、破坏时最大轴向应力值和超孔隙水压力值可以计算各土样破坏时总应力和有效应力极限摩尔圆的圆心位置和半径,如表7-1所示。画出应力圆并做出公切线如图7-9所示,从图上可量得有效应力抗剪强度指标 $c' = 3\text{kPa}$, $\varphi' = 28°$,总应力抗剪强度 $c = 8\text{kPa}$, $\varphi = 18°$。

土样破坏时由 CIU 试验测得的应力值　　　　　　　　　　表 7-1

土样编号	σ_3	σ_1	u	$\frac{1}{2}(\sigma_1 - \sigma_3)$	$\frac{1}{2}(\sigma_1 + \sigma_3)$	$\frac{1}{2}(\sigma'_1 + \sigma'_3)$
1	100	211	43	55.5	155.5	112.5
2	200	401	92	100.5	300.5	208.5
3	300	590	142	145.2	445.0	303.0

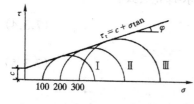

图 7-9　CIU 试验的摩尔圆和强度包线

理论上试验所得的三个极限应力圆应具有同一公切线,但在实际试验成果整理上,由于土样的不均匀性以及试验误差等原因,三个或四个土样的应力摩尔圆并没有一根公切线,往往需要凭经验判断或数学方法处理做出一公切线,从而得到相应的强度指标值。图 7-9 是为了教学方便给的例题,三个摩尔圆有一根理想的公切线。

从[例题7.2]可知,通过 CIU 试验可以测得土体的抗剪强度总应力指标 c 和 φ 值,也可测得抗剪强度有效应力指标 c' 和 φ' 值。固结不排水试验可较好反映正常固结土和超固结土地基快速加荷时土的抗剪强度性状。

3. 固结排水剪切试验(CID 试验)

土样先在围压作用下排水固结,然后在排水条件下缓慢增加轴向压力,直至土样剪切破坏。理论上在剪切过程中应不让土样中产生超孔隙水压力,但在实际试验中是很难达到的。通常通过减小加荷速率,使土样外侧超孔隙水压力保持为零,使土样内部超孔隙水压力降到很低水平。在 CID 试验中除可测定围压、轴向压力和轴向位移值外,还可通过测量排水量来测定土体在剪切过程中的体积变形。在固结排水剪切试验中,土样中超孔隙水压力常为零,故有效应力与总应力值是相等的。通过 CID 试验测得土体抗剪强度指标常用 c_d 和 φ_d 表示。理论和实验研究表明,由 CID 试验测定的抗剪强度指标 c_d 和 φ_d 值与由 CIU 试验测得的相应有效应力强度指标 c' 和 φ' 值基本相等,但 φ_d 往往比 φ' 值高 $1 \sim 2°$。

7.3.3　无侧限抗压强度试验

无侧限压力仪如图 7-10 所示,土样在无围压($\sigma_3 = 0$)条件下,在轴向力作用下剪切破坏。采用无侧限压力仪进行无侧限抗压强度试验非常简便,可在工地现场进行。由于该试验结果只能给出一个极限应力圆,如图 7-11 所示,破坏时最大轴向应力记为 q_u,称为无侧限抗压强度。一般情况下难以得到破坏包线。对饱和软粘土,由 UU 试验已知 $\varphi_u = 0$,故可利用无侧限抗压强度来测定土的不排水抗剪强度 C_u 值,

$$C_u = \frac{q_u}{2} \tag{7.3.6}$$

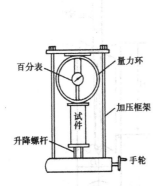

图 7-10 无侧限压力仪

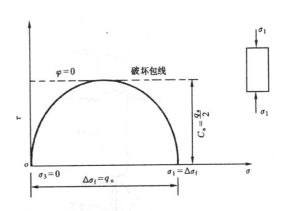

图 7-11 无侧限抗压强度试验

式中 q_u——无侧限抗压强度，$q_u = \sigma_{1f}$，kPa。

无侧限抗压强度试验是三轴试验的特例，即 $\sigma_3 = 0$ 的三轴试验。无侧限抗压强度试验也可以用三轴试验仪进行。

顺便指出，除利用无侧限抗压强度试验测定饱和软粘土的不排水抗剪强度 C_u 值外，还常用它来测定饱和粘性土的灵敏度 s_t。土的灵敏度是以原状土样的强度与同一土样经重塑后土样的强度之比来表示的，即

$$s_t = \frac{q_u}{q_0} \tag{7.3.7}$$

式中 q_u——原状土的无侧限抗压强度，kPa；

　　　q_0——重塑土的无侧限抗压强度，kPa。

7.3.4 十字板剪切试验

图 7-12 为十字板剪切仪示意图。在钻孔孔底插入规定形状和尺寸的十字板头到指定位置，施加扭矩 M 使十字板头等速扭转，在土中形成圆柱破坏面。十字板在土中的剪切面可分为二部分：由十字板切成的圆柱面和十字板切成的上下面。设各面土体同时达到破坏极限，由破坏时力的平衡可得到作用在十字板上的扭矩 M 与剪切破坏面上土的抗剪强度所产生的抵抗扭矩相等，即

$$M = \pi DH \cdot \frac{D}{2} \tau_{fv} + 2 \frac{\pi D^2}{4} \frac{D}{3} \tau_{fH}$$

$$= \frac{1}{2} \pi D^2 H \tau_{fv} + \frac{1}{6} \pi D^3 \tau_{fH} \tag{7.3.8}$$

式中 τ_{fv}、τ_{fH}——分别为剪切破坏时圆柱体侧面和上下面土的抗剪强度，kPa；

　　　H——十字板的高度，m；

　　　D——十字板的直径，m。

天然地基中土体抗剪强度往往是各向异性的，在实用上往往假定土体是各向同性的，即 $\tau_{fv} = \tau_{fH}$，于是由式(7.3.8)可得

$$\tau_f = \frac{2M}{\pi D^2 \left(H + \dfrac{D}{3} \right)} \tag{7.3.9}$$

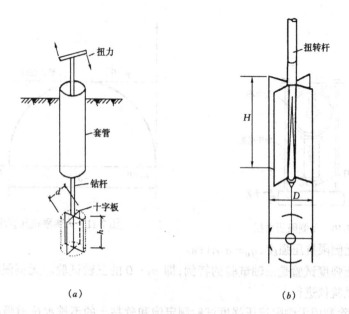

(a)   (b)

图 7-12　十字板剪力仪示意图

十字板剪切试验直接在地基中原位进行试验,没有取土样,以及运输土样、制备土样的扰动影响,故认为它是比较能反映土体原位强度的测定方法。十字板剪切试验用于测定粘性土的不排水抗剪强度值。

7.4　饱和粘性土抗剪强度

7.4.1　孔隙压力系数

土的抗剪强度大小与土中应力有关,研究分析表明主要与有效应力有关。为了分析荷载作用下地基中有效应力分布情况,有时需要了解地基中孔隙水压力分布情况。土体中的孔隙水压力大小不仅与作用在土体上的法向应力有关,还与剪应力有关。斯肯普顿(Skempton)等在三轴试验研究基础上提出了著名的孔隙压力关系方程,表达形式如下:

$$u = B[\sigma_3 + A(\sigma_1 - \sigma_3)] \tag{7.4.1}$$

式中　A、B——孔隙压力系数。

下面通过式(7.4.1)的推导来说明孔隙压力系数 A 和 B 的物理意义及测定方法。

图 7-13(a)表示一个试样在各向相等的压力 p 作用下发生排水固结,稳定后土体中孔隙水压力 $u = 0$,按照有效应力原理,土体中有效应力 $\sigma' = p$。图 7-13(b)表示试样在不排水条件下受到各向相同的压力 $\Delta\sigma_3$ 的作用,孔隙水压力增长为 Δu_3,有效应力的增长为

$$\Delta\sigma'_3 = \Delta\sigma_3 - \Delta u_3 \tag{7.4.2}$$

根据弹性理论,土体体积变化为

$$\Delta V = \frac{3(1 - 2\mu)}{E} V\Delta\sigma'_3 = C_s V(\Delta\sigma_3 - \Delta u_3) \tag{7.4.3}$$

式中　C_s——土的体积压缩系数，$C_s = \dfrac{3(1-2\mu)}{E}$；

　　　　V——试样的体积。

　　孔隙中流体(空气和水)在压力增大 Δu_3 时发生的体积压缩为

$$\Delta V_v = C_v n V \Delta u_3 \tag{7.4.4}$$

式中　n——土的孔隙率；

　　　　C_v——孔隙的体积压缩系数。

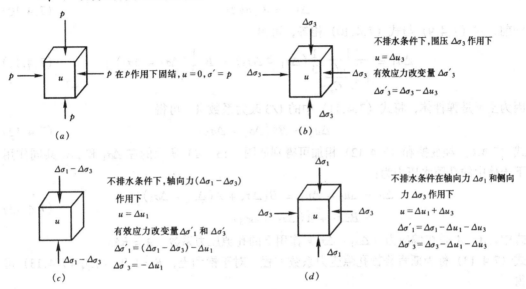

图 7-13

　　因为土颗粒的体积压缩很小，可以忽略不计，所以土体体积变化应该等于土中孔隙体积变化，从式(7.4.3)和式(7.4.4)相等可得到下式，

$$C_s V(\Delta\sigma_3 - \Delta u_3) = C_v n V \Delta u_3 \tag{7.4.5}$$

上式可改写为

$$\frac{\Delta u_3}{\Delta\sigma_3} = \frac{1}{1 + \dfrac{nC_v}{C_s}} = B \tag{7.4.6}$$

式中　B——在各向应力相等条件下的孔隙压力系数。

　　对于饱和土，因为水的压缩性比土骨架的压缩性低得多，即 $\dfrac{C_v}{C_s} = 0$，所以 $B = 1$。对于干土，孔隙压缩性接近无穷大，所以 $B = 0$。非饱和的湿土，孔隙压力系数 B 值在 $0 \sim 1$ 之间，饱和度越大，B 值越接近于 1。通过测定土样孔隙压力系数 B 值，可以评价土样的饱和度。

　　图 7-13 (c) 表示土体在轴向受到 $(\Delta\sigma_1 - \Delta\sigma_3)$ 的作用时，孔隙水压力增长 Δu_1，轴向及侧向的有效应力增长为

$$\Delta\sigma'_1 = (\Delta\sigma_1 - \Delta\sigma_3) - \Delta u_1 \tag{7.4.7}$$

$$\Delta\sigma'_3 = -\Delta u_1 \tag{7.4.8}$$

根据弹性理论，土体体积变化为

$$\Delta V = \frac{1 - 2\mu}{E} V(\Delta\sigma'_1 + 2\Delta\sigma'_3)$$

$$= \frac{3(1 - 2\mu)}{E} V \frac{1}{3}(\Delta\sigma'_1 + 2\Delta\sigma'_3)$$

$$= C_s V \frac{1}{3}(\Delta\sigma_1 - \Delta\sigma_3 - 3\Delta u_1) \tag{7.4.9}$$

孔隙中流体在压力增大 Δu_1 时发生的体积变化为

$$\Delta V_v = C_v n V \Delta u_1 \tag{7.4.10}$$

同前，式（7.4.9）与式（7.4.10）相等，可得

$$\Delta u_1 = \frac{1}{1 + \frac{nC_v}{C_s}} \frac{1}{3}(\Delta\sigma_1 - \Delta\sigma_3) = B \frac{1}{3}(\Delta\sigma_1 - \Delta\sigma_3) \tag{7.4.11}$$

因为土不是弹性体，将式（7.4.11）中的 1/3 改为系数 A，可得

$$\Delta u_1 = BA(\Delta\sigma_1 - \Delta\sigma_3) \tag{7.4.12}$$

式（7.4.6）经变换和（7.4.12）相加可得到如图 7-13（d）所示的在 $\Delta\sigma_1$ 和 $\Delta\sigma_3$ 共同作用下土体中的孔隙水压力为：

$$\Delta u = \Delta u_3 + \Delta u_1 = B[\Delta\sigma_3 + A(\Delta\sigma_1 - \Delta\sigma_3)]$$
$$= B\Delta\sigma_3 + \bar{A}(\Delta\sigma_1 - \Delta\sigma_3) \tag{7.4.13}$$

式中，A，$\bar{A}$ 是在偏应力 $(\Delta\sigma_1 - \Delta\sigma_3)$ 作用下的孔隙压力系数，$\bar{A} = BA$。

式（7.4.13）称为斯肯普顿孔隙压力系数方程。对于饱和土，$B = 1.0$，由式（7.4.13）可得

$$\bar{A} = A = \frac{\Delta u_1}{(\Delta\sigma_1 - \Delta\sigma_3)} \tag{7.4.14}$$

孔隙压力系数 A 值取决于偏应力 $(\Delta\sigma_1 - \Delta\sigma_3)$ 所引起的体积变化。试验表明高压缩性粘土的 A 值大。超固结粘土在偏应力作用下将发生体积膨胀，产生负的孔隙压力，因此 A 值是负的。斯肯普顿和拜伦给出各种土的孔隙压力系数 A 值如表 7-2 所示，用于计算土体破坏和地基沉降时要取用不同的数值。

对于同一种土来说，孔隙压力系数 A 值也不是常数。因为 A 值还决定于其他一些因素，如应变大小、初始应力状态、应力历史和荷载的类型（是加荷还是卸荷）等。所以表7-2 所列的数值只能作为粗略计算时参考，应用时必须注意。若需要精确计算土的孔隙压力，应该在实际可能遇到的应力与应变条件下进行三轴不排水试验，直接测定孔隙压力系数 A 值。

孔 隙 压 力 系 数　　　　　　　　　　　　　　　　　表 7-2

土 体 （饱和）	A（用于验算土体破坏）	土 体 （饱和）	A（用于计算地基沉降）
很松的细砂	2～3	很灵敏的软粘土	>1
灵敏粘土	1.5～2.5	正常固结土	0.5～1
正常固结粘土	0.7～1.3	微超固结土	0.25～0.5
微超固结粘土	0.3～0.7	高超固结土	0～0.25
高超固结粘土	－0.5～0.0		

7.4.2 正常固结土和超固结土的抗剪强度

首先分析在实验室制备的正常固结土和超固结土采用固结不排水剪切试验（CIU 试验）测定抗剪强度指标情况。当 CIU 试验中作用在土样上的固结压力等于制备土样时的固结压力称为正常固结土，当试验时的固结压力小于制备土样时的固结压力称为超固结土。

对实验室制备的正常固结土，CIU 试验固结压力记为 σ_3，剪切破坏时，轴向应力记为 σ_1，此时孔隙水压力记为 u，则最大和最小有效应力为 $\sigma'_1 = \sigma_1 - u$，$\sigma'_3 = \sigma_3 - u$。CIU 试

验破坏摩尔圆及摩尔包线如图 7-14 所示。图中摩尔包线通过原点。为什么通过原点呢？若试验固结压力 $\sigma_3 = 0$，即制备土样的固结压力也为零，此时土样是浆液，抗剪强度应等于零，所以强度包线通过原点。破坏时，$\sigma'_1 - \sigma'_3 = \sigma_1 - \sigma_3$，所以总应力摩尔圆和有效应力摩尔圆半径相等。两摩尔圆距离等于破坏时孔隙水压力 u 值。若将由 CIU 试验测定的总应力抗剪强度记

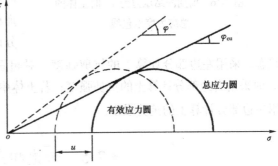

图 7-14　正常固结粘土 CIU 试验

为 c_{cu} 和 φ_{cu}，有效应力抗剪强度记为 c' 和 φ'，即可知 $c_{cu} = 0$，$c' = 0$，正常固结土的抗剪强度表达式为

$$\tau_f = \sigma \, \mathrm{tg}\varphi_{cu} \tag{7.4.15}$$

或

$$\tau_f = \sigma' \, \mathrm{tg}\varphi' \tag{7.4.16}$$

对正常固结土，剪切破坏时孔隙水压力 u 为正值，所以有效应力圆总在应力圆的左方。

对超固结土样，当试验固结压力为零时，土样的抗剪强度并不等于零，其总应力和有

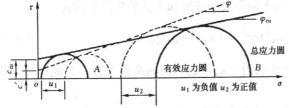

图 7-15　超固结粘土 CIU 试验

效应力抗剪强度摩尔包线在纵坐标上截距分别为 c_{cu} 和 c'，强度包线如图 7-15 所示。超固结土的抗剪强度表达式为

$$\tau_f = c_{cu} + \sigma \, \mathrm{tg}\varphi_{cu} \tag{7.4.17}$$

或

$$\tau_f = c' + \sigma' \, \mathrm{tg}\varphi' \tag{7.4.18}$$

下面再分析地基中原状土采用 CIU 试验测定抗剪强度指标情况。土样的前期固结压力记为 p_c。在 CIU 试验中，当固结压力大于 p_c 时，土样的性状同实验室制备的正常固结土，其抗剪强度摩尔包线如图 7-14 所示；当固结压力小于 p_c 时，土样的性状同实验室制备的超固结土，其抗剪强度摩尔包线形如图 7-15 所示。因此，前期固压力为 p_c 的土体的总应

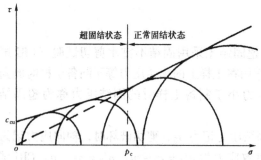

图 7-16 前期固结压力为 P_c 时土体的
总应力摩尔包线

力摩尔包线如图 7-16 所示。图中摩尔包线分为两段，CIU 试验固结压力小于 p_c 时，摩尔包线较平缓，不通过原点，固结压力大于 p_c 时，延长摩尔包线一般通过原点。两段摩尔包线的交点的横坐标对应于 p_c 值。前期固结压力为 p_c 的土体有效应力摩尔包线性状与总应力摩尔包线相似。

图 7-16 表示地基中土体的抗剪强度指标应视具体情况分两段选用，对正常固结土，加载时，土体处正常固结状态，采用右边部分计算土的抗剪强度，卸载时土体处超固结状态，采用左边部分计算土的抗剪强度。对超固结土，加载时，若土体中固结应力大于 p_c 时采用右边部分计算土的抗剪强度；若土体中固结应力小于 p_c 时，与卸载时相同，采用左边部分计算土的抗剪强度。

*7.5 未饱和土抗剪强度

毕肖普（Bishop，1960）提出的非饱和土抗剪强度 τ_f 表达式具有下述形式，

$$\tau_f = c' + (\sigma - u_a)\mathrm{tg}\varphi' + \chi(u_a - u_w)\mathrm{tg}\varphi' \tag{7.5.1}$$

式中 c'——有效粘聚力；

     φ'——有效内摩擦角；

     σ——剪切面上法向总应力；

     u_w——孔隙水压力；

     u_a——孔隙气压力；

     χ——与饱和度、土类和应力路线等有关的参数。当饱和度为零时，$\chi = 0$；当饱和度为 1 时，$\chi = 1$。

弗热兰德（Fredlund）等（1978）提出下列形式的非饱和土抗剪强度表达式。

$$\tau_f = c' + (\sigma - u_a)\mathrm{tg}\varphi' + (u_a - u_w)\mathrm{tg}\varphi'_b \tag{7.5.2}$$

在式（7.5.2）中引进参数 $\mathrm{tg}\varphi'_b$，作为吸力（$u_a - u_w$）的内摩擦系数，其他符号同式（7.5.1）。

卢肇钧等（1997）提出第三种非饱和土抗剪强度表达式，

$$\tau_f = c' + (\sigma - u_a)\mathrm{tg}\varphi' + mP_s\mathrm{tg}\varphi' \tag{7.5.3}$$

式中 P_s——非饱和土膨胀力；

     m——参数；

     其他符号同式（7.5.1）。

7.6 无粘性土抗剪强度

砂和粉土等常被称为无粘性土。无粘性土粘聚力 $c = 0$，抗剪强度表达式为

$$\tau_f = \sigma' \text{tg} \varphi' \tag{7.6.1}$$

式中 φ'——有效内摩擦角，对无粘性土通常在 $28° \sim 42°$ 之间。

无粘性土渗透系数大，土体中超孔隙水压力常等于零，有效应力强度指标与总应力强度指标是相同的。

无粘性土的内摩擦角常采用直剪试验或三轴试验测定。

图 7-17 表示由松砂、中等密实砂和密实砂三轴固结排水试验得到的应力应变关系曲线。从图中可以看到密实砂和中等密实砂中剪应力起初随着轴向应变增大而增大，直到峰值 τ_m，然后随着轴向应变增大而减小，并以残余强度 τ_r 为渐近值。松砂中剪应力随着轴向应变增大而增大，其极限值也为 τ_r。

对密实砂和中等密实砂可由峰值 τ_m 确定峰值强度，由 τ_r 确定残余强度，并确定相应的强度指标内摩擦角 φ 和残余内摩擦角 φ_r 值，如图 7-18 所示。松砂的内摩擦角可由极限值确定。

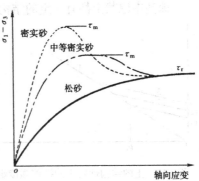

图 7-17　无粘性土应力应变关系曲线
CID 试验

无粘性土的内摩擦角除了与初始孔隙比有关，还与土粒的形状、表面的粗糙程度以及土的级配有关。密实砂土和土粒表面粗糙的砂土，内摩擦角较大。级配良好的比颗粒均一的内摩擦角大。表 7-3 是在不同密实状态下无粘性土的内摩擦角参考数值。在无试验资料时可供初步设计时参考选用。

松砂的内摩擦角大致与干砂的天然休止角相等。天然休止角是天然堆积的砂土边坡水平面的最大倾角，取干砂堆成锥体量测坡角大小即可。这种方法比做剪切试验简易得多。密实砂的内摩擦角比天然休止角大 $5° \sim 10°$。

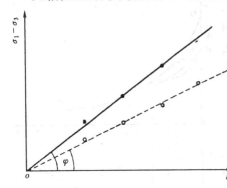

图 7-18　无粘性土内摩擦角

无粘性土内擦角参考值 　　　　　　　　　　　　　　　　　表 7-3

土的类型	剩余强度 φ_r (或松砂峰值强度 φ)	峰 值 强 度	
		中　密	密　实
粉砂（非塑性）	$26 \sim 30°$	$28 \sim 32°$	$30 \sim 34°$
均匀细砂、中砂	$26 \sim 30°$	$30 \sim 34°$	$32 \sim 36°$
级配良好的砂	$30 \sim 34°$	$34 \sim 40°$	$38 \sim 46°$
砾　砂	$32 \sim 36°$	$36 \sim 42°$	$40 \sim 48°$

7.7 抗剪强度的影响因素

土的抗剪强度影响因素很多，下面主要介绍土的结构性、应力历史、应力路径、各向异性、中主应力、加荷速率，以及土体固结对土体抗剪强度的影响。

7.7.1 土的结构性的影响

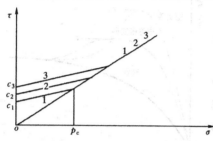

图 7-19 土的结构性对土的抗剪强度影响

地基中原状土都有一定的结构性。由于地质历史以及环境条件的不同，土的结构性强弱差别很大。以粘性土为例，在土体结构性未破坏前，土体抗剪强度摩尔包线性状与超固结土类似，主要反映在土的粘聚力的提高。图 7-19 表示粘性土结构性对土的强度包线影响的示意。若土样 1，2，3 具有相同的前期固结压力 P_c，土样 3 的土体结构性最强，土样 2 次之，土样 1 最小。从图中可看出土的结构性未破坏前，土的结构性愈强，土的抗剪强度愈高。由于原状土的结构性，使正常固结原状土的由试验得到的摩尔包线往往不通过原点。

7.7.2 应力历史的影响

图 7-20 表示应力历史对土的抗剪强度的影响。图 (a) 为 $e-p$ 曲线，图 (b) 为抗剪强度摩尔包线。若土体应力历史为 $D \rightarrow A \rightarrow B \rightarrow C$，土体抗剪强度摩尔包线为 OC，若应力历史为 $D \rightarrow A \rightarrow A' \rightarrow A \rightarrow B \rightarrow C$，则摩尔包线为 $a'ac$；若应力历史为 $D \rightarrow A \rightarrow B \rightarrow B' \rightarrow B \rightarrow C$，则摩尔包线为 $b'bc$。应力历史不同，土的抗剪强度摩尔包线也不同。

7.7.3 应力路径的影响

首先介绍应力路径的概念。土体中某点的应力状态可以用应力空间中的一个点来表示，该点称为该应力状态对应的应力点。土体中该点应力状态的变化可以用应力点的运动来表示。应力点的运动轨迹称为应力路径。下面以 CIU 试验来说明应力路径的绘制。图 7-21 中，横坐标为 $p = \frac{1}{3} (\sigma_1 + \sigma_2 + \sigma_3)$，纵坐标为 $q = \sigma_1 - \sigma_3$。CIU 试验中土样固结阶段，$\sigma_1 = \sigma_2 = \sigma_3$，今设围压从零至 100kPa，其应力路径为 $0 \rightarrow A$。CIU 试验剪切阶段，$\sigma_2 = \sigma_3$，并且数值保持不变，σ_1 增至 160kPa，于是得到 $p = 120$kPa，$q = 60$kPa，相应的应力点为图中 B 点，应力路径为 AB。若继续增加轴向应力 σ_1 直至土体破

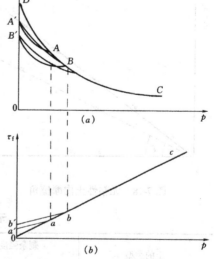

图 7-20 应力历史对抗剪强度影响

坏，设破坏时相应应力点为 C。则 AC 为 CIU 试验剪切阶段的应力路径。因为从 $A \rightarrow C$ 采用的是总应力，AC 又称为 CIU 试验剪切阶段的总应力路径。若图7-21中横坐标采用有效应力 $p' = \frac{1}{3}(\sigma'_1 + \sigma'_2 + \sigma'_3)$，纵坐标采用 $q' = \sigma'_1 - \sigma'_3$（$q'$ 与 q 相等）。B 点对应的有效应力点为 B'，此时孔隙水压力为 u，C 点对应的有效应力点为 C'，此时孔隙水压力为 u_f，则 CIU 试验剪切阶段有效应力路径如图中 $AB'C'$ 所示。以上介绍了总应力路径和有效应力路径的概念。

应力路径对土体抗剪强度的影响可以从图7-22中看出。在 (p, q) 平面上，$0F$ 表示抗剪强度线，在剪切过程中沿着应力路径 AB_1、AB_2 和 AB_3 进行剪切破坏，土体具有的抗剪强度是不同的。显然，沿着路径 AB_1 进行剪切，土体抗剪强度最高；沿着路径 AB_3 土体抗剪强度最小；沿着路径 AB_2 抗剪强度居中。由图7-22可知应力路径对抗剪强度的影响是不小的。

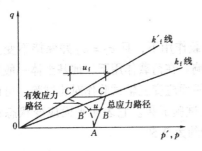

图 7-21　CIU 试验应力路径

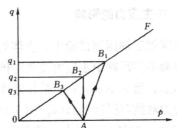

图 7-22　应力路径对抗剪强度的影响示意图

7.7.4　土体各向异性的影响

土体各向异性主要由两个原因引起：一为结构方面的原因，在沉积和固结过程中，天然土层中的粘土颗粒及其组构单元排列的方向性造成了土体各向异性；二为应力方面的原因，由于天然土层的初始应力一般处于不等向应力状态（正常固结土静止土压力系数 K_0 值一般小于1，超固结土 K_0 值往往大于1），引起了在不同方向加荷情况下，使土体破坏所需的剪应力增量各不相同。在地质历史中，天然土层还受到周围环境（如气候变化、地下水位升降及历史上的冰川活动等）和时间的影响。这些都引起土的结构和土的初始应力状态的变化，使之变得更加复杂。从而使土的各向异性也变得更加复杂。

用沿着不同方向切取的土样进行压缩剪切试验，可以测得土体的各向异性。试验表明：正常固结粘土的水平向土样的强度常常小于竖直向土样的强度。关于 45°方向的土样的强度有两种不同情况：有些粘土的 45°方向土样的强度界于水平向土样的强度和竖直向土样的强度之间。而另一些粘土 45°方向土样的强度既小于水平向土样的强度，也小于竖直向土样的强度。上海金山粘土属于后一种情况（图 7-23）。

图 7-24 表示由于填土荷载引起地基产生滑动。设土体单元 A、B、C 均在滑动面上，单元 A 相当于竖向受压，单元 C 相当于水平向受压，而单元 B 相当于 45°方向受压，若土体具有各向异性，各点的抗剪强度是不同的。

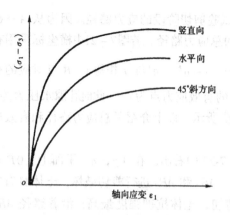

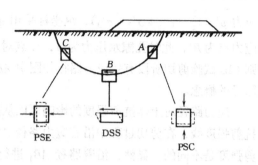

图 7-23 不同方向切取的
土样应力应变曲线

图 7-24

7.7.5 中主应力的影响

在常规三轴压缩试验中,土体处于轴对称荷载作用下,且 $\sigma_2 = \sigma_3$ 并保持不变。常规三轴试验不能反映中主应力变化对抗剪强度的影响。在荷载作用下,地基土体一般呈三维应力状态,且 $\sigma_1 \neq \sigma_2 \neq \sigma_3$。采用常规三轴试验和平面应变三轴试验作对比试验,可以看到中主应力对抗剪强度的影响。图 7-25 为一组对比试验成果。它表明平面应变状态的有效内摩擦角 φ' 较轴对称时大,紧密砂约大 $4°$,松砂约大 $0.5°$。

7.7.6 加荷速率的影响

土体抗剪强度还受剪切速率的影响。图 7-26 表示剪切速率不同时同一种土样的 CIU 试验测定的应力应变曲线。剪切速率快时土的抗剪强度大,剪切速率慢时土的抗剪强度小。

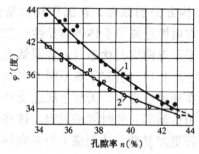

图 7-25 布拉斯特砂平面应变三轴
与轴对称三轴试验成果比较

1—平面应变;2—轴对称三轴压缩

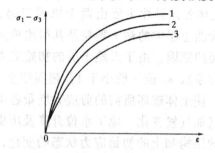

图 7-26 加荷速率对抗剪强度的影响

7.7.7 蠕变对土体抗剪强度的影响

土的抗剪强度由粘聚力与内摩擦力两部分组成。研究表明:剪切速率对粘聚力大小有影响,而与内摩擦力几乎没有关系。土的粘聚力具有粘滞性质,当剪应力低于通常的不排水抗剪强度时,虽然土不会很快地剪切破坏,但是粘聚力所承受的剪应力将会引起土体蠕变,土体发生不间断的缓慢变形。内摩擦力只有当变形增大后才能逐渐发挥,所以随着土体长时间蠕变，内摩擦力所承受的剪应力部分逐渐增大，而粘聚力所承受的剪应力部分则逐渐减小。随着土体蠕变，其粘聚力也逐渐减少，并达到某极限值。蠕变的速率决定于剪应力的大小，如图 7-27 所示。当剪应力较大时，有时虽然低于不排水强度（例如低于峰值不排水强度的 50%），但是因为蠕变的影响较大，最后仍可能导致粘土破坏，这种破坏称为蠕变破坏。饱和的灵敏软粘土在不排水条件下剪切以及严重超固粘土在排水条件下剪切最容易因发生蠕变引起强度降低。如果剪应力较小，蠕变速率很低，达到破坏所需的时间很长，甚至要数百年以上。如果剪应力很小，内摩擦力最终足以承受剪应力，蠕变将停止发展，不会发生破坏。

7.7.8 土体固结对粘性土抗剪强度的影响

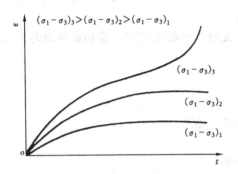

图 7-27　在恒定剪应力作用下土体蠕变

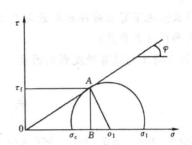

图 7-28　土体固结引起土
体抗剪强度提高

土的抗剪强度主要与土中有效应力有关。土体在荷载作用下排水固结，土中有效应力增加，土的抗剪强度提高。图 7-28 中，$c' = 0$，有效内摩擦角为 φ'，土体固结压力为 σ_c，此时土的抗剪强度 τ_f 可表示为 σ_c 的函数，即

$$\tau_f = \frac{\sin\varphi' \cos\varphi'}{1 - \sin\varphi'} \sigma_c \tag{7.7.1}$$

若固结压力增加 $\Delta\sigma_c$，则抗剪强度增加 $\Delta\tau_f$，其值为

$$\Delta\tau_f = \frac{\sin\varphi' \cos\varphi'}{1 - \sin\varphi'} \Delta\sigma_c \tag{7.7.2}$$

习 题 与 思 考 题

7.1　某土体粘聚力 $c = 10\text{kPa}$，内摩擦角 $\varphi = 20°$，若土体中 $\sigma_3 = 100\text{kPa}$，$\sigma_1 = 220\text{kPa}$，试用图解法和数解法判断该土体是否处于极限平衡状态？

7.2　对一组 3 个饱和粘性土试样进行 CIU 试验，3 个土样分别在 $\sigma_3 = 100\text{kPa}$、200kPa、300kPa 下固结，产生剪切破坏时轴向应力分别是为 $\sigma_1 = 220\text{kPa}$、402kPa、599kPa，孔隙水压力分别为 $u_f = 60\text{kPa}$、132kPa、204kPa，试用绘图法求出该土样的总应力强度指标 c_{cu}、φ_{cu} 和有效应力强度指标 c'、φ'，并求出剪切破坏时孔隙压力系数 A。

7.3　某饱和粘性土用 CIU 试验得到有效应力强度指标 $c' = 0$、$\varphi' = 30°$，如果该土样受到 $\sigma_1 = 280\text{kPa}$ 和 $\sigma_3 = 200\text{kPa}$ 的作用时，测得孔隙水压力 $u = 100\text{kPa}$，问该土样是否会破坏？

7.4 某粘性土有效应力抗剪强度指标 $c' = 0$，$\varphi' = 30°$，如该土样在围压 $\sigma_3 = 150\text{kPa}$ 下进行三轴固结排水剪切试验直至破坏，试求破坏时的轴向应力。

7.5 已知土的抗剪强度指标 $c = 100\text{kPa}$，$\varphi = 30°$，作用在此土中某平面上的总应力为 $\sigma_0 = 180\text{kPa}$，$\tau_0 = 80\text{kPa}$，倾斜角 $\theta = 36°$，试问会不会发生剪切破坏？

7.6 某条形基础下地基土体中的一点应力为：$\sigma_z = 300\text{kPa}$，$\sigma_x = 150\text{kPa}$，$\tau = 50\text{kPa}$。已知土的 $\varphi = 30°$，$c = 20\text{kPa}$，问该点是否会剪切破坏？如 σ_z 和 σ_x 不变，τ 值增加 70kPa，则该点又如何？

7.7 已知作用在两个相互垂直的平面上的正应力分别为 1800kPa 和 600kPa，剪应力为 400kPa。求①大主应力和小主应力；②这两个平面和最大主应力面的夹角？

7.8 土的抗剪强度为什么和试验方法有关，饱和软粘土不排水剪为什么得出 $\varphi = 0$ 的结果？

7.9 什么情况下剪切破坏面与最大应力面是一致的？一般情况下，剪切破坏面与大主应力面成什么角度？

7.10 试分析土的抗剪强度影响因素。

参 考 文 献

1 龚晓南著 . 高等土力学 . 杭州：浙江大学出版社，1996
2 高大钊主编 . 土力学及基础工程 . 北京：中国建筑工业出版社，1998
3 卢肇钧 . 非饱和土抗剪强度的探索研究 . 中国铁道科学，1999，第 20 卷，第 2 期，10
4 华南理工大学等编 . 地基及基础 . 北京：中国建筑工业出版社，1992

第8章 土压力和支挡结构

8.1 概 述

在土建、水利、港口和交通工程中，为了防止土体坍塌或滑坡，常用各种类型的挡土结构物进行支挡。设计挡土结构的关键是确定作用在挡土结构上的土压力（包括土压力的性质、大小、方向和作用点）。挡土结构按形式可分为：重力式、悬臂式、扶臂式、内撑式和锚杆式等。图 8-1 为重力式挡土墙结构各部分的名称。土压力按位移方向可分为：静止土压力、主动土压力和被动土压力（见图 8-2）。

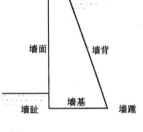

图 8-1 重力式挡土墙

在计算土压力时，一般假定为平面应变问题，即沿结构长度方向的应变为零。对该问题的严格处理，将需要建立应力应变关系、平衡方程以及相应的边界条件。土压力问题的严格分析是非常困难的。然而，我们最关心的问题是土体的破坏条件，假如不考虑位移，则可以应用塑性破坏的概念，土压力问题可以被认为塑性问题。

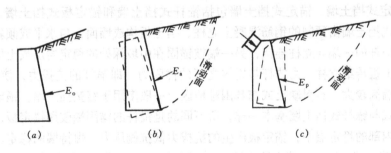

图 8-2 土压力的三种形式
（a）静止土压力；（b）主动土压力；（c）被动土压力

挡土结构物的类型很多，下面是一些主要的挡土结构。

1. 重力式挡土墙 重力式挡土墙靠墙的自重保持稳定，多用块石、砖、素混凝土材料筑成。一般用于低挡土墙，墙高 $H < 5m$ 时采用。墙背有俯斜、垂直和仰斜三种（图 8-3）。

2. 薄壁式挡土墙 薄壁式挡土墙是钢筋混凝土结构，有两种主要形式：悬臂式挡土墙和扶壁式挡土墙。薄壁式挡土墙的稳定主要靠墙踵悬臂以上的土重，墙体内的拉应力由钢筋承担，这种类型的挡土墙截面尺寸较小，悬臂式挡土墙墙高大于 5m，适用于重要工程、地基土质差、当地缺少石料等情况。扶壁式挡土墙墙高 $H > 10m$，为了增强墙的抗弯性能，沿长度方向每隔 $(0.8 \sim 1.0) H$ 做一个扶壁以保持挡土墙的整体性。

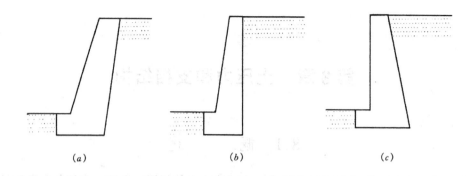

(a) (b) (c)

图 8-3　重力式挡土墙

(a) 仰斜；(b) 垂直；(c) 俯斜

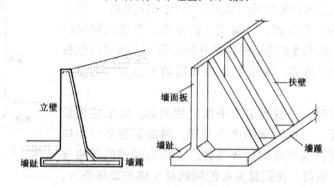

图 8-4　薄壁式挡土墙

3. 锚定式挡土墙　锚定式挡土墙包括锚杆式挡土墙和锚定板式挡土墙，如图 8-5 所示。锚杆式挡土墙由预制的钢筋混凝土立柱、挡土板构成墙面，与水平或倾斜的钢锚杆联合组成。锚杆的一端与立柱连接，另一端被锚固在山坡深处的稳定岩层或土层中，墙后侧压力由挡土板传给立柱，由锚杆与岩体之间的锚固力，即锚杆的抗拔力，使墙获得稳定。它适用于墙高较大、石料缺乏或挖基困难地区，一般多用于路堑挡土墙。锚定板式挡土墙的结构形式与锚杆式挡土墙基本一样，所不同的是锚杆的锚固端改用锚定板，并将其埋入墙后填料内部的稳定层中，锚定板产生的抗拔力低抗侧压力，保持墙的稳定。

4. 加筋土挡土墙　加筋土挡土墙是由填土及布置在填土中的筋带，以及墙面板三部分组成（如图 8-6）。在垂直墙面的方向，按一定间隔和高度水平地放置拉筋材料，然后填

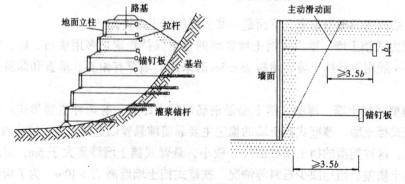

图 8-5　锚定板式挡土墙

土压实，通过填土与筋带间的摩擦作用，把土的侧压力传给筋带，从而稳定土体。加筋土挡土墙属柔性结构，对地基变形适应性大，建筑高度大，适用于填土路基。

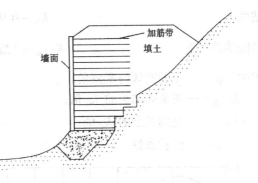

图 8-6　加筋土挡土墙

近十年来，由于高层建筑的发展，深基坑工程越来越多，出现了各种形式的围护结构，这些结构与传统的支挡结构相比，在结构和受力方面都有很大的不同。本章将介绍静止土压力、主动土压力和被动土压力的基本理论，支挡结构物上的土压力的计算方法，重力式挡土结构、柔性挡土结构和加筋挡土结构的设计等内容。

8.2　静止土压力计算

静止土压力——当挡土结构静止不动，土体处于弹性平衡状态时，则作用在结构上的土压力称为静止土压力。作用在每延米挡土结构上静止土压力的合力用 E_0（kN/m）表示，静止土压力强度用 p_0（kPa）表示。

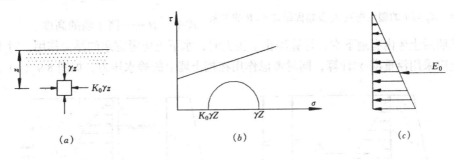

(a) 　　　　　　　(b) 　　　　　　　(c)

图 8-7　静止土压力状态

当静止土压力时，挡土结构后的土体处于弹性平衡状态（见图 8-7），若假定土体是半无限弹性体，墙静止不动，土体无侧向位移，这时水平向静止土压力可按水平向自重应力公式计算，即

$$p_0 = K_0 \sigma_{cz} = K_0 \gamma z \tag{8.2.1}$$

式中　K_0——静止土压力系数（也称侧压力系数）。

静止土压力系数 K_0 值　　　　　　　表 8-1

土　名	K_0	土　名	K_0	土　名	K_0	土　名	K_0
砾石、卵石	0.20	砂土	0.25	粉土	0.40	粘土	0.55

土的静止土压力系数可以在三轴仪中测定，也可在专门的侧压力仪器中测得。在缺乏试验资料时可按下面经验公式估算

砂性土 $$K_0 = 1 - \sin\varphi' \tag{8.2.2}$$

粘性土
$$K_0 = 0.95 - \sin\varphi' \tag{8.2.3}$$

超固结粘性土
$$(K_0)_{oc} = (K_0)_{Nc}(OCR)^m \tag{8.2.4}$$

式中　φ'——土的有效内摩擦角；

　　$(K_0)_{Nc}$——正常固结土的 K_0 值；

　　$(K_0)_{oc}$——超固结土的 K_0 值；

　　m——经验系数，$m = 0.4 \sim 0.5$。

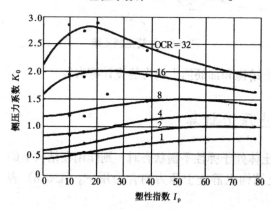

图 8-8　K_0 与土的塑性指数 I_p 及超固结比 OCR 的关系

表 8-1 列出了不同土的静止土压力系数的参考值，图 8-8 给出了 K_0 与土的塑性指数 I_p 及超固结比 OCR 的试验关系曲线。

由式（8.2.1）可见，静止土压力 p_0 沿深度呈直线分布，如图 8-9（a）所示。作用在每延米挡土墙上的静止土压力合力 E_0 为：

$$E_0 = \frac{1}{2}K_0\gamma H^2 \tag{8.2.5}$$

式中　H——挡土墙的高度。

若墙后土体内有地下水，计算静止土压力时，水下土应考虑水的浮力作用，对于透水性的土应采用浮重度 γ' 计算，同时考虑作用在挡土墙上的静水压力，如图 8-9（b）所示。

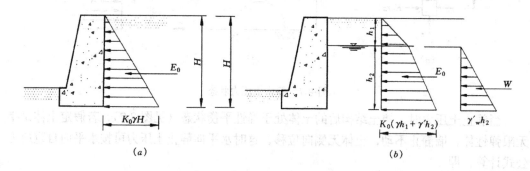

图 8-9　静止土压力的分布

（a）均匀土；（b）有地下水时

【例题 8-1】　计算作用在图 8-10 所示挡土墙上的静止土压力分布值及其合力 E_0。

【解】　按式（8.2.2）计算静止土压力系数 K_0

$$K_0 = 1 - \sin\varphi' = 1 - \sin37° = 0.4$$

按式（8.2.2）计算土中各点静止土压力 p_0 值

a 点　$p_{0a} = K_0 q = 0.4 \times 20 = 8\text{kPa}$

b 点　$p_{0b} = K_0(q + \gamma h_1) = 0.4 \times (20 + 18 \times 6) = 51.2\text{kPa}$

c 点　$p_{0c} = K_0(q + \gamma h_1 + \gamma' h_2) = 0.4 \times [20 + 18 \times 6 + (18 - 9.81) \times 4] = 64.3\text{kPa}$

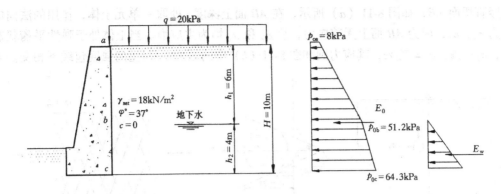

图 8-10　【例题 8-1】图示

静止土压力的合力 E_0 为

$$E_0 = \frac{1}{2}(p_{0a} + p_{0b})h_1 + \frac{1}{2}(p_{0b} + p_{0c})h_2$$

$$= \frac{1}{2}(8 + 51.2) \times 6 + \frac{1}{2}(51.2 + 64.3) \times 4 = 408.6\text{kN/m}$$

E_0 的作用点位置离挡土墙底面为

$$d = \frac{1}{E_0}\Big[p_{0a}h_1\Big(\frac{h_1}{2} + h_2\Big) + \frac{1}{2}(p_{0b} - p_{0a})h_1\Big(h_2 + \frac{h_1}{3}\Big) + p_{0b} \times \frac{h_2^2}{2} + \frac{1}{2}(p_{0c} - p_{0b})\frac{h_2^2}{3}\Big]$$

$$= \frac{1}{408.6}\Big[8 \times 6 \times \Big(\frac{6}{2} + 4\Big) + \frac{1}{2} \times 43.2 \times 6 \times \Big(4 + \frac{6}{3}\Big) + 51.2 \times \frac{4^2}{2} + \frac{1}{2}(64.3 - 51.2) \times \frac{4^2}{3}\Big]$$

$$= 3.8\text{m}$$

作用在墙上的静水压力合力为

$$E_w = \frac{1}{2}\gamma_w h_2^2 = \frac{1}{2} \times 9.81 \times 4^2 = 78.5\text{kN/m}$$

静止土压力 p_0 及水压力的分布图示于图8-10。

8.3　主动土压力计算

主动土压力——挡土结构在填土压力作用下，背离填土方向移动，这时作用在结构上的土压力逐渐减小，当其后土体达到极限平衡，出现连续滑动面使土体下滑，滑动面上的剪应力等于土的抗剪强度，这时土压力达到最小值，称为主动土压力，用 E_A（kN/m）表示合力和 p_a（kPa）表示分布强度。各种土产生主动土压力结构顶面的水平位移 $\triangle_x$ 值为：密砂为 $0.0005 \sim 0.001H$（H 为挡土结构的高度）；松砂为 $0.001 \sim 0.002H$；硬粘土为 $0.01H$；软粘土为 $0.02H$。

由法国的库伦于1776年和英国的朗肯于1857年分别提出的土压力理论，由于概念明确，计算方便，是应用最广泛的两种土压力理论。下面将重点介绍这两种土压力理论。

8.3.1　朗肯主动土压力理论

朗肯在1857年研究了半无限土体在极限平衡状态时的应力情况。若在半无限土体取

一竖直切面 AB，如图 8-11（a）所示，在 AB 面上深度 z 处取一单元土体，作用的法向应力为 σ_z、σ_x，因为 AB 面上无剪应力，故 σ_z 和 σ_x 均为主应力。当土体处于弹性平衡状态时，$\sigma_z = \gamma z$，$\sigma_x = K_0\gamma z$，其应力圆如图 8-11（b）中的圆 O_1，与土的强度包线不相交。若

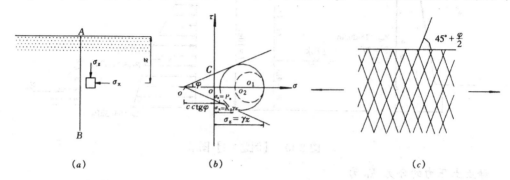

图 8-11　朗肯主动状态

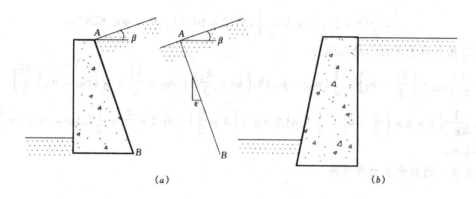

图 8-12　朗肯土压力理论

在 σ_z 不变的条件下，使 σ_x 逐渐减小，直到土体达到极限平衡时，则其应力圆将与强度包线相切，如图 8-11（b）中的应力圆 O_2。σ_z 及 σ_x 分别为最大及最小主应力，该应力状态称为朗肯主动状态，土体中产生的两组滑动面与水平面成（$45° + \varphi/2$）夹角。朗肯认为作用在挡土墙背 AB［见图 8-12（a）］上的土压力，就是在半无限土体中和墙背方向、长度相对应的 AB 切面上达到极限平衡状态的应力情况。即朗肯认为可以用挡土墙代替半无限土体的一部分，而不影响土体的应力情况。这样，朗肯土压力理论的极限平衡问题只有一个边界条件，即半无限土体的表面情况，而不考虑墙背与土体接触面上的边界条件。

下面仅讨论最简单条件下的朗肯土压力解，如图 8-12（b）所示的情况：墙背是竖直的，填土面是水平的，这样就可以应用土体处于极限平衡状态时的最大和最小主应力间的关系式来计算作用于墙背上的土压力。

1. 基本计算公式

图 8-13（a）所示挡土墙墙背竖直，填土面水平，若墙背 AB 在填土压力作用下背离填土向外移动，达到极限平衡状态，即朗肯主动状态。在墙背深度 z 处取单元土体，其竖向应力 $\sigma_z = \gamma z$ 是最大主应力 σ_1，水平应力 σ_x 是最小主应力 σ_3，也就是要计算的主动土压力 p_a。由第 7 章知道土体处于极限平衡时，其主应力间满足下述关系式

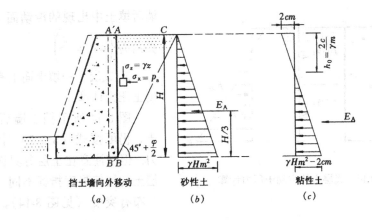

图 8-13 朗肯主动土压力计算

$$\sigma_3 = \sigma_1 \mathrm{tg}^2\left(45° - \frac{\varphi}{2}\right) - 2c\,\mathrm{tg}\left(45° - \frac{\varphi}{2}\right) \tag{8.3.1}$$

以 $\sigma_3 = p_a$，$\sigma_1 = \gamma z$ 代入上式，即得朗肯土动压力计算公式为

砂性土
$$p_a = \gamma z \mathrm{tg}^2\left(45° - \frac{\varphi}{2}\right) = \gamma z m^2 \tag{8.3.2a}$$

粘性土
$$p_a = \gamma z \mathrm{tg}^2\left(45° - \frac{\varphi}{2}\right) - 2c\,\mathrm{tg}\left(45° - \frac{\varphi}{2}\right) = \gamma z m^2 - 2cm \tag{8.3.2b}$$

式中　$m = \mathrm{tg}\left(45° - \dfrac{\varphi}{2}\right)$；

　　　　γ——土的重度，kN/m^3；

　　　　c——土的粘聚力，kPa；

　　　　φ——土的内摩擦角，$°$；

　　　　z——计算点距填土面的深度，m。

由式 (8.3.2) 可知，主动土压力 p_a 沿深度 z 呈直线分布，如图 8-13 （b）、（c）所示。从图可见，作用在墙背上的主动土压力的合力 E_A 即为 p_a 分布图形的面积，其作用点位置在分布图形的形心处。即

砂性土
$$E_A = \frac{1}{2}\gamma m^2 H^2 \quad (kN/m) \tag{8.3.3}$$

E_A 作用于距挡土墙底面 $\dfrac{1}{3}H$ 处。

对粘性土令 $p_a = 0$，可解得拉力区的高度为

$$h_0 = \frac{2c}{\gamma m} \tag{8.3.4}$$

由于填土与墙背之间不能承受拉应力，因此在拉力区范围内将出现裂缝，在计算墙背上的主动土压力合力时，不应考虑拉力区的作用。即

$$E_A = \frac{1}{2}\gamma m^2 (H - h_0)^2 \tag{8.3.5}$$

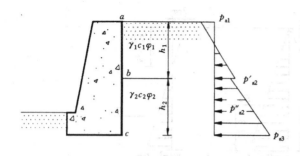

图 8-14 成层土的主动土压力计算

墙后填土中出现的滑动面 BC 与水平的夹角为 $\left(45° + \dfrac{\varphi}{2}\right)$。

2. 成层土和填土面上有超载时的主动土压力计算

图 8-14 所示挡土墙后填土为成层土，仍可按式（8.3.2）计算主动土压力。但应注意在土层分界面上，由于两层土的抗剪强度指标不同，使土压力的分布有突变（见图 8-14）。其计算方法如下

a 点 　　　　　　　$p_{a1} = -2c_1 m_1$

b 点(在第一层土中)　$p'_{a2} = \gamma_1 h_1 m_1^2 - 2c_1 m_1$

b 点(在第二层土中)　$p''_{a2} = \gamma_1 h_1 m_2^2 - 2c_2 m_2$

c 点 　　　　　　　$p_{a3} = (\gamma_1 h_1 + \gamma_2 h_2) m_2^2 - 2c_2 m_2$

式中　$m_1 = \mathrm{tg}\left(45° - \dfrac{\varphi_1}{2}\right)$；$m_2 = \mathrm{tg}\left(45° - \dfrac{\varphi_2}{2}\right)$；其余符号意义见图 8-14。

如挡土墙后填土表面作用着连续均布荷载 q 时，见图 8-15。计算时相当于在深度 z 处的竖应力 σ_z 增加了一个 q 值，因此，只要用 $(q + \gamma z)$ 代替式（8.3.1）、式（8.3.2）中的 γz，就能得到填土面有超载时的主动土压力计算公式

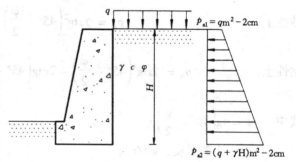

图 8-15　填土上有超载时的主动土压力计算

砂性土 　　　　$p_a = (\gamma z + q) m^2$ 　　　　　　(8.3.6a)

粘性土 　　　　$p_a = (\gamma z + q) m^2 - 2cm$ 　　　　(8.3.6b)

【例题 8-2】　已知挡土墙后填土为砂土，填土面作用均布荷载 $q = 19\mathrm{kPa}$，试计算朗肯主动土压力分布及其合力。

【解】　已知 $\varphi_1 = 30°$，$\varphi_2 = 35°$，则

$$m_1^2 = \mathrm{tg}^2\left(45° - \dfrac{\varphi_1}{2}\right) = \mathrm{tg}^2\left(45° - \dfrac{30°}{2}\right) = 0.33$$

$$m_2^2 = \mathrm{tg}^2\left(45° - \dfrac{\varphi_2}{2}\right) = \mathrm{tg}^2\left(45° - \dfrac{35°}{2}\right) = 0.27$$

墙上各点的主动土压力为

a 点 　　　　　　　$p_{a1} = q m_1^2 = 19 \times 0.33 = 6.3\mathrm{kPa}$

b 点(在第一层土中)　$p'_{a2} = (\gamma_1 h_1 + q) m_1^2 = (18 \times 6 + 19) \times 0.27 = 41.9\mathrm{kPa}$

b 点(在第二层土中)　　　$p''_{a2} = (\gamma_1 h_1 + q)m_2^2 = (18 \times 6 + 19) \times 0.27 = 34.3\text{kPa}$

c 点　　　$p_{a3} = (\gamma_1 h_1 + \gamma_2 h_2 + q)m_2^2 = (18 \times 6 + 20 \times 4 + 19) \times 0.27 = 55.9\text{kPa}$

根据计算结果绘出主动土压力分布图 8-16。由分布图可求得主动土压力合为 E_A 及其作用点位置。

$$E_A = \left(6.3 \times 6 + \frac{1}{2} \times 35.6 \times 6\right) + \left(34.3 \times 4 + \frac{1}{2} \times 21.6 \times 4\right) = 325\text{kN/m}$$

E_A 离挡土墙底面为

$$d = \frac{1}{325} \times \left[6.3 \times 6 \times \left(4 + \frac{6}{2}\right) + \frac{1}{2}(41.9 - 6.3) \times 6 \times \left(4 + \frac{6}{3}\right)\right.$$

$$\left. + 34.3 \times 4 \times \frac{4}{2} + \frac{1}{2}(55.9 - 34.3) \times 4 \times \frac{4}{3}\right] = 3.8\text{m}$$

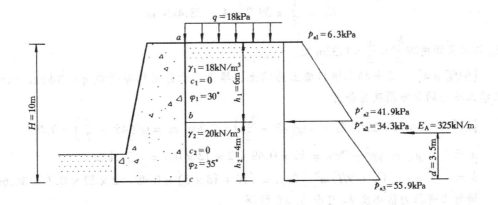

图 8-16　【例题 8-2】图示

【例题 8-3】　已知挡土墙上填土为砂土，土的物理力学性质指标见图。试计算主动土压力及水压力的分布图及其合力。

【解】　$m^2 = \text{tg}^2\left(45° - \frac{\varphi}{2}\right) = \text{tg}^2\left(45° - \frac{30°}{2}\right) = 0.33$

墙上各点的主动土压力为

a 点　　　$p_{a1} = \gamma_1 z m^2 = 0$

b 点　　　$p_{a2} = \gamma_1 h_1 m^2 = 18 \times 6 \times 0.33 = 36.0\text{kPa}$

假定水下土的抗剪强度指标与水上土相同，故在 b 点的主动土压力无突变现象。

c 点　　　$p_{a3} = (\gamma_1 h_1 + \gamma' h_2)m^2 = (18 \times 6 + 9 \times 4) \times 0.33 = 48.0\text{kPa}$

绘出主动土压力分布图如图 8-17 所示，并可求得其合力 E_A 为

$$E_A = \frac{1}{2} \times 36 \times 6 + 36 \times 4 + \frac{1}{2} \times (48 - 36) \times 4 = 108 + 144 + 24 = 276\text{kN/m}$$

合力 E_A 作用点距墙脚为

$$d = \frac{1}{276}\left(108 \times 6 + 144 \times 2 + 24 \times \frac{4}{3}\right) = 3.5\text{m}$$

c 点水压力

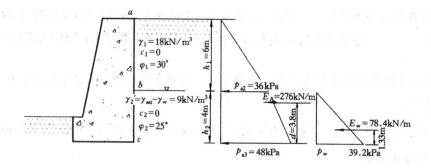

图 8-17 【例题 8-3】图示

$$p_w = \gamma_w h_2 = 9.81 \times 4 = 39.2\text{kPa}$$

作用在墙上的水压力合力如图 8-17 所示,其合力 E_w 为

$$E_w = \frac{1}{2} \times 39.2 \times 4 = 78.4\text{kN/m}$$

E_w 作用在距墙脚 $\dfrac{h_2}{3} = \dfrac{4}{3} = 1.33\text{m}$ 处。

【例题 8-4】 已知挡土墙后填土为粘土,填土表面作用均布荷载 $q = 20\text{kPa}$,试计算主动土压力的分布图及其合力。

【解】 已知 $\varphi = 20°$,则 $m = \text{tg}\left(45° - \dfrac{20°}{2}\right) = 0.70$;$m^2 = \text{tg}^2\left(45° - \dfrac{20°}{2}\right) = 0.49$

a 点 　　$p_{a1} = qm^2 - 2cm = 19 \times 0.49 - 2 \times 12 \times 0.7 = -7.5\text{kPa}$

b 点 　　$p_{a2} = (q + \gamma H)m^2 - 2cm = (19 + 18 \times 5) \times 0.49 - 2 \times 12 \times 0.7 = 36.6\text{kPa}$

墙背上部拉力区高度 h_0 可令 $p_a = 0$ 解得

$$h_0 = \frac{2c}{\gamma m} - \frac{q}{\gamma} = \frac{2 \times 12}{18 \times 0.7} - \frac{19}{18} = 0.85\text{m}$$

按上述计算结果绘出主动土压力分布图如图 8-18,并求得其合力 E_A 为

$$E_A = \frac{1}{2} \times 36.6 \times (5 - 0.85) = 75.9\text{kN/m}$$

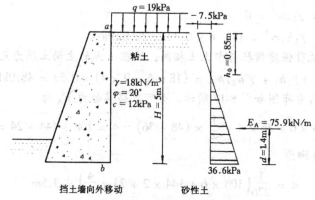

图 8-18 【例题 8-4】图示

E_A 的作用点离挡土墙底面为

$$d = \frac{H - h_0}{3} = \frac{5 - 0.85}{3} = 1.4\text{m}$$

3. 填土表面上有局部荷载时的土压力

若填土表面上的均布荷载不是全面分布的，而是从墙背后一定距离开始，如图 8-19 所示，在这种情况下的土压力计算可按以下步骤进行。

自均布荷载的起点 o 作两条辅助线 oa 和 ob，oa 与水平面夹角为 φ，ob 与填土破坏面平行，与水平面的夹角为 θ。对于垂直的光滑墙背 $\theta = 45° + \varphi/2$，倾斜或粗糙墙背则按库伦理论求出。oa 和 ob 分别交墙背于 a 和 b 点。可以认为 a 点以上的土压力不受表面均布荷载的影响，按无荷载情况计算，b 点以下的土压力则按连续均布荷载情况计算，a 与 b 点间的土压力以直线连接，沿墙背面 AB 上的土压力分布如图中阴影所示。阴影部分的面积就是总的主动土压力 E_a，E_a 作用于阴影部分的形心处，土压力系数 K_a 值分别按朗肯理论或库伦理论计算。

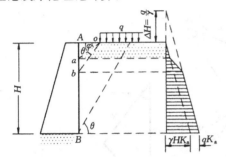 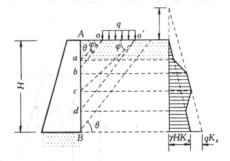

图 8-19 均布荷载不是全面分布的情况　　　图 8-20 条形分布荷载的情况

若填土表面的均布荷载在一定宽度范围内，如图 8-20 所示。从荷载首尾 o 及 o' 点作四条辅助线 oa、ob、$o'c$ 及 $o'd$，oa 和 $o'c$ 与水平面夹角为 φ，ob 和 $o'd$ 均与破坏面平行，且交墙背于 a、b、c 和 d 四点。认为 a 点以上及 d 点以下墙背面的土压力不受荷载影响，b 和 c 之间按有均布荷载情况计算。a、b 之间及 c、d 之间用直线连接。图中阴影面积就是总的主动土压力 E_a，E_a 作用于阴影面积形心处，K_a 值同样可根据不同情况采用朗肯理论或库伦理论计算。

8.3.2 库伦主动土压力理论

库伦在 1776 年提出的土压力理论假定挡土墙墙后的填土是均匀的砂性土，当墙背离土体移动或推向土体时，墙后土体即达到极限平衡状态，其滑动面是通过墙脚 B 的二组平面（如图 8-21 所示），一个是沿墙背的 AB 面，另一个是产生在土体中的 BC 面。假定滑动土楔 ABC 是刚体的，根据土楔 ABC 的静力平衡条件，按平面问题解得作用在挡土墙上的土压力。因此也有把库伦土压力理论称为滑楔土压力理论。

图 8-22 所示挡土墙，已知墙背 AB 倾斜，与竖直线的夹角为 ε；填土表面 AC 是一平面，与水平面的夹角为 β。若挡土墙在填土压力作用下背离填土向外移动，当墙后土体达到主动极限平衡状态时，土体中产生两个通过墙脚 B 的滑动面 AB 及 BC。若滑动面 BC 与

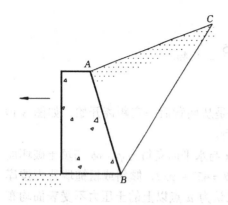

图 8-21　库仑土压力理论

水平面间夹角为 α，取单位长度挡土墙，把滑动土楔 ABC 作为脱离体，考虑其静力平衡条件，作用在滑动土楔 ABC 上的作用力有：

（1）土楔 ABC 的重力为 G。若 α 值已知，则 G 的大小、方向及作用点位置均已知。

（2）土体作用在滑动面 BC 上的反力为 R。R 是 BC 面上摩擦力 T_1 与法向反力 N_1 的合力，它与 BC 面的法线间的夹角等于土的内摩擦角 φ。由于滑动土楔 ABC 相对于滑动面 BC 右边的土体是向下移动，故摩擦力 T_1 的方向向上，R 的作用方向已知，大小未知。

（3）挡土墙对土楔的作用力为 Q。它与墙背法线间的夹角等于墙背与填土间的摩擦角 δ。同样，由于滑动土楔 ABC 相对于墙背是向下滑动，故墙背在 AB 面产生的摩擦力 T_2 的方向向上。Q 的作用方向已知，大小未知。

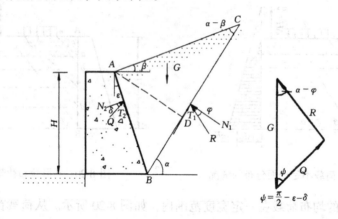

图 8-22　库仑主动土压力计算

考虑滑动土楔 ABC 的静力平衡条件，绘出 G、R 与 Q 的力三角形，如图 8-22 所示。由正弦定律得

$$\frac{G}{\sin[\pi - (\psi + \alpha - \varphi)]} = \frac{Q}{\sin(\alpha - \varphi)} \tag{8.3.7}$$

式中 $\psi = \dfrac{\pi}{2} - \varepsilon - \delta$，其他符号意义见图 8-22。

由图 8-22 可知

$$G = \frac{1}{2} \cdot \overline{AD} \cdot \overline{BC} \cdot \gamma \tag{8.3.8}$$

$$\overline{AD} = \overline{AB} \cdot \sin\left(\frac{\pi}{2} + \varepsilon - \alpha\right) = H \frac{\cos(\varepsilon - \alpha)}{\cos\varepsilon}$$

$$\overline{BC} = \overline{AB} \frac{\sin\left(\frac{\pi}{2} + \beta - \varepsilon\right)}{\sin(\alpha - \beta)} = H \frac{\cos(\beta - \varepsilon)}{\cos\varepsilon \cdot \sin(\alpha - \beta)}$$

故

$$G = \frac{1}{2}\gamma H^2 \frac{\cos(\varepsilon - \alpha)\cos(\beta - \varepsilon)}{\cos^2\varepsilon \cdot \sin(\alpha - \beta)}$$

将 G 代入式 (8.3.7) 得

$$Q = \frac{1}{2}\gamma H^2\left[\frac{\cos(\varepsilon - \alpha)\cos(\beta - \varepsilon)\sin(\alpha - \varphi)}{\cos^2\varepsilon\sin(\alpha - \beta)\cos(\alpha - \varphi - \varepsilon - \delta)}\right] \tag{8.3.9}$$

式中 γ、H、ε、β、δ、φ 均为常数，Q 随滑动面 BC 的倾角 α 而变化。当 $\alpha = \frac{\pi}{2} + \varepsilon$ 时，$G = 0$，则 $Q = 0$；当 $\alpha = \varphi$ 时，R 与 Q 重合，则 $Q = 0$；因此当 α 在 $\left(\frac{\pi}{2} + \varepsilon\right)$ 和 α 之间变化时，Q 将有一个极大值 Q_{max} 即为所求的主动土压力 E_A。要计算 Q_{max} 值时，可将式 (8.3.14) 对 α 求导并令

$$\frac{\mathrm{d}Q}{\mathrm{d}\alpha} = 0 \tag{8.3.10}$$

因此，解得 α 值代入式 (8.3.9)，得库伦主动土压力计算公式

$$E_A = Q_{max} = \frac{1}{2}\gamma H^2 K_a \tag{8.3.11}$$

式中

$$K_a = \frac{\cos^2(\varphi - \varepsilon)}{\cos^2\varepsilon\cos(\delta + \varepsilon)\left[1 + \sqrt{\dfrac{\sin(\delta + \varphi)\sin(\varphi - \beta)}{\cos(\delta + \varepsilon)\cos(\varepsilon - \beta)}}\right]^2} \tag{8.3.12}$$

其中 γ——墙后填土的重度；

       φ——墙后填土的内摩擦角；

       H——挡土墙的高度；

       ε——墙背与竖直线间夹角。墙背俯斜时为正（如图 8-23），反之为负值；

       δ——墙背与填土间的摩擦角，$\delta = \frac{1}{2}\varphi \sim \frac{2}{3}\varphi$；

       β——填土面与水平面间的倾角；

   K_a——主动土压力系数，它是 φ、δ、ε、β 的函数。

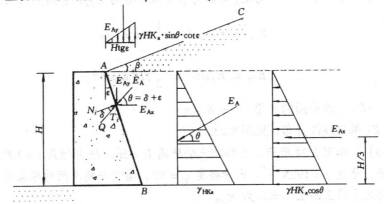

图 8-23   主动土压力的分布

若填土面水平，墙背竖直，以及墙背光滑时。也即 $\beta = 0$、$\varepsilon = 0$ 及 $\delta = 0$ 时，由式 (8.3.12) 可得

$$K_a = \frac{\cos^2\varphi}{(1 + \sin\varphi)^2} = \frac{1 - \sin^2\varphi}{(1 + \sin\varphi)^2} = \frac{1 - \sin\varphi}{1 + \sin\varphi} = \tan^2\left(45° - \frac{\varphi}{2}\right) = m^2$$

故有

$$E_A = \frac{1}{2}\gamma H^2 m^2$$

上式与填土为砂性土时的朗肯主动土压力公式相同（见式 8.3.3）。由此可见，在特定条件下，两种土压力理论得到的结果是相同的。

为了计算滑动土楔（也称破坏棱体）的长度（即 AC 长），须求得最危险滑动面 BC 倾角 α 值。若填土表面 AC 是水平面，即 $\beta = 0$ 时，根据式 (8.3.10) 的条件，可解得 α 的计算公式如下：

墙背俯斜时（即 $\varepsilon > 0$）

$$\cot\alpha = -\operatorname{tg}(\varphi + \delta + \varepsilon) + \sqrt{[\cot\varphi + \operatorname{tg}(\varphi + \delta + \varepsilon)][\operatorname{tg}(\varphi + \delta + \varepsilon) - \operatorname{tg}\varepsilon]}$$

$$(8.3.13)$$

墙背仰斜时（即 $\varepsilon < 0$）

$$\cot\alpha = -\operatorname{tg}(\varphi + \delta - \varepsilon) + \sqrt{[\cot\varphi + \operatorname{tg}(\varphi + \delta - \varepsilon)][\operatorname{tg}(\varphi + \delta - \varepsilon) + \operatorname{tg}\varepsilon]}$$

$$(8.3.14)$$

墙背竖直时（即 $\varepsilon = 0$）

$$\cot\alpha = -\operatorname{tg}(\varphi + \delta) + \sqrt{\operatorname{tg}(\varphi + \delta)[\cot\varphi + \operatorname{tg}(\varphi + \delta)]} \qquad (8.3.15)$$

由式 (8.3.11) 可以看到，主动土压力 E_A 是墙高 H 的二次函数，故主动土压力强度 p_a 是沿墙高按直线规律分布的，如图 8-23 所示。合力 E_A 的作用方向与墙背法线成 δ 角，与水平面成 θ 角，其作用点在墙高的 $\frac{1}{3}$ 处。

作用在墙背上的主动土压力 E_A 可以分解为水平分力 E_{Ax} 和竖向分力 E_{Ay}

$$E_{Ax} = E_A\cos\theta = \frac{1}{2}\gamma H^2 K_a\cos\theta \qquad (8.3.16)$$

$$E_{Ay} = E_A\sin\theta = \frac{1}{2}\gamma H^2 K_a\sin\theta \qquad (8.3.17)$$

式中　θ——E_A 与水平面的夹角，$\theta = \delta + \varepsilon$；

E_{Ax}、E_{Ay} 都是线性分布，见图 8-23。

【例 8-5】　如图 8-24 所示，已知挡土墙墙高 $H = 5\text{m}$，墙背倾角 $\varepsilon = 10°$，填土为细砂，填土面水平，重度 $\gamma = 19\text{kN/m}^3$，内摩擦角 $\varphi = 30°$，墙背与填土间的摩擦角 $\delta = 15°$，按库伦理论求作用在墙上的主动土压力 E_A。

【解】　1）按库伦主动土压式计算

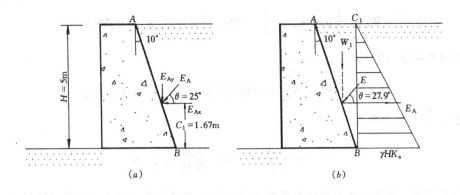

图 8-24　【例题 8-5】图示

当 $\beta = 0, \varepsilon = 10°, \delta = 15°, \varphi = 30°$ 时，主动土压力系数由式（8.3.17）得

$$K_a = \frac{\cos^2(\varphi - \varepsilon)}{\cos^2\varepsilon\cos(\delta + \varepsilon)\left[1 + \sqrt{\dfrac{\sin(\delta + \varphi)\sin(\varphi - \beta)}{\cos(\delta + \varepsilon)\cos(\varepsilon - \beta)}}\right]^2}$$

$$= \frac{\cos^2(30° - 10°)}{\cos^2 10°\cos(15° + 10°)\left[1 + \sqrt{\dfrac{\sin(15° + 30°)\sin(30° - 0)}{\cos(15° + 10°)\cos(10° - 0)}}\right]^2}$$

$$= 0.378$$

由式（8.3.11）、式（8.3.16）、式（8.3.17）求得作用在每延米长挡土墙上的主动土压力为

$$E_A = \frac{1}{2}\gamma H^2 K_a = \frac{1}{2} \times 19 \times 5^2 \times 0.378 = 89.78\text{kN/m}$$

$$E_{Ax} = E_A\cos\theta = 89.78 \times \cos(15° + 10°) = 81.36\text{kN/m}$$

$$E_{Ay} = E_A\sin\theta = 89.78 \times \sin25° = 37.94\text{kN/m}$$

E_A 的作用点位置距墙底面为

$$C_1 = \frac{H}{3} = \frac{5}{3} = 1.67\text{m}$$

2）按朗肯土压力理论计算

朗肯主动土压力式（8.3.3）是适用于填土为砂土，墙背竖直（$\varepsilon = 0$），墙背光滑（$\delta = 0$）和填土面水平（$\beta = 0$）。在本例题挡土墙 $\varepsilon = 10°$，$\delta = 15°$，不符合上述情况。现从墙脚 B 点作竖直面 BC_1，朗肯主动土压力是 E_A 与土体 ABC_1 重力 W_1 的合力，见图 8-24b。当 $\varphi = 30°$ 时，得 $m^2 = 0.33$。按式（8.3.3）求得作用在 BC_1 面上的主动土压力 E_A 为

$$E_A = \frac{1}{2}\gamma H^2 m^2 = \frac{1}{2} \times 19 \times 5^2 \times 0.33 = 79.09\text{kN/m}$$

土体 ABC_1 的重力 W_1 为

$$W_1 = \frac{1}{2}\gamma H^2 tg\varepsilon = \frac{1}{2} \times 19 \times 5^2 \times tg10° = 41.88kN/m$$

作用在墙背 AB 上的合力 E 为

$$E = \sqrt{E_A^2 + W_1^2} = \sqrt{79.09^2 + 41.88^2} = 89.49kN/m$$

合力 E 与水平面夹角 θ 为

$$\theta = arctg\frac{W_1}{E_A} = arctg\frac{41.88}{79.09} = 27.9°$$

由此可见，用这种近似方法求得的土压力合力 E 值与库伦公式的结果比较接近。

*8.3.3 库尔曼图解法确定主动土压力

自从库伦在 1776 年发表土压力理论二百多年以来，许多学者对库伦土压力理论作了改进和发展，而利用图解法计算土压力及确定最危险滑动面也是其中很重要的方面。式（8.3.11）的库伦主动土压力解析解，仅适用于填土表面是平面，若填土表面为不规则或作用各种荷载时，就不能应用解析解计算土压力，这时可以用图解法计算。

库尔曼（C. Culmann）在 1875 年提出的图解法是目前较常采用的一种图解方法。在图 8-25（a）中表示用库尔曼图解法求主动土压力的方法，其作图步骤如下：

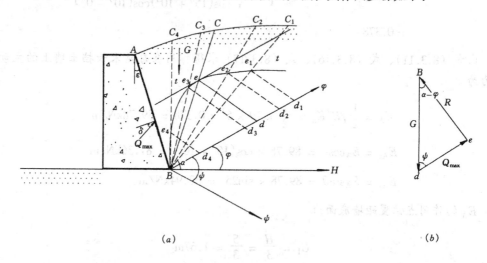

(a)   (b)

图 8-25 库尔曼法求主动土压力

（1）过墙脚 B 作水平线 BH。

（2）过 B 点作 φ 线，与水平线成 φ 角。

（3）过 B 点作 ψ 线，与 φ 线成 ψ 角，$\psi = \frac{\pi}{2} - \varepsilon - \delta$。

（4）任意假定一个试算的滑动面 BC_1，它与水平线成 α 角；计算滑动土楔 ABC_1 的重力 G_1，按适当的比例尺在 φ 线上量 Bd_1 代表 G_1 的大小，由 d_1 作 d_1e_1 线与 ψ 线平行与 BC_1 线交于 e_1 点。由 $\triangle Bd_1e_1$ 可以看出它就是滑动土楔 ABC_1 的静力平衡力三角形，d_1e_1 就表示相应于试算滑动面 BC_1 时，墙背对土楔的作用力 Q 值。

（5）重复上述步骤，假定多个试算滑动面 BC_2、BC_3、$BC_4\cdots$，得到相应的 d_2e_2、d_3e_3、$d_4e_4\cdots$，即得到一系列的 Q 值。

（6）将 e_1、e_2、$e_3\cdots$，点连成曲线，称 E 线，也称库尔曼线。作 E 线的切线 t-t，它与 φ 线平行，得切点 e。作 de 使它平行 ψ 线，则 de 表示 Q 值中的最大值 Q_{max}，且知 $Q_{max} = E_A$，连 Be 延长到 C，BC 就是最危险滑动面。

（7）按与 G 同样的比例量 de 线，即得主动土压力 E_A 值。

库尔曼图解法的证明，可以看图 8-25a 中的三角形 Bde，已知 Bd 是滑动土楔的重力 G，$\angle eBd = \alpha - \varphi$，$\angle edB = \psi = \dfrac{\pi}{2} - \delta - \varepsilon$（因为 $ed \mathbin{/\mkern-6mu/} \psi$ 线），故三角形 Bde 与图 8-25 或 8-22b 中的滑动土楔静力平衡的力三角形相等，这就证明了 $\triangle Bde$ 就是力平衡三角形，ed 就表示 Q 值。

按上述库尔曼图解法可以求得主动土压力 E_A 值，但是不能确定 E_A 的作用点位置。这时可以采用一种近似的方法来解决。如图 8-26 所示，若根据库尔曼图解法已经求得最危险滑动面 BC，和滑动土楔 ABC 的重心 O 点，通过 O 点作平行于滑动面 BC 的平行线交墙背于 O_1 点，O_1 点即为 E_A 的作用点。

如果在填土表面作用任意分布的荷载时，仍可用库尔曼图解法求主动土压力。这时可以把假定滑动土楔 ABC_1 范围内的分布荷载的合力 Σq 和移动土楔的重力 G_1 叠加后，按上述作图方法求解，见图 8-27。

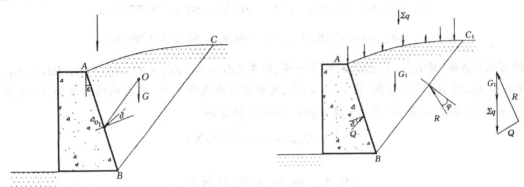

图 8-26　确定土压力作用点位置的近似法图　　图 8-27　填土面作用荷载时求主动土压力的图解法

【例题 8-6】　已知挡土墙墙高 $H = 5\mathrm{m}$，$\varepsilon = 15°$，填土为砂土，$\gamma = 18\mathrm{kN/m^3}$，$\varphi = 35°$，$\delta = 10°$，$\psi = \dfrac{\pi}{2} - \varepsilon - \delta = 65°$，用库尔曼图解法求作用在挡土墙上的主动土压力。

【解】　假设 5 个试算滑动面 $BC_1, BC_2\cdots, BC_5$，见图 8-28。计算各滑动土体的重力 G_i。

$$G_1 = (\triangle ABC_1) \times \gamma = \frac{1}{2} \times \overline{AD} \times \overline{BC_1} \times \gamma = \frac{1}{2} \times 1.79 \times 6.08 \times 18 = 97.95\mathrm{kN/m}$$

$$G_2 = (\triangle ABC_1 + \triangle C_1BC_2) \times \gamma = 97.95 + \frac{1}{2} \times 1 \times 6 \times 18 = 97.95 + 54$$

$$= 151.95\mathrm{kN/m}$$

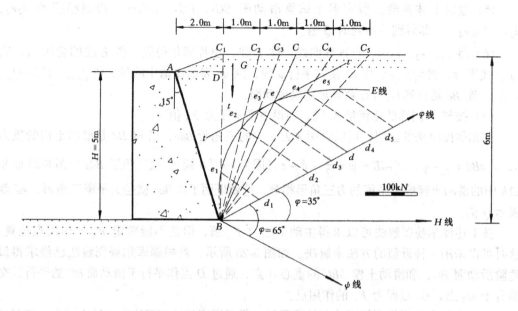

图 8-28 【例题 8-6】图示

$$G_3 = G_2 + (\triangle C_2 BC_3) \times \gamma = 151.95 + 54 = 205.95 \text{kN/m}$$

$$G_4 = G_3 + (\triangle C_3 BC_4) \times \gamma = 205.95 + 54 = 259.95 \text{kN/m}$$

$$G_5 = G_4 + (\triangle C_4 BC_5) \times \gamma = 259.95 + 54 = 313.95 \text{kN/m}$$

绘 φ 线及 ψ 线。将 $G_1 \sim G_5$ 按比例绘于 φ 线，即令 $Bd_1 = G_1$，$Bd_2 = G_2$，$Bd_3 = G_3$，$Bd_4 = G_4$，$Bd_5 = G_5$。作 $d_i e_i$ 平行 ψ 线，得 $e_1 \sim e_5$ 点，连成光滑曲线为 E 线。作 E 线的切线 t-t，使 tt 平行 φ 线，得切点 e，量 ed 线的长度并按 G_i 的比例换算得

$$\overline{ed} = Q_{\max} = E_A = 108 \text{kN/m}$$

8.4 被动土压力计算

被动土压力——挡土结构在外力作用下，向填土方向移动或转动，这时作用在结构上的土压力将由静止土压力逐渐增大，一直到土体达到极限平衡，并出现连续滑动面，滑动面上的剪应力等于土的抗剪强度，这时土压力增至最大值，称为被动土压力，用 E_p（kN/m）和 p_p（kPa）表示。各种土产生被动土压力墙顶的水平位移 Δ_x 值：密砂为 $0.0005H$（H 为挡土墙的高度）；松砂为 $0.01H$；硬粘土为 $0.02H$；软粘土为 $0.04H$。

8.4.1 朗肯被动土压力理论

朗肯土压力理论认为：若在半无限土体取一竖直切面 AB，如图 8-29（a）所示，在 AB 面上深度 z 处取一单元土体，作用的法向应力为 σ_z、σ_x，因为 AB 面上无剪应力，故 σ_z 和 σ_x 均为主应力。当土体处于弹性平衡状态时，$\sigma_z = \gamma z$，$\sigma_x = K_0 \gamma z$，其应力圆如图 8-29（b）中的圆 O_1，与土的强度包线不相交。若在 σ_z 不变的条件下，不断增大 σ_x 值，直到

土体达到极限平衡，滑动面上的剪应力等于土的抗剪强度，这时其应力圆为图 8-29 (b) 中的圆 O_2，它与土的强度包线相切，但 σ_z 为最小主应力，σ_x 为最大主应力，土体中产生的两组滑动面与水平面成 $\left(45° - \dfrac{\varphi}{2}\right)$ 角，如图 8-29 (c) 所示，这时称为朗肯被动状态。

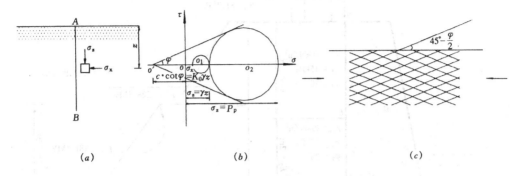

图 8-29 朗肯被动状态

图 8-30 所示挡土墙，墙背竖直，填土面水平，若挡土墙在外力作用下推向填土，当墙后土体达到被动极限平衡状态时，这时在墙背深度 z 处取单元土体，其竖向应力 $\sigma_z = \gamma z$ 是最小主应力 σ_3，而水平应力为 σ_1，即被动土压力 p_p。朗肯被动土压力计算公式

砂性土
$$p_p = \gamma z \mathrm{tg}^2\left(45° + \frac{\varphi}{2}\right) = \gamma z \frac{1}{m^2} \tag{8.4.1a}$$

粘性土
$$p_p = \gamma z \mathrm{tg}^2\left(45° + \frac{\varphi}{2}\right) + 2c \cdot \mathrm{tg}\left(45° + \frac{\varphi}{2}\right) = \gamma z \frac{1}{m^2} + 2c \frac{1}{m} \tag{8.4.1b}$$

式中 $\dfrac{1}{m} = \mathrm{tg}\left(45° + \dfrac{\varphi}{2}\right)$。

从上式可知，被动土压力 p_p 沿深度 z 呈直线分布，如图 8-30 (b)、(c) 所示。作用在墙背上的被动土压力合力 E_p，可由 p_p 的分布图形面积求得。墙后填土中出现的滑动面 BC 与水平面的夹角为 $\left(45° - \dfrac{\varphi}{2}\right)$。

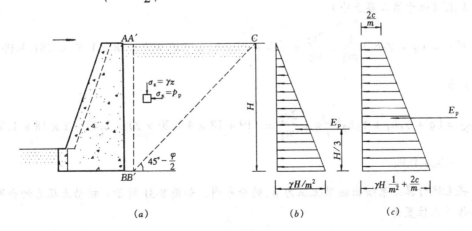

图 8-30 朗肯被动土压力计算
(a) 挡土墙向填土移动；(b) 砂性土；(c) 粘性土

若填土为成层土，填土中有地下水或填土表面有超载时，被动土压力的计算方法与前述主动土压力计算相同，可参见下例。

【例题 8-7】 计算作用在图 8-31 所示挡土墙上的被动土压力分布图及其合力。

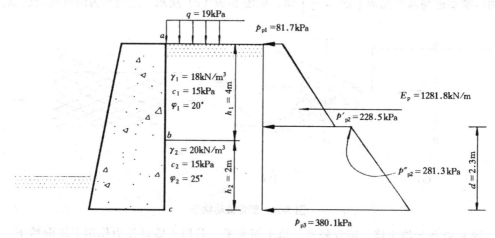

图 8-31 【例题 8-7】图示

【解】 已知 $\varphi_1 = 20°, \varphi_2 = 25°$,

$$\frac{1}{m_1} = 1.43, \frac{1}{m_1^2} = 2.04, \frac{1}{m_2} = 1.57, \frac{1}{m_2^2} = 2.47$$

墙上各点被动土压力 p_p

a 点　　$p_{p1} = (q + \gamma_1 z)\frac{1}{m_1^2} + \frac{2c_1}{m_1} = (19 + 0) \times 2.04 + 2 \times 15 \times 1.43 = 81.7\text{kPa}$

b 点（位于第一层土中）

$$p'_{p2} = (q + \gamma_1 h_1)\frac{1}{m_1^2} + \frac{2c_1}{m_1} = (19 + 18 \times 4) \times 2.04 + 2 \times 15 \times 1.43 = 228.5\text{kPa}$$

b 点（位于第二层土中）

$$p''_{p2} = (q + \gamma_1 h_1)\frac{1}{m_2^2} + \frac{2c_2}{m_2} = (19 + 18 \times 4) \times 2.47 + 2 \times 18 \times 1.57 = 281.3\text{kPa}$$

c 点

$$p_{p3} = (q + \gamma_1 h_1 + \gamma_2 h_2)\frac{1}{m_2^2} + \frac{2c_2}{m_2} = (19 + 18 \times 4 + 20 \times 2) \times 2.47 + 2 \times 18 \times 1.57$$

$$= 380.1\text{kPa}$$

将上述计算结果绘出被动土压力 p_p 的分布图，如图 8-31 所示。被动土压力的合图 E_p 及其作用点位置为

$$E_p = 81.7 \times 4 + \frac{1}{2} \times (228.5 - 81.7) \times 4 + 281.3 \times 2 + \frac{1}{2}(380.1 - 281.3) \times 2$$

$$= 326.8 + 293.6 + 562.6 + 98.8 = 1281.8 \text{kN/m}$$

$$d = \frac{1}{1281.8} \times (326.8 \times 4 + 293.6 \times 3.33 + 562.6 \times 1 + 98.8 \times 0.67)$$

$$= 2.3 \text{m}$$

8.4.2 库伦被动土压力计算

库伦土压力理论认为挡土墙在外力作用下推向填土，墙后土体达到极限平衡状态时，假定滑动面是通过墙脚的两个平面 AB 和 BC，如图 8-32 所示。由于滑动土体 ABC 向上挤出，故在滑动面 AB 和 BC 上的摩阻力 T_2 及 T_1 的方向与主动土压力相反，是向下的。这样得到的滑动土体 ABC 的静力平衡力三角形如图 8-28 所示，由正弦定律可得：

$$Q = G \frac{\sin(\alpha + \varphi)}{\sin\left(\dfrac{\pi}{2} + \varepsilon - \delta - \alpha - \varphi\right)} \tag{8.4.2}$$

同样，Q 值是随着滑动面 BC 的倾角 α 而变化，但作用在墙背上的被动土压力值，应该是各反力 Q 中的最小值。这是因为挡土墙推向填土时，最危险的滑动面上的抵抗力 Q 值一定是最小的。计算 $Q_{\min}$ 时，同主动土压力计算原理相似，可令

$$\frac{\mathrm{d}Q}{\mathrm{d}\alpha} = 0 \tag{8.4.3}$$

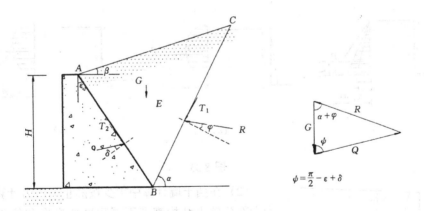

图 8-32 库伦被动土压力计算图式

由此可导出库伦被动土压力 E_p 的计算公式为

$$E_p = Q_{\min} = \frac{1}{2}\gamma H^2 K_p \tag{8.4.4}$$

式中 K_p——被动土压力系数，其表达式为

$$K_p = \frac{\cos^2(\varphi + \varepsilon)}{\cos^2\varepsilon \cos(\varepsilon - \delta)\left[1 - \sqrt{\dfrac{\sin(\varphi + \delta)\sin(\varphi + \beta)}{\cos(\varepsilon - \delta)\cos(\varepsilon - \beta)}}\right]^2} \tag{8.4.5}$$

其它符号意义均同前（见图8-32）。

E_p的作用方向与墙背法线成δ角。由式（8.4.4）可知被动土压力强度E_p沿墙高为直线规律分布。

8.5 土压力计算的讨论

8.5.1 非极限状态下的土压力

朗肯与库伦土压力理论都是计算填土达到极限平衡状态时的土压力，发生这种状态的土压力必须要求挡土墙的位移足以使墙后填土的剪应力达到抗剪强度。实际上，挡土墙移动的大小和方式不同，影响着墙背面的土压力大小与分布。

（1）若墙的下端不动，上端向外移动，土压力为直线分布，总压力作用在墙底面以上$H/3$处。如图8-33（a）所示。当上端位移一定数值时，填土发生主动破坏，此时作用在墙上的土压力为主动土压力。当墙的上端不动，下端向外移动时，位移的大小不能使填土发生主动破坏，压力为曲线分布。总压力作用在墙底面以上$H/2$处，如图8-33（b）所示。若墙的上端和下端都向外移动，位移的大小未使填土发生主动破坏，土压力也是曲线分布，如图8-33（c）所示，总压力作用在$H/2$附近。当位移超过图8-33（a）上端转动所发生的主动破坏的位移时，填土中也将发生主动破坏，土压力成为直线分布，总压力作用点降至$H/3$处。

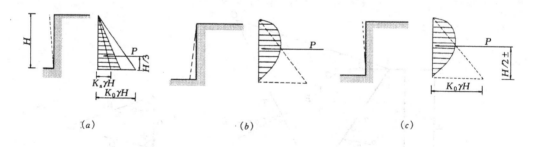

图 8-33

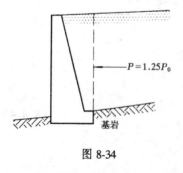

图 8-34

（2）在挡土墙计算中很少按静止土压力计算，这是因为大部分挡土结构都有不同程度的变形和位移，可能产生主动压力。因此，挡土墙的土压力通常都按主动土压力计算。直接浇筑在岩基上的挡土墙，墙的变形不足以达到主动破坏状态，按静止土压力计算比较符合实际的受力情况。但是，由于静止土压力系数难以精确确定，所以在设计中常将主动土压力增大25%作为计算的土压力，如图8-34所示。

（3）被动土压力发生在墙向填土方向的位移比较大的情况，要求位移量达到墙高的0.02到0.05倍，这样大的位移是一般建筑物所不允许的。因此，在验算挡土墙的稳定性时，不能全部采用被动土压力的数值，一般取30%。

8.5.2 成拱效应

成拱作用会影响土压力的大小和分布性态。支挡结构移动并使填土内产生不均匀的变形，则会引起附加剪应力，这些应力要使移动着的土体保持其原来的位置，因而作用在移动部分上的力就减小，而作用在不动部分土上的力却增大。如果土体在不同部位有着某种约束而不能自由移动，也可出现同样情况，在这些部位可能的摩擦阻力不能充分发挥，相应的剪应力比破坏状态时小，所以作用在支挡结构这一部分上的土压力将较大。

8.5.3 朗肯与库伦土压力理论的比较

对于无粘性土，朗肯理论由于忽略了墙背面的摩擦影响，计算的主动土压力偏大，用库伦理论则比较符合实际。但是，在工程设计中常用朗肯理论计算，这是因为计算公式简便，误差偏于安全方面。对于有粘聚力的粘性填土，用朗肯土压力公式可以直接计算，用库伦理论却不能计算，往往用折减内摩擦角的办法考虑粘聚力的影响，误差可能较大。计算被动土压力用假定平面破坏面的库伦理论，误差太大，用朗肯理论计算，误差相对小一些，但也是偏大的。

若墙后填土中有水时，设计挡土墙还应考虑墙背面水压力的作用。为了降低墙后的水压力，应设置排水孔，或用粗砂作填料，这比准确计算土压力更为重要。

朗肯土压力理论与库伦土压力理论是在各自的假定条件下，应用不同的分析方法得到的土压力计算公式。对无粘性土，在填土面水平（$\beta = 0$）、墙背竖直（$\varepsilon = 0$）、墙背光滑（$\delta = 0$）的条件下，两种理论得到的结果是一样的。但两种理论都有它们各自的特点：朗肯理论是从土体处于极限平衡状态时的应力情况出发求解的。本章所介绍的朗肯土压力公式，仅是在简单条件下（墙背竖直、光滑和填土面水平）得到的解。若墙背倾斜时，可以采用［例题8-4］的方法处理。

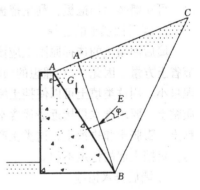

图 8-35 第二滑裂面

库伦理论是根据滑动土楔的静力平衡条件求解土压力的，并假定两组滑动面是通过墙脚 B 点的平面 AB 及 BC，见图8-35。但若墙背倾斜角 ε 较大时，也即所谓坦墙时，则一组滑动面不会沿墙背 AB 产生，而是发生在土中 $A'B$，一般称为第二滑裂面。这时求得的土压力 E 是作用在第二滑裂面上，作用在墙背上的总土压力是土体 ABA' 的重力 G_1 与第二滑裂面上的土压力 E 的合力。

库伦理论的适用范围较广，它可用于填土面是任意形状，倾斜墙背，考虑墙背的实际摩擦角，但假定填土是砂土（即 $c = 0$）。若填土是粘性土时，也可采用近似的方法计算。比较简单的是采用等代内摩擦角法，即不考虑粘土的粘聚力 c 值，而用等代内摩擦角 φ_D 代替粘土的两个强度指标 c、φ 值。

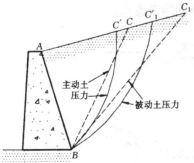

图 8-36 曲面滑动面对主动及被动土压力的影响

库伦理论假定滑动面是平面 BC（或 BC_1），但实际滑动面因受墙背摩擦的影响而是曲面，如图 8-36 所示的 BC'（或 BC'_1）。这对主动土压力计算引起的误差一般不大，但对被动土压力则会产生较大的误差，同时，这一误差随着土内摩擦角 φ 值的增大而加大，这是不安全的。因此，在实践中一般不用库伦理论计算被动土压力。

8.6　重力式挡土结构

重力式挡土结构属刚性结构，用来保持天然边坡或人工填土边坡稳定的构筑物。它广泛用于支挡路堤或路堑边坡、隧道洞口、桥梁两端及河流岸壁等。挡土墙的类型很多，设计时应根据当地的地形地质条件及挡土墙的重要性，考虑经济、安全和美观等，合理地选择类型，优化截面尺寸。下面介绍重力式挡土墙的设计。

1. 挡土墙的设计过程

（1）首先根据地形和地质条件确定挡土墙的类型。（2）然后根据工程经验拟定初步尺寸。（3）再进行各种验算，验算不满足要求，应采取各种可能的措施，直至满足要求为止。验算包括抗滑稳定性验算、抗倾覆稳定性验算、基底应力验算、墙身截面强度验算。各种措施包括①修改挡土墙断面尺寸。②挡土墙底面做砂石垫层，以加大摩阻力。③挡土墙底做逆坡，利用滑动面上部分反力来抗滑。④在软土地基上，其他方法无效或不经济时，可在墙踵后加拖板，利用拖板上的土重来抗滑，拖板与挡土墙之间用钢筋连接。

2. 墙后回填土的选择

墙后回填土的选择原则上应该是减小作用在挡土墙上的土压力值、减小挡土墙断面和节省土方量。因此（1）理想的回填土为卵石、砾石、粗砂、中砂。要求砂砾料洁净、含泥量小。用这类填土可以使挡土墙产生较小的主动土压力。（2）可用的回填土为粉土和粉质粘土，要求含水量接近最优含水量，易压实。（3）不能用的回填土为软粘土、成块的硬粘土、膨胀土和耕植土，这类土产生的土压力大，在冬季冰冻时或吸水膨胀会产生额外压力，对挡土墙的稳定不利。

3. 墙后排水措施

在挡土墙建成使用期间，如遇暴雨渗入墙后填土，使填土重度增加，内摩擦角降低，导致填土对墙的土压力的增大同时墙后积水，增加水压力，对墙的稳定性不利，因此，墙背应做泄水孔。一般泄水孔直径为 5～10cm，间距 2～3m；泄水孔应高于墙前水位，以免倒灌（见图 8-37）。如墙后填土倾斜，还应做截水沟，排除地表流水。

4. 重力式挡土墙的验算

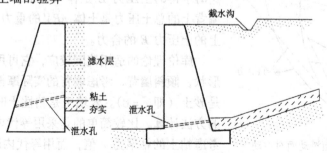

图 8-37　挡土墙的排水措施

(1) 抗倾覆稳定验算 作用在挡土墙上的荷载有：土压力、挡土墙的自重以及基底反力（图8-38）。墙面埋入土中部分受到被动土压力作用，一般忽略不计，基底反力假定为线性分布。挡土墙倾覆破坏通常是在土压力作用下绕墙趾 o 点转动外倾。将主动土压力 E_a 分解为垂直分力 E_y 和水平分力 E_x，计算力系对墙趾 o 的力矩，要求抗倾覆安全系数 K_t 有：

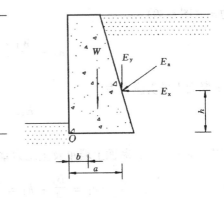

图 8-38 挡土墙稳定验算

$$K_t = \frac{抗倾覆力矩}{倾覆力矩} = \frac{Wb + E_y a}{E_x h} \geq 1.5$$

$$(8.6.1)$$

抗倾覆安全系数 K_t，必须大于1.5。在软弱地基上，倾覆时墙趾可能陷入土中，力矩中心点将向内移动，抗倾覆安全系数将会降低，必须注意，甚至会发生沿圆弧滑动面而整体破坏的危险。

(2) 抗滑动稳定验算 在土压力的水平分力 E_x 作用下，挡土墙有可能沿基础底面发生滑动破坏。抗滑动稳定验算时，应保证使得由于土压力的垂直分力 E_y 和墙重 W 产生在基底的摩擦阻力大于滑动力 E_x。抗滑稳定安全系数 K_s 应满足

$$K_s = \frac{(E_y + W)\mu}{E_x} \geq 1.3 \tag{8.6.2}$$

式中 μ——挡土墙基底与土的摩擦系数，由试验测定，也可参考表8-2。

墙底面倾斜时，应将力分解为与底面平行和垂直的分力，再作抗滑动稳定验算。

(3) 地基承载力验算 在挡土墙自重及土压力的垂直分力作用下基底压力按直线分布假定计算，要求

$$p \leq [R] \tag{8.6.3a}$$
$$p_{max} \leq 1.2[R] \tag{8.6.3b}$$
$$p_{min} \geq 0 \tag{8.6.3c}$$

式中 p——基底平均压力，kN/m^2；

p_{max}——由于偏心荷载引起的最大压力，kN/m^2；

p_{min}——由于偏心荷载引起的最小压力，kN/m^2；

$[R]$——地基的容许承载力，kN/m^2。

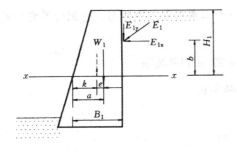

图 8-39 墙身强度验算

挡土墙基底摩擦系数　　表 8-2

土的类别		摩擦系数 μ
粘性土	可塑	0.25～0.30
	硬塑	0.30～0.35
	坚塑	0.35～0.45
砂　土		0.40
碎石土		0.50～0.60
软质岩石		0.40～0.60
硬质岩石		0.65～0.75

(4) 墙身材料强度验算 挡土墙墙身材料应有足够的强度。任意断面 x-x 上的法向应

力 σ_1（图 8-39）

$$\sigma_1 = \frac{W_1 + E_{1y}}{B_1}\left(1 + \frac{6e_1}{B_1}\right) \leqslant [\sigma] \tag{8.6.4}$$

x-x 断面上的剪应力为

$$\tau_1 = \frac{E_{1x} - (W_1 + E_{1y})\mu_1}{B_1} \leqslant [\tau] \tag{8.6.5}$$

式中 e_1——x-x 断面上墙重及土压力垂直分力合力的偏心距

$$e_1 = \frac{B_1}{2} - k_1 = \frac{B_1}{2} - \frac{W_1 a + E_{1y}B_1 - E_{1x}b}{W_1 + E_{1y}} \tag{8.6.6}$$

μ_1——墙身材料的摩擦系数，当混凝土或块石砌体时 $\mu_1 = 0.6 \sim 0.7$；

$[\sigma]$——墙身材料的抗压设计强度；

$[\tau]$——墙身材料的抗剪设计强度。

其他符号见图 8-39。

墙身材料强度验算应取最不利位置计算，如断面急剧变化或转折处，一般在墙身与基础接触处应力可能最大。

【例题 8-8】 挡土墙高 $H = 6.0\text{m}$，墙背直立，填土面水平，墙背光滑，用毛石和 M2.5 水泥砂浆砌筑；砌体重度为 22kN/m^3，填土内摩擦角为 $40°$，粘聚力为 0，基底摩擦系数 0.5，地基承载力标准值 $f_k = 180\text{kPa}$，试设计此挡土墙。

【解】 (1) 挡土墙断面尺寸的拟定 重力式挡土墙的顶宽取 $1/12H$，底宽取 $(1/2 \sim 1/3)H$，初步选择顶宽为 0.7m，底宽 2.5m。见图 8-40。

(2) 土压力计算

$$\begin{aligned}
E_A &= \frac{1}{2}\gamma H^2 \text{tg}^2\left(45° - \frac{\varphi}{2}\right) \\
&= \frac{1}{2} \times 19 \times 6.0^2 \times \text{tg}^2\left(45° - \frac{40°}{2}\right) \\
&= 74.4\text{kN/m}
\end{aligned}$$

土压力作用点离墙底的距离为

$$z = \frac{1}{3}H = \frac{1}{3} \times 6.0 = 2.0\text{m}$$

(3) 挡土墙自重及重心 将挡土墙截面分成一个三角形和一个矩形，分别计算它们的自重

$$W_1 = \frac{1}{2}(2.5 - 0.7) \times 6 \times 22 = 119\text{kN/m}$$

$$W_2 = 0.7 \times 6 \times 22 = 92.4\text{kN/m}$$

重力作用点离 o 点的距离分别为

$$a_1 = \frac{2}{3} \times 1.8 = 1.2\text{m}$$

$$a_2 = 1.8 + \frac{1}{2} \times 0.7 = 2.15\text{m}$$

(4) 倾覆稳定性验算

160

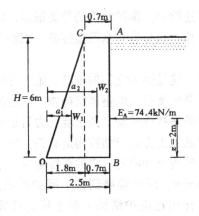
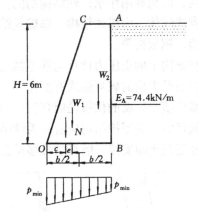

图 8-40 【例题 8-8】图示

$$K_t = \frac{W_1 a_1 + W_2 a_2}{E_A z} = \frac{119 \times 1.2 + 92.4 \times 2.15}{74.4 \times 2} = 2.29 > 1.5$$

(5) 滑动稳定性验算

$$K_s = \frac{(W_1 + W_2)\mu}{E_A} = \frac{(119 + 92.4) \times 0.5}{74.4} = 1.42 > 1.3$$

(6) 地基承载力验算　作用在基底的总垂直力

$$N = W_1 + W_2 = 119 + 92.4 = 211.4 \text{kN/m}$$

合力作用点离 o 点距离

$$c = \frac{W_1 a_1 + W_2 a_2 - E_A z}{N}$$

$$= \frac{119 \times 1.2 + 92.4 \times 2.15 - 74.4 \times 2}{211.4} = 0.92 \text{m}$$

偏心距

$$e = \frac{B}{2} - c = \frac{2.5}{2} - 0.92 = 0.33 < \frac{B}{6} = 1$$

基底压力

$$p = \frac{N}{b} = \frac{211.4}{2.5} = 84.6 < f_k = 180 \text{kPa}$$

$$p_{\substack{max \\ min}} = \frac{N}{b}\left(1 \pm \frac{6e}{b}\right) = \frac{211.4}{2.5}\left(1 \pm \frac{6 \times 0.33}{2.5}\right)$$

$$= 84.6(1 \pm 0.804) = \frac{152.8}{16.6} \text{kPa}$$

$$p_{max} < 1.2 f_k = 1.2 \times 180 = 216 \text{kPa}$$

此外还应进行墙身强度验算。

8.7　柔性挡土结构

在基坑开挖工程中，坑壁常用围护结构进行保护，这些围护结构物多是施工中的临时性结构物，但也有用作永久性结构物的，如地下连续墙。围护结构的种类很多，按受力分有：悬臂式结构、内撑式结构　锚碇式结构等；按材料分有：水泥搅拌桩、钢筋混凝土地下连续墙、钢板桩等。

围护结构上的土压力计算与前述挡土墙不同，这是因为它们的刚度、施工方法、墙的位移，以及受力后的破坏形式有所差别。挡土墙是刚度很大的整体结构物，它的施工方法是先筑墙后填土，墙的位移是墙背保持为一平面的平移或转动，挡土墙受力后是作为一个整体而破坏的。而围护结构应看做柔性结构，它的施工方法与结构构造有关，如多支撑板桩往往是随挖土随支撑，墙身的位移是受到支撑的约束和限制，它的破坏是从一个或几个

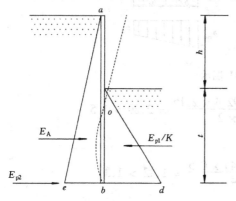

图 8-41　悬臂式板桩墙的计算

支撑点开始，而后发展到整个围护系统的破坏。因此，作用在围护结构上的土压力计算，不能直接采用前面的朗肯或库伦土压力公式，而应按其围护结构的不同构造型式，采用经验性的土压力分布图形。下面介绍悬臂式板桩墙的设计计算，其他的结构形式可参考有关专著。

图 8-41 所示的悬臂式板桩墙，由于不设支撑，因此墙身位移较大，通常用于挡土高度不大的临时性支撑结构。

悬臂式板桩墙的破坏一般是板桩绕桩底端 b 点以上的某点 o 转动。这样在转动点 o 以上的墙身前侧以及 o 点以下的墙身后侧，将产生被动土压力，在相应的另一侧产生主动土压力。

由于精确地确定土压力的分布规律有困难，一般近似地假定土压力的线性分布如图 8-41 所示，墙身前侧是被动土压力，其合力为 E_{p1}，并考虑有一定的安全系数 K，一般取 $K=2$；在墙身后方为主动土压力，合力为 E_A。另外在桩下端还作用被动土压力 E_{p2}，由于 E_{p2} 的作用位置不易确定，计算时假定作用在桩端 b 点。考虑到 E_{p2} 的实际作用位置应在桩端以上一段距离，因此，在最后求得板桩的入土深度 t 后，再适当增加 $10\% \sim 20\%$。

【例题 8-9】　已知桩周土为砂砾，$\gamma=19\text{kN/m}^3$，$\varphi=30°$，$c=0$，基坑开挖深度 $h=1.8\text{m}$，安全系数取用 $K=2$，计算图 8-42 所示悬臂式板桩墙需要的入土深度 t 及桩身最大弯矩值。

【解】　当 $\varphi=30°$ 时，计算得朗肯土压力系数 $m^2=0.333$，$\dfrac{1}{m^2}=3$。若令板桩入土深度为 t，取 1 延米长的板桩墙，计算墙上作用力对桩端 b 点的力矩平衡条件 $\Sigma M_b=0$，得

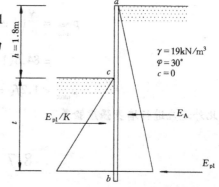

图 8-42　【例题 8-9】图示

$$\frac{1}{6}\gamma t^3 \frac{1}{m^2}\frac{1}{K}=\frac{1}{6}\gamma(h+t)^3 m^2$$

$$\frac{1}{6}\times 19 \times t^3 \times 3 \times \frac{1}{2}$$

$$=\frac{1}{6}\times 19 \times (1.8+t)^3 \times 0.333$$

解得

$$t = 2.76m$$

板桩的实际入土深度较计算值增加20%，则可求得板桩的总长度 L 值

$$L = h + 1.2t = 1.8 + 1.2 \times 2.76 = 5.12m$$

若板桩的最大弯矩截面在基坑底深度 t_0 处，该截面的剪力应等于零，即

$$\frac{1}{2} \gamma \frac{1}{m^2} \frac{1}{K} t_0^2 = \frac{1}{2} \gamma m^2 (h + t_0)^2$$

$$\frac{1}{2} \times 19 \times 3 \times \frac{1}{2} \times t_0^2 = \frac{1}{2} \times 19 \times 0.333(1.8 + t_0)^2$$

解得

$$t_0 = 1.49m$$

可求得每延米板桩墙的最大弯矩 M_{max} 为

$$M_{max} = \frac{1}{6} \times 19 \times 0.333(1.8 + 1.49)^3 - \frac{1}{6} \times 19 \times 3 \times \frac{1}{2} \times 1.49^3$$
$$= 21.6kNm$$

*8.8 加筋土挡土结构

加筋土挡土结构是法国工程师亨利·维达尔（Henri Vidal）在1963年发明的一类新型挡土结构。已在众多的工程中得到应用，世界各地不同环境下的加筋土挡土结构，已经受了各种荷载和位移的考验，通过整体观测与分项研究，从理论与实践两方面均取得了许多成果。

8.8.1 加筋土挡土墙的构造

加筋土挡土结构是由填土和土中布置的筋带（或筋网）以及墙面面板三部分组成（见图8-43）。

1. 填料是加筋体的主体材料，由它与筋带产生摩擦力。填料应符合土工标准、化学标准和电化学标准。土工标准包括力学标准和施工标准。规定土工标准是为了使土和筋带间能发挥较大摩擦力，以确保结构的稳定。力学标准主要是确定填料的计算内摩擦角和填料与筋带间的视摩擦系数。施工标准是确保力学标准的重要条件，主要是确定填料的级配和压实密度。填料的化学和电化学标准，主要为保证筋带的长期使用品质和填料本身的稳定。

2. 筋带的作用是承受垂直荷载和水平拉力作用并与填料产生摩擦力。因此，筋带材料必须具有以下特性：抗拉性能强，不易脆断，蠕变量小，与填土间的摩擦系数大，具有良好的柔性、耐久性。筋带为带状，国内以采用聚丙烯土工带和钢筋混凝土带（见图8-

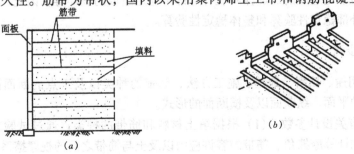

图8-43 加筋土基本结构

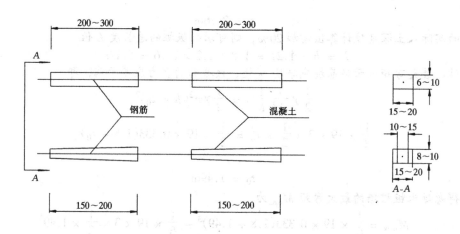

图 8-44　钢筋混凝土筋带

44）为主，国外广泛使用镀锌钢带。

3. 面板的作用是防止填土侧向挤出及传递土压力。各种形式的面板设计均应满足坚固、美观以及运输与安装的方便。国内常用的面板为混凝土或钢筋混凝土预制件。面板类型有十字型、六角型、槽型、L 型以及矩型等。十字型面板的组合情况如图 8-45 所示。

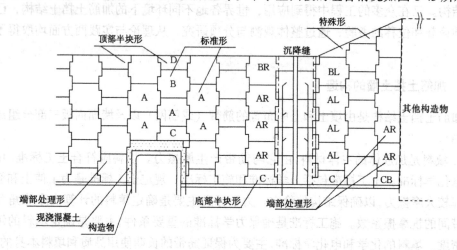

图 8-45　各种十字型面板的组合

加筋土挡土墙可能由于各种因素导致不能正常工作，如筋带裂缝造成的断裂、土与筋带之间结合力不足造成的加筋体断裂、外部不稳定造成的破坏等，因此，需要进行内部稳定性验算、外部稳定性验算和整体稳定性验算。

8.8.2　设计步骤

1. 根据用途、填料、地基、施工方法、筋带的种类以及工点的断面图，初步拟定加筋土挡土墙的平面、纵断面以及横断面的形式。

2. 确定有关设计参数：（1）根据填土材料和筋带的种类，通过试验或现有经验确定填料的重度和计算摩擦角、筋带的容许应力以及土与筋带之间的视摩擦系数。（2）根据地基土的性质和状态，确定地基土的天然重度、内摩擦角及粘聚力。（3）确定加筋体与地基间的摩擦系数及粘聚力。

3. 根据筋带种类、布筋的特点以及施工条件选择内部稳定性计算方法。

4. 内部稳定性验算：（1）根据筋带的垂直与水平间距、荷载的情况，计算筋带所受的拉力。（2）根据筋带的容许拉应力，验算筋带的抗拉强度。若不满足要求时，则增加筋带数量，或改变筋带布设，或改用较高强度的筋带，重新计算直至满足要求为止。（3）根据初拟筋带的长度、宽度，验算筋带的抗拔稳定性。若不满足要求，或增长筋带长度，或增加筋带数量（只有当地形受限制时才用），或改用摩擦系数大的填料和表面粗糙的筋带，重新计算直至满足要求为止。

5. 外部稳定验算：一般应对加筋体沿底面的滑移、倾覆稳定性和基础底面地基的承载力进行验算。必要时还需进行沉降和整体滑动计算。不满足设计指标要求时，均应分别采取改变断面、加长筋带和加固地基等措施重新计算，直至满足要求为止。

6. 进行技术经济比较，确定采用的方案。

8.8.3 内部稳定性验算

内部稳定性验算通常有：楔体平衡分析法和应力分析法，下面介绍楔体平衡分析法。

1. 基本假定：（1）加筋体填料为非粘性土。（2）加筋体墙面顶部能产生足够的侧向位移，从而使墙面后达到主动极限平衡状态（即加筋体的墙面绕面板底端旋转），在加筋体内产生与垂直面成 θ 角的破裂面，将加筋体分为活动区与稳定区［如图 8-46（a）所示］。（3）加筋体中形成的楔体相当于刚体，面板与填料之间的摩擦忽略不计。作用于面板上的侧土压力为主动土压力，压力强

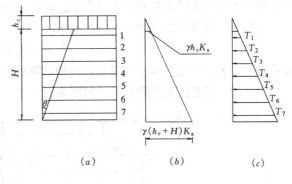

图 8-46　基本假定图式

度呈线形分布［如图 8-46（b）所示］。（4）筋带的拉力随深度成直线比例增长［如图 8-46（c）所示］。在筋带长度方向上，自由端拉力为零，沿长度逐渐增加至近墙面处为最大。
（5）只有破裂面后，稳定区内的筋带与土的相互作用产生抗拔阻力。

2. 筋带受力计算：根据以上基本假定，以库伦理论为基础，采用重力式挡土墙计算土压力的方法，按加筋体上填土表面的形态和车辆荷载的分布情况不同，并考虑加筋土通常 $\alpha = 0$、$\delta = 0$ 的特点。加筋体上局部荷载（包括路堤填土）所产生的侧压力在墙面板上的影响范围，近似地沿平行于破裂面的方向传递至墙背，从而绘制侧压力分布图形，根据压力分布图形，推求出加筋土挡土墙沿墙高各单元结点处的侧压应力，再确定各计算单元上筋带所承受的拉力。

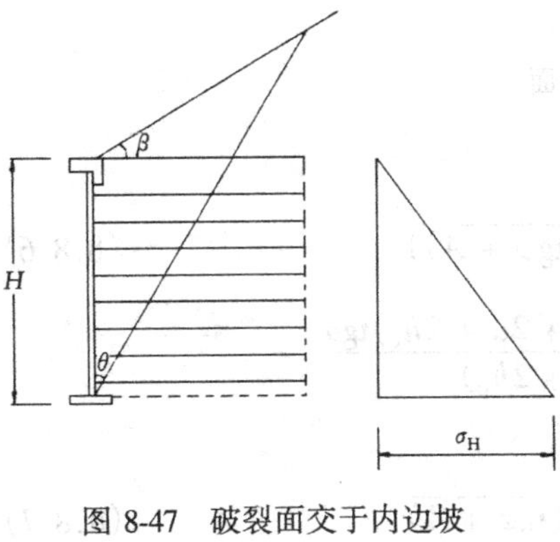

图 8-47　破裂面交于内边坡

（1）破裂面交于内边坡（如图 8-47 所示）

① 破裂角 θ，由重力式挡土墙推得

$$\text{tg}(\theta + \beta) = -\text{tg}\psi_2 \pm \sqrt{(\text{tg}\psi_2 + \cot\psi_1)[\text{tg}\psi_2 + \text{tg}(\beta - \alpha)]} \qquad (8.8.1)$$

式中　$\psi_1 = \varphi - \beta, \psi_2 = \varphi + \delta + \alpha - \beta$

加筋土挡土墙将 $\alpha = 0$、$\delta = 0$ 代入式（8.8.1）得

$$\text{tg}(\theta + \beta) = -\text{tg}(\varphi - \beta) \pm \sqrt{[\text{tg}(\varphi - \beta) + \cot(\varphi - \beta)][\text{tg}(\varphi - \beta) + \text{tg}\beta]} \quad (8.8.2)$$

②侧土压力系数 K_a 由重力式挡土墙推得

$$K_a = \frac{\cos^2(\varphi - \alpha)}{\cos^2\alpha\cos(\alpha + \delta)\left[1 + \sqrt{\dfrac{\sin(\varphi - \delta)\sin(\varphi - \beta)}{\cos(\alpha + \delta)\cos(\alpha - \beta)}}\right]^2} \qquad (8.8.3)$$

加筋土挡墙将 $\alpha = 0$、$\delta = 0$ 代入式（8.8.3）得

$$K_a = \frac{\cos^2\varphi}{\left[1 + \sqrt{\dfrac{\sin\varphi\sin(\varphi - \beta)}{\cos\beta}}\right]^2} \qquad (8.8.4)$$

③加筋体任一深度 h_i 的土压应力 σ_i　绘制侧压应力图形，并由图形求任意深度 h_i 处的土压应力 σ_i（如图 8-47 所示），因为 $\sigma_0 = 0$，$\sigma_H = \gamma_1 H K_a$，于是 $\sigma_i = \gamma_1 h_1 K_a$。

④第 i 层筋带所受的拉力

$$T_i = \sigma_i S_x S_y \qquad (8.8.5)$$

式中　X_x、S_y——筋带水平与垂直方向的计算距离。

（2）破裂面交于路基面（如图 8-48）

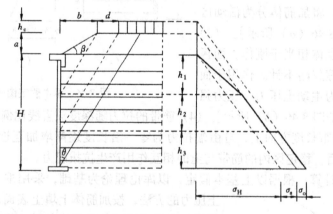

图 8-48　破裂面交于路基面

①破裂角 θ，由重力式挡土墙推得

$$\text{tg}\theta = -\text{tg}\psi \pm \sqrt{(\text{tg}\psi + \cot\varphi(\text{tg}\psi + A))} \qquad (8.8.6)$$

式中　$\psi = \varphi + \delta + \alpha$，$A = \dfrac{ab + 2h_c(b + d) - H(H + 2a + 2h_c)\text{tg}\alpha}{(H + \alpha)(H + a + 2h_c)}$

加筋土挡土墙将 $\alpha = 0$、$\delta = 0$ 代入式（8.8.6）得：

$$\text{tg}\theta = -\text{tg}\varphi \pm \sqrt{(\text{tg}\varphi + \cot\varphi)(\text{tg}\varphi + A)} \qquad (8.8.7)$$

式中 $A = \dfrac{ab + 2h_c(b + d)}{(H + a)(H + a + 2h_c)}$

②侧土压力系数 K_a，由重力式挡土墙推得

$$K_a = (\text{tg}\theta - \text{tg}\alpha)\frac{\cos(\theta + \varphi)}{\sin(\theta + \psi)} \tag{8.8.8}$$

式中 $\psi = \alpha + \delta + \varphi$

加筋土挡墙将 $\alpha = 0$、$\delta = 0$ 代入式（8.8.8）得

$$K_a = \frac{\text{tg}\theta}{\text{tg}(\theta + \varphi)} \tag{8.8.9}$$

③加筋体任一深度 h_i 的土压应力 σ_i，绘制侧压应力图形，并由图形求任意深度 h_i 处的土压应力 σ_i（见图 8-48 所示），因为 $\sigma_0 = \gamma_1 h_c K_a$，$\sigma_a = \gamma_2 a k_a$，$\sigma_H = \gamma_1 H K_a$，而 $h_1 = \dfrac{b}{\text{tg}\theta} - a$，$h_2 = \dfrac{d}{\text{tg}\theta}$，$h_3 = H - h_1 - h_2$，由压力图形可得

$$\left.\begin{aligned}
\sigma_i &= \frac{h_i}{h_1}(h_1\gamma_1 + a\gamma_2)K_a & h_i \leqslant h_1 \\
\sigma_i &= (h_i\gamma_1 + a\gamma_2)K_a & h_1 < h_i < h_1 + h_2 \\
\sigma_i &= [(h_i + h_c)\gamma_1 + a\gamma_2]K_a & h_1 + h_2 \leqslant h_i \leqslant H
\end{aligned}\right\} \tag{8.8.10}$$

④第 i 层筋带所受的拉力 T_i

$$T_i = \sigma_i S_x S_y \tag{8.8.11}$$

式中 σ_i——由式（8.8.10）求出的沿墙体不同深度处的土压应力。

3. 筋带断面计算

根据不同深度筋带所承受的最大拉力计算筋带断面。当采用扁钢带并用螺栓连接时还应验算螺栓连接处的截面（该截面受到固定螺栓孔的削弱）和螺栓的抗剪强度。筋带断面按下式计算

$$A_i = \frac{1000 T_i}{\eta[\sigma_t]} \tag{8.8.12}$$

式中 A_i——第 i 单元筋带断面积，mm^2；

η——筋带容许应力提高系数；

$[\sigma_t]$——筋带容许拉应力，MPa。

4. 筋带抗拔稳定性验算

各个单元结点筋带抗拔能力是用该结点筋带所具有的抗拔力 S_i 与它所受到的拔出力之比来反映，该比值称为抗拔安全系数 K_f，要求 $K_f \geqslant [K_f]$。

$$K_f = \frac{S_i}{T_i} \geqslant [K_f] \tag{8.8.13}$$

其中锚固长度 l_{ei} 为主动压区以后（如图 8-49 所示）的长度。各层筋带的抗拔力 S_i 按作用

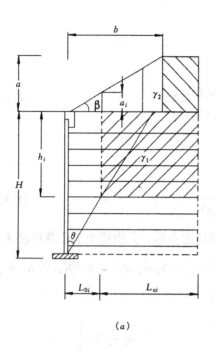
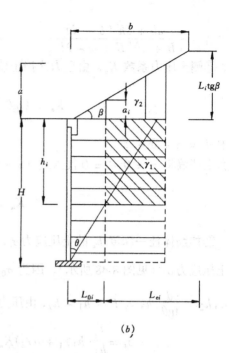

(a) 　　　　　　　　　　　　　　　(b)

图 8-49　筋带抗拔力稳定性验算图式

(a) $L_i > b$；(b) $L_i \leqslant b$

于该锚固长度范围内的垂直荷载大小进行计算。

$$S_i = 2b_i f^* \left[\frac{1}{2} \gamma_2 (a_i + a)(b - L_{0i}) + \gamma_2 a (L_i - b) + \gamma_1 L_{ei} h_i \right] \quad (L_i > b)$$

$$(8.8.14)$$

$$S_i = 2b_i f^* \left[\frac{1}{2} \gamma_2 (a_i + L_i \mathrm{tg}\beta) + \gamma_1 L_{ei} h_i \right] \quad (L_i \leqslant b) \quad (8.8.15)$$

式中　f^*——筋带与土的视摩擦系数；

　　　L_{ei}——第 i 结点处稳定区筋带长度，$L_{ei} = L_i - L_{0i}$；

　　　L_{0i}——第 i 结点处稳定区筋带长度，$L_{0i} = (H - h_i)\mathrm{tg}\theta$；

　　　θ——破裂角。

求得 S_i 后，将 S_i 代入式 (8.8.13) 计算 K_f 并与 $[K_f]$ 比较分析其抗拔稳定性。

8.8.4　外部稳定性分析

加筋土挡土墙的外部稳定性分析中视加筋体为刚体。其分析项目一般包括基底滑移与倾覆稳定性验算、基础底面地基承载力验算，必要时还应对整体滑动和地基沉降进行验算。

1. 土压力计算

根据加筋土挡土墙墙后填土的不同边界条件，采用库伦公式计算作用于筋体的主动土压力。

（1）路堤式挡土墙，墙后破裂面交于内边坡，土压力为

$$E_A = \frac{1}{2}\gamma H'^2 K_a \qquad (8.8.16)$$

则

$$E_{Ax} = E_a\cos\varphi' \qquad (8.8.17a)$$

$$E_{Ay} = E_a\sin\varphi' \qquad (8.8.17b)$$

式中　$K_a = \dfrac{\cos^2\varphi}{\cos\varphi'\left\{1 + \sqrt{\dfrac{\sin(\varphi - \varphi')\sin(\varphi - \beta)}{\cos\varphi'\cos\beta}}\right\}^2}$；

$H' = L\mathrm{tg}\beta + H$；

φ' 为加筋土挡土墙与墙后填料之间的摩擦角，采用 φ_1 与 φ_2 中的小值。

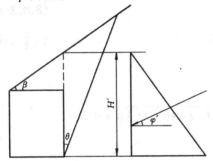

图 8-50　墙后破裂面交于内边坡　　　　图 8-51　墙后破裂面交于路面上

（2）路堤式挡土墙，墙后破裂面交与路基面上

$$E_A = \gamma K_a \frac{A_0\mathrm{tg}\theta - B_0}{\mathrm{tg}\theta} \qquad (8.8.18)$$

则
$$E_{Ax} = E_a\cos\varphi' \qquad (8.8.19a)$$

$$E_{Ay} = E_a\sin\varphi' \qquad (8.8.19b)$$

式中　$A_0 = \dfrac{1}{2}(a' + H' + 2h_c)(a' + H')$

$B_0 = \dfrac{1}{2}a'b' + (b' + d)h_c$

$K_a = \dfrac{\mathrm{tg}\theta\cos(\theta + \varphi)}{\sin(\theta + \varphi + \varphi')}$

$\mathrm{tg}\theta = -\mathrm{tg}(\varphi + \varphi') \pm \sqrt{\left[\mathrm{tg}(\varphi + \varphi') + \cot\varphi\right]\left[\mathrm{tg}(\varphi + \varphi') + \dfrac{B_0}{A_0}\right]}$

（3）路肩式挡土墙，墙后破裂面交于路面上，如图 8-52 所示

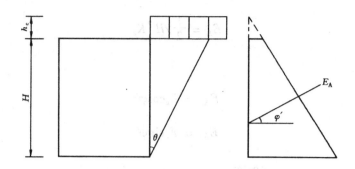

图 8-52　墙后破裂面交于路面上

$$E_A = \frac{1}{2}\gamma H(H + 2h_c)K_a \tag{8.8.20}$$

则

$$E_{Ax} = E_a\cos\varphi' \tag{8.8.21a}$$

$$E_{Ay} = E_a\sin\varphi' \tag{8.8.21b}$$

式中 $K_a = \dfrac{tg\theta\cos(\theta + \varphi)}{\sin(\theta + \varphi + \varphi')}$

$$tg\theta = -tg(\varphi + \varphi') \pm \sqrt{[tg(\varphi + \varphi') + \cot\varphi]\,tg(\varphi + \varphi')}$$

2. 滑移稳定性分析（如图 8-53 所示）

验证加筋体在总水平力作用下，加筋体与地基间产生摩阻力抵抗其滑移的能力，用抗滑稳定系数 K_c 为

$$K_c = \frac{f\Sigma N}{\Sigma T} \geqslant [K_c] \tag{8.8.22}$$

式中　ΣN——竖向力总和；

　　　　ΣT——水平力总和；

　　　　f——加筋体底面与地基土之间的摩擦系数，当缺乏实际资料时，可参考表 8-3。

表 8 - 3

基 地 摩 擦 系 数

地 基 土 分 类	f	地 基 土 分 类	f
软塑粘土	0.25	砂性土、软质岩石	0.40 ~ 0.60
硬塑粘土	0.30	碎（砾）石土	0.50
半干硬的粘土	0.30 ~ 0.40	硬质岩石	0.5 ~ 0.6

注：填料的强度弱于地基时，$f = 0.3 ~ 0.4$

3. 倾覆稳定性分析（如图 8-53 所示）

为保证加筋土挡土墙抗倾覆稳定性，须验算它抵抗墙身绕墙趾倾覆的能力，用抗倾覆稳定系数 K_0 表示，即对于墙趾总的稳定力矩 ΣM_y 与总的倾覆力矩 ΣM_0 之比

170

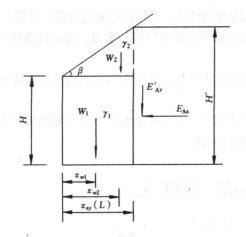
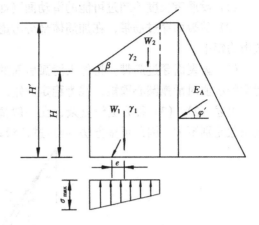

图 8-53　滑移、倾覆稳定性分析图式　　　　图 8-54　基础底面地基承载力验算图式

$$K_0 = \frac{\sum M_y}{\sum M_0} \geqslant \left[K_0 \right] \qquad (8.8.23)$$

图 8-53 所示的加筋体断面时

$$\sum M_y = W_1 Z_{w1} + W_2 Z_{w2} + E_{Ay} Z_{ay}$$

$$= \frac{1}{2} \gamma_1 H L^2 + \frac{1}{3} \gamma_2 L^3 \mathrm{tg}\beta + E_{Ay} L$$

$$\sum M_0 = E_{Ax} Z_{ax} = \frac{1}{3} E_{Ax} H'$$

4. 基础底面地基承载力验算（如图 8-54 所示）

验证加筋体总垂直力作用下，基底压应力是否小于地基容许承载力。由于加筋体承受偏心荷载，因此，基底压应力按梯形分布考虑。验算公式为

$$\sigma_{max} = \frac{\sum N}{L} \left(1 + \frac{6e}{L} \right) \geqslant \left[\sigma \right] \qquad (8.8.24)$$

式中　σ_{max}——基础底面最大压压力，kPa；

　　　$\sum N$——作用于基底的垂直合力，kN/m；

　　　L——加筋土挡土墙底面的计算宽度，m；

　　　e——$\sum N$ 的偏心距，m；

　　　$\left[\sigma \right]$——地基容许承载力，kPa。

8.8.5　整体稳定性验算

整体稳定性分析，即加筋体随地基一起滑动的验算，其目的在于确定潜在破裂面。安全系数，目前大多采用圆柱状破裂面，即圆弧滑动面法进行验算。

在进行验算时，如何考虑埋置于土中的筋带效果，至今尚无确切和统一的方法。一般常用的方法有以下几种：

（1）设筋带长度不超过可能的滑动面（如图8-55所示），可以按普遍的圆弧法计算。

（2）破裂面穿过筋带，在加筋体部分考虑因有筋带而产生的似粘聚力，而将该值计入抗滑力矩中。

（3）破裂面穿过筋带，将伸入滑弧后面的筋带长度产生的摩阻力和筋带的抗拉强度两者中的小值对滑弧圆心取矩，视为稳定力矩。

上述（2）、（3）种方法较复杂，在一般情况下与第（1）种方法算出滑动圆弧最小安全系数差别不大，因此可按方法（1）进行滑动圆弧验算。

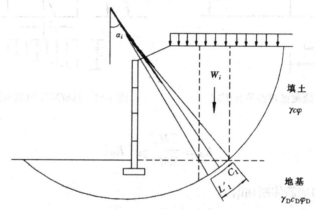

图8-55 圆弧滑动面条分法验算图式

圆弧滑动面条分法验算公式如下（如图8-55所示）

$$K_s = \frac{\Sigma(c_i l'_i + W_i \cos\alpha_i \mathrm{tg}\varphi_i)}{\Sigma W_i \sin\alpha_i} \geq [K_s] \qquad (8.8.25)$$

式中　c_i、l'_i——第 i 条块滑动面上的粘聚力（kPa）和弧长（m）；

　　　W_i——第 i 条块自重及其荷载重，kN；

　　　φ_i——第 i 条块滑动面上土的内摩擦角，°；

　　　α_i——第 i 条块滑动弧的法线与竖直线的夹角，°；

　　　$[K_s]$——容许稳定系数 $[K_s]$ = 1.10～1.25。

*8.9　管涵上的土压力计算

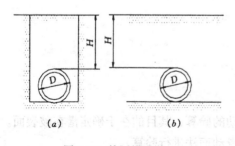

图8-56 管涵的埋设
（a）沟埋式；（b）上埋式

地下管道和涵洞上的土压力，因埋设方式不同而采用不同的计算方法。埋设的方式有沟埋式和上埋式两种，如图8-56所示。沟埋式是在天然地基或老填土中挖沟，将管道放至沟底，在其上填土。上埋式是将管道放在天然地基上再填土。但是，若在软土地基上用沟埋式建造管道，为防止不均匀沉降而采用桩基础，也要按上埋式计算作用在管涵上土压力。

8.9.1 沟埋式管涵上的土压力

图 8-57 表示在地基中开挖的一条宽度为 $2B$ 的沟，在沟中填土，填土表面上有均布荷载 q。由于填土压缩下沉与沟壁发生摩擦，一部分填土和荷载的重量将传至两侧的沟壁上，使填土及荷载的重量减轻，这种现象称为填土中的拱作用。为了计算有拱作用时涵洞的土压力，假设滑动面是竖直的，在填土表面以下，深度处取一厚度为 dz 的土层，根据竖向力的平衡条件得到

$$2\gamma B\mathrm{d}z + 2B\sigma_z - 2B(\sigma_z + \mathrm{d}\sigma_z) - 2c\mathrm{d}z - 2K\sigma_z\mathrm{tg}\varphi\mathrm{d}z = 0 \tag{8.9.1}$$

简化为
$$\gamma B\mathrm{d}z - B\mathrm{d}\sigma_z - c\mathrm{d}z - 2K\sigma_z\mathrm{tg}\varphi\mathrm{d}z = 0 \tag{8.9.2}$$

式中　K——土压力系数，一般采用主动土压力系数 K_a；

　　　γ——沟中填土的重度；

　　　c——填土与沟壁之间的粘聚力；

　　　φ——填土与沟壁之间的内摩擦角。

由式（8.9.2）得到

$$\frac{\mathrm{d}\sigma_z}{\mathrm{d}z} = \gamma - \frac{c}{b} - K\sigma_z\frac{\mathrm{tg}\varphi}{B} \tag{8.9.3}$$

上式为一阶常微分方程，根据边界条件：当 $z = 0$ 时 $\sigma_z = q$，可以解得

$$\sigma_z = \frac{B(\gamma - c/B)}{K\mathrm{tg}\varphi}(1 - e^{-K\frac{z}{B}\mathrm{tg}\varphi}) + qe^{-K\frac{z}{B}\mathrm{tg}\varphi} \tag{8.9.4}$$

作用在管涵顶上的总压力为

$$W = \sigma_z D \tag{8.9.5}$$

式中　D——管涵的直径。

由于埋土经过长时间压缩以后，沟壁摩擦作用将消失，因此，管涵顶上所受到的由土重引起的总压力将增大为

$$W = \gamma HD \tag{8.9.6}$$

作用在管涵侧壁的水平压力根据式（8.9.4）可以得到

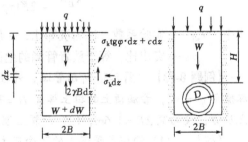

图 8-57　沟埋式管涵

$$\sigma_x = K\sigma_z = \frac{B(\gamma - c/B)}{\mathrm{tg}\varphi}(1 - e^{-K\frac{z}{B}\mathrm{tg}\varphi}) + Kqe^{-K\frac{z}{B}\mathrm{tg}\varphi} \tag{8.9.7}$$

管涵侧壁的水平压力与竖直压力成正比，为曲线分布。

8.9.2 上埋式管涵上的土压力

在天然地基上埋设管涵，由于管涵顶上的填土与两侧填土之间的沉降不同，对管涵上的填土发生向下的剪切力，因此，作用在管涵上的土压力为土重与剪切力之和。按上述方法可以求得

$$\sigma_z = \frac{D(\gamma + 2c/D)}{2K\mathrm{tg}\varphi}(e^{2K\frac{H}{D}\mathrm{tg}\varphi} - 1) + qe^{2K\frac{H}{D}\mathrm{tg}\varphi} \tag{8.9.8}$$

作用在管涵顶上的总压力，根据式（8.9.8）计算，即

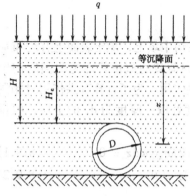

$$W = \sigma_z D \qquad (8.9.9)$$

作用在管涵侧壁的水平压力，根据式（8.9.8）可以得到

$$\sigma_x = \frac{D(\gamma + 2c/D)}{2\mathrm{tg}\varphi}(e^{2K\frac{z}{D}\mathrm{tg}\varphi} - 1) + Kqe^{2K\frac{z}{D}\mathrm{tg}\varphi}$$

$$(8.9.10)$$

管涵侧壁的水平压力与竖间压力成正比，也是曲线分布。式（8.9.8）、（8.9.10）适用于管涵顶上填土厚度小的情况。若填土厚度较大，在上层某一深度内管涵顶上的填土与周围的填土相对沉降很小，可以忽略不计，该深度处称为等沉降面，在等沉降面以下的填土才有相对沉降，发生剪切力。设发生相对沉降的土层厚度为 H_e 如图 8-58 所示，则作用在管涵上的竖向压力与水平压力

图 8-58 上埋式管涵

分别为

$$\sigma_z = \frac{D(\gamma + 2c/D)}{2K\mathrm{tg}\varphi}(e^{2K\frac{H_e}{D}\mathrm{tg}\varphi} - 1) + [q + \gamma(H - H_e)]e^{2K\frac{H_e}{D}\mathrm{tg}\varphi} \qquad (8.9.11)$$

$$\sigma_x = \frac{D(\gamma + 2c/D)}{2\mathrm{tg}\varphi}(e^{2K\frac{z}{D}\mathrm{tg}\varphi} - 1) + K[q + \gamma(H - H_e)]e^{2K\frac{z}{D}\mathrm{tg}\varphi} \qquad (8.9.12)$$

式中 H_e 可按下式计算

$$e^{2K\frac{H_e}{D}\mathrm{tg}\varphi} - 2K\mathrm{tg}\varphi\frac{H_e}{D} = 2K\mathrm{tg}\varphi\gamma_{sd}\rho + 1 \qquad (8.9.13)$$

式中　γ_{sd}——实验系数，称为沉降比，一般的土取 0.75，压缩性大的土取 0.5；

　　　ρ——突出比，等于放置管涵的地面至洞顶的距离除以管涵的外径。

【例题 8-13】　图 8-56 所示管涵，外径 $D = 1\mathrm{m}$，填土为砂土，重度 $\gamma = 18\mathrm{kN/m^3}$，内摩擦角 $\varphi = 30°$，管涵顶上的填土厚度 $H = 3\mathrm{m}$。（1）计算沟埋式施工时作用在管涵顶上的土压力，设沟宽 $2B = 1.6\mathrm{m}$；（2）计算上埋式施工时作用在管涵顶上的土压力。

【解】　（1）沟埋式管涵上的竖向压力按式（8.9.4）计算

$$K = K_a = \mathrm{tg}^2(45° - \varphi/2) = \mathrm{tg}^2(45° - 30°/2) = 0.33$$

$$\sigma_z = \frac{B\gamma}{K\mathrm{tg}\varphi}(1 - e^{-K\frac{H}{B}\mathrm{tg}\varphi}) = \frac{0.8 \times 18}{0.33 \times \mathrm{tg}30°}(1 - e^{-0.33 \times \frac{3}{0.8}\mathrm{tg}30°}) = 38.6\mathrm{kN/m^2}$$

作用在管涵顶上的总压力按式（8.9.5）计算，即

$$W = \sigma_z D = 38.6 \times 1 = 38.6\mathrm{kN/m}$$

（2）上埋式管涵上的竖向压力按式（8.9.8）计算

$$\sigma_z = \frac{D\gamma}{2K\mathrm{tg}\varphi}(e^{2K\frac{H}{D}\mathrm{tg}\varphi} - 1) = \frac{1.0 \times 18}{2 \times 0.33 \times \mathrm{tg}30°}(e^{2 \times 0.33 \times \frac{3}{1}\mathrm{tg}30°} - 1) = 119.4\mathrm{kN/m^2}$$

作用在管涵顶上的总压力同样按式（8.9.5）计算，即

$$W = \sigma_z D = 119.4 \times 1 = 119.4\mathrm{kN/m}$$

由以上计算可见，上埋式管涵上的压力远大于沟埋式管涵上的压力，但是，如果都考虑填土沉降不等所引起的侧壁摩擦力影响，则作用在管涵顶上的总压力按式（8.9.6）计算为

$$W = \gamma HD = 18 \times 3 \times 1 = 54kN/m$$

因此在上埋式管涵设计时要充分考虑到土压力的变化情况。

习题与思考题

8.1 按朗肯土压力理论计算图 8-59 所示挡土墙上的主动土压力及其分布图。

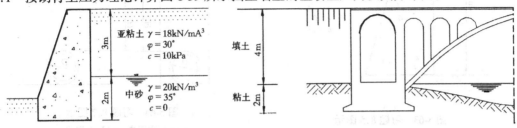

图 8-59 习题 8.1 图示   图 8-60 习题 8.2 图示

8.2 已知桥台台背宽度 $B = 5m$，桥台高度 $H = 6m$。填土性质为：$\gamma = 18kN/m^3$，$\varphi = 20°$，$c = 13kPa$；地基土为粘土，$\gamma = 17.5kN/m^2$，$\varphi = 15°$，$c = 15kPa$；土的侧压力系数 $K_0 = 0.5$。用朗肯土压力理论计算图 8-60 所示拱桥桥台墙背上的静止土压力及被动土压力，并绘出其分布图。

8.3 已知墙高 $H = 6m$，墙背倾角 $\varepsilon = 10°$，墙背摩擦角 $\delta = \varphi/2$；填土面水平 $\beta = 0$，$\gamma = 19.7kN/m^3$，$\varphi = 35°$，$c = 0$。用库伦土压力理论计算图 8-61 挡土墙上的主动土压力值及滑动面方向。

8.4 已知填土 $\gamma = 20kN/m^3$，$\varphi = 30°$，$c = 0$；挡土墙高度 $H = 5m$，墙背倾角 $\varepsilon = 10°$，墙背摩擦角 $\delta = \varphi/2$。用库尔曼图解法计算图 8-61 所示挡土墙上的主动土压力。

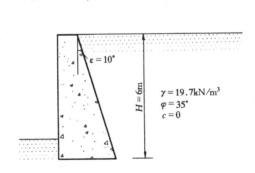
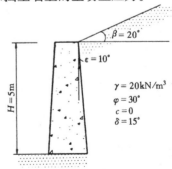

图 8-61 习题 8.3 图示   图 8-62 习题 8.4 图示

8.5 已知填土 $\gamma = 16kN/m^3$，$\varphi = 30°$，$c = 0$；挡土墙高度 $H = 10m$，墙背倾角 $\varepsilon = 17°$，墙背摩擦角 $\delta = 15°$，地震时的合成地震系数 $k = 0.2$（$k = tg\theta_e$）。试计算作用在挡土墙上（图 8-63）的土压力，并与没有地震时的土压力进行比较。

8.6 已知桩周土为砂砾，$\gamma = 19.5kN/m^3$，$\varphi = 28°$，$c = 0$，基坑开挖深度 $h = 2.0m$，安全系数取用 $K = 2$，计算悬臂式板桩墙需要的入土深度 t 及桩身最大弯矩值。

8.7 如图 8-64，外径 $D = 1.5m$，填土为砂土，重度 $\gamma = 18.5kN/m^3$，内摩擦角 $\varphi = 31°$，管

道顶上的填土厚度 $H = 3.0m$。（1）计算沟埋式施工时作用在管道顶上的土压力，设沟宽 $2B = 2.1m$；（2）计算上埋式施工时作用在管道顶上的土压力。

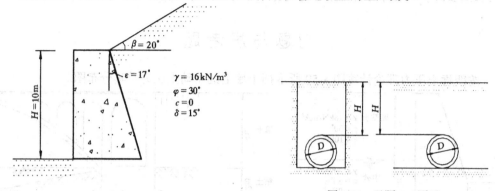

图 8-63　习题 8.5 图示

图 8-64　习题 8.7 图示
（a）沟埋式；（b）上埋式

参 考 文 献

1　钱家欢主编．土力学．南京：河海大学出版社，1988

2　洪毓康主编．土质学与土力学（第二版）．北京：人民交通出版社，1987

3　殷永安编．土力学及基础工程．北京：中央广播电视大学出版社，1986

4　H. F. 温特科恩，方晓阳主编．钱鸿缙，叶书麟等译校．基础工程手册．北京：中国建筑工业出版社，1983

5　铃木音彦著．唐业清，吴庆荪合译．藤家禄校．工程土力学计算实例．北京：中国铁道出版社，1982

6　Braja M Das. Principles of Foundation Engineering. Brooks/Cole Engineering Division, 1984

7　交通部第二公路勘察设计院．公路设计手册-路基．北京：人民交通出版社，1997

第9章 地基承载力

9.1 概　　述

上部建筑的荷载通过基础传给地基，最终由地基承担。地基承载力是指地基承担荷载的能力。在荷载作用下，地基要产生变形。随着荷载的增大，地基变形逐渐增大。当荷载增大到地基中部分区域的应力达到土的抗剪强度时，土中应力开始出现重分布。当外加荷载足够大，地基可能出现两种极限状态的破坏。一种是地基可能会产生正常使用不能允许的足够大的变形，即可能会产生正常使用极限状态。另一种是荷载足够大使地基中达到抗剪强度的区域连成一片，地基失去稳定性，即产生承载能力极限状态，此时作用在地基上的荷载称之为地基极限承载力，是基底压力的极限值，指使地基发生剪切破坏失去整体稳定时的基础最小底面压力。地基正常使用极限状态主要以变形过大为特征，有时称为变形极限状态。承载能力极限状态以强度破坏为特征，有时称为强度极限状态。本义上的地基极限承载力指的是产生强度极限状态时的地基承载能力，广义上的地基极限承载力指的是使地基产生极限状态时基底压力最小值。

地基承载力问题是土力学中的一个重要的研究课题，其目的是为了充分掌握地基的承载规律，发挥地基的承载能力，合理确定地基承载力，使位于地基上的各种工程具有足够的安全储备，确保地基不致因荷载过大而发生剪切破坏，保证基础不因沉降或沉降差过大而影响建筑物的安全和正常使用，使工程在使用期内能安全、正常地发挥应有的功能。为了达到上述要求，工程上一般都采用限制基底压力最大不超过某一特定值的办法解决。该承载力特定值被称为承载力特征值、允（容）许承载力或承载力标准值，它是在保证地基稳定条件下一般建筑地基沉降量不超过规定值的地基承载能力，是具有相应安全储备的地基承载力。

土的抗剪强度是土体抵抗剪切破坏的能力，地基承载力取决于地基土的抗剪强度，地基承载力是地基土抗剪强度的一种宏观表现，影响地基土抗剪强度的因素对地基承载力也产生类似影响。一般情况下，工程上可以进行类比判断。同样情况下，一般含水量高的地基土抗剪强度低，承载力也低，孔隙比大的地基土抗剪强度低，承载力低。除了地基土的物理力学性质外，影响地基承载力的因素尚有：地基土的成因和沉积条件，如地基土层的分布、地下水；作用荷载历史；建筑情况；构造特点；基础形式、尺寸和埋深、刚度；施工方法等。

确定地基承载力的方法一般有原位试验法、理论计算法、规范表格法、经验法等。经验法是一种基于地区的使用经验，进行类比判断确定承载力的方法。规范表格法是根据土的物理力学性质指标或现场测试结果，通过查规范所列表格得到承载力的方法。规范不同（包括不同部门、不同行业、不同地区的规范），其承载力值不会完全相同，应用时需注意各自的使用条件。原位试验法是一种通过现场试验确定承载力的方法，包括静载荷试验、静力触探试验、标准贯入试验、旁压试验等。本章主要介绍理论计算法确定埋深较浅基础承载力的方法及其相关的内容。

9.2 地基破坏模式

9.2.1 三种破坏型式

在荷载作用下地基因承载力不足引起的破坏一般都由地基土的剪切破坏引起。试验研究表明，它有三种破坏形式：整体剪切破坏、局部剪切破坏和冲切剪切破坏，如图 9-1 所示。

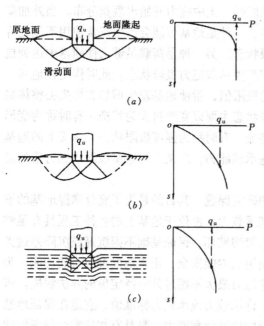

图 9-1 地基的破坏型式
(a) 整体剪切破坏；(b) 局部剪切破坏；
(c) 冲剪破坏

1. 整体剪切破坏

一种在基础荷载作用下地基发生连续剪切滑动面的地基破坏形式，其概念最早由普朗德尔（L.Prandtl）于 1920 年提出。它的破坏特征是：地基在荷载作用下产生近似线弹性（$P\text{-}S$ 曲线呈线性）变形。当荷载达到一定数值时，在基础的边缘以下土体首先发生剪切破坏，随着荷载的继续增加，剪切破坏区也逐渐扩大，$P\text{-}S$ 曲线由线性开始弯曲。当剪切破坏区在地基中形成一片，成为连续的滑动面时，基础就会急剧下沉并向一侧倾斜、倾倒，基础两侧的地面向上隆起，地基发生整体剪切破坏，地基、基础均失去了继续承载能力。描述这种破坏型式的典型的荷载-沉降曲线（$P\text{-}S$ 曲线）具有明显的转折点，破坏前建筑物一般不会产生过大的沉降，它是一种典型的土体强度破坏，破坏有一定的突然性。如图 9-1(a) 示。整体剪切破坏一般在密砂和坚硬的粘土中最有可能发生。

2. 局部剪切破坏

一种在基础荷载作用下地基某一范围内发生剪切破坏区的地基破坏型式，其概念最早由德比尔(E.E.De Beer)于 1943 年提出。其破坏特征是：在荷载作用下，地基在基础边缘以下开始发生剪切破坏之后，随着荷载的继续增大，地基变形增大，剪切破坏区继续扩大，基础两侧土体有部分隆起，但剪切破坏区没有发展到地面，基础没有明显的倾斜和倒塌。基础由于产生过大的沉降而丧失继续承载能力，地基失去稳定性。描述这种破坏型式的 $P\text{-}S$ 曲线一般没有明显的转折点，其直线段范围较小，是一种以变形为主要特征的破坏型式。

3. 冲切剪切破坏

在荷载作用下基础下土体发生垂直剪切破坏，使基础产生较大沉降的一种地基破坏型

178

式，有时称为冲剪破坏、刺入剪切破坏。冲切剪切破坏的概念由德比尔和魏锡克（A. Vesic）于1958年提出，其破坏特征是：在荷载作用下基础产生较大沉降，基础周围的部分土体也产生下陷，破坏时地基中基础好象"刺入"土层，不出现明显的破坏区和滑动面，基础没有明显的倾斜，其 P-S 曲线没有转折点，是一种典型的以变形为特征的破坏型式。在压缩性较大的松砂、软土地基或基础埋深较大时相对容易发生冲剪破坏。

各种破坏型式的特点和比较见表 9-1 示。

长条基础受铅直中心荷载作用地基破坏型式的特点　　　　表 9-1

破坏型式	地基中滑动面情况	荷载与沉降曲线的特征	基础两侧地面情况	破坏时基础的沉降情况	基础的表现	设计的控制因素	事故出现情况	适用条件	
								基 土	相对埋深[①]
整体破坏	完整（以至露出地面）	有明显的拐点	隆起	较 小	倾倒	强 度	突然倾倒	密实的	小
局部破坏	不完整	拐点不易确定	有时微有隆起	中 等	可能会出现倾倒	变形为主	较慢下沉时有倾倒	松软的	中
冲剪破坏	很不完整	拐点无法确定	沿基础出现下陷	较 大	只出现下沉	变 形	缓慢下沉	软弱的	大

　① 基础相对埋深为基础埋深与基础宽度之比。

9.2.2 破坏模式的影响因素和判别

影响地基破坏型式的因素很多，对影响因素的研究至今并未成熟，主要有：地基土本身的条件，如种类、密度、含水量、抗剪强度等；基础条件，如型式、埋深、尺寸、地面粗糙程度等；上部荷载的条件等，其中土的压缩性是影响破坏模式的主要因素。如果土的压缩性低，土体相对比较密实，一般容易发生整体剪切破坏。反之，如果土比较疏松，压缩性高，则会发生冲剪破坏。图 9-2 给出魏锡克在砂土上的模型试验结果，该图说明了地基破坏模式与砂土的相对密实度的关系，可供参考。

魏锡克主要考虑土压缩性，建议引入临界刚度比作为判断破坏模式的标准。他建议地基土刚度指标 I_r 和临界刚度指标 $(I_r)_{cr}$ 分别按式（9.2.1）和式（9.2.2）计算。

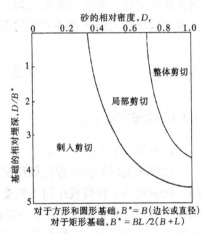

图 9-2 砂中模型基础的破坏模式（根据 Vesić，1963a，由 De Beer 修改，1970.）

$$I_r = \frac{G}{(c + q_0 \text{tg}\varphi)} = \frac{E}{2(1 + \nu)(c + q_0 \text{tg}\varphi)} \tag{9.2.1}$$

$$I_{r(cr)} = \frac{1}{2} e^{\left(3.30 - 0.45\frac{B}{L}\right) \text{ctg}\left(45° - \frac{\varphi}{2}\right)} \tag{9.2.2}$$

式中　L——基础的长度，m；

　　　G——土的剪切模量，kPa；

E——土的变形模量，kPa；

ν——土的泊松比；

c——土的粘聚力，kPa；

φ——土的内摩擦角，(°)；

q_0——地基中膨胀区平均超载压力，kPa，一般可取基底以下 $B/2$（B 为基础宽度）深度处的上覆土重。

式（9.2.1）从无限固体内扩孔问题解答得到，考虑材料为理想弹塑性体，当考虑塑性区的平均体应变为 Δ 时，魏锡克建议对刚度指标进行修正成为 I_{rr}。

$$I_{rr} = \frac{1}{1 + I_r \Delta} I_r \qquad (9.2.3)$$

当 $I_r > (I_r)_{cr}$ 时，被认为土是相对不可压缩的，地基产生整体剪切破坏；当 $I_r < (I_r)_{cr}$ 时，被认为土相当可压缩，地基将可能发生局部冲剪破坏。此时，按整体剪切破坏模式理论公式计算地基承载力时就需对土的压缩性进行修正。

地基压缩性对破坏模式的影响也会随着其他因素的变化而变化。建在密实土层中的基础，如果基础埋深大或受到瞬时动力冲击荷载，也会发生冲剪破坏，如果在密实砂层下卧有可压缩的软弱土层，地基也可能发生冲剪破坏。建在饱和正常固结粘土上的基础，若地基土在加载时不发生体积变化，将会发生整体剪切破坏，如果加荷很慢，使地基土固结，发生体积变化，则有可能发生刺入破坏。除了几种典型情况外，对应一具体工程可能会发生何种破坏模式需考虑各方面的因素后综合分析确定。

9.3 地 基 临 界 荷 载

9.3.1 临塑荷载 P_{cr}

1. 地基变形的三个阶段

在现场用标准方法进行载荷试验，可以得到地基的载荷-变形关系（即 P-S 曲线）。实际工程中地基土在荷载作用下的变形是个复杂的过程，与土的性质、载荷板宽度、埋深、试验方法等有关。图 9-3 表示一种典型的 P-S 关系。大多数情况下，P-S 曲线可以分为三个阶段：压密阶段、塑性变形阶段和整体剪切破坏阶段。

（1）压密阶段，又称直线变形阶段，对应 P-S 曲线的 oa 段。在这个阶段外加荷载较小，地基土以压密变形为主，压力与变形之间基本呈线性关系，地基中的应力尚处在弹性平衡阶段，地基中任一点的剪应力均小于该点的抗剪强度。该阶段的应力一般可近似采用弹性理论进行分析。

（2）塑性变形阶段，又称为局部剪切破坏阶段，对应 P-S 曲线的 ab 段。在这一阶段，从基础两侧底边缘点开始，局部位置土中剪应力等于该处土的抗剪强度，土体处于塑性极限平衡状态，宏观上 P-S 曲线呈现非线性的变化。随着荷载的增大，基础下土的塑性平衡区扩大，载荷-变形曲线的斜率增大。在这一阶段，虽然地基土部分区域发生了塑性极限平衡，但塑性区并未在地基中连成一片，地基基础仍有一定的稳定性，地基的安全度则随着塑性区的扩大而降低。

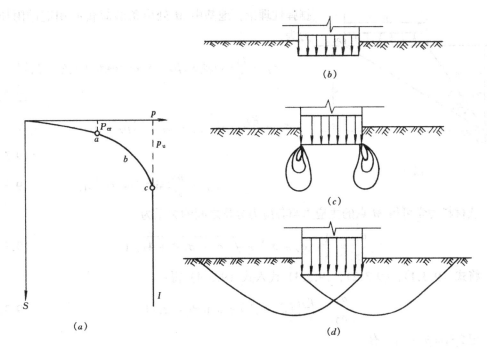

图 9-3　变形曲线的三个阶段与相应的地基破坏情况

（a）P-S 关系曲线；（b）直线变形阶段；（c）局部剪切破坏阶段；（d）整体破坏阶段

（3）整体剪切破坏阶段，有时称为塑性流动阶段、完全破坏阶段，对应 P-S 曲线的 bc 段。该阶段基础以下两侧的地基塑性区贯通并连成一片，基础两侧土体隆起，很小的荷载增量就会引起基础大的沉陷，这个变形主要不是由土的压缩引起，而是由地基土的塑性流动引起，是一种随时间不稳定的变形，其结果是基础往一侧倾倒，地基整体失去稳定性。显然，除了个别试验性工程之外，实际工程决不允许，正常使用工程也不会有这阶段发生。

相应于地基变形的三个阶段，地基有两个界限荷载，一个是相当于从压密变形阶段过度到塑性变形阶段的界限荷载，称为地基临塑荷载，一般记为 P_{cr}，是对应 P-S 曲线 a 点的荷载；一个是相应于从塑性变形阶段过度到整体剪切破坏阶段的界限荷载，称为极限荷载，记为 P_u，即对应 P-S 曲线 c 点的荷载。

根据地基三个变形阶段及其界限荷载，理论上有三种计算确定承载力的方法：一是取临塑荷载为承载力值，此时对应的地基安全度大，地基的承载能力未能充分发挥，承载力取值偏小，除了一些特殊工程外，工程上一般不用临塑荷载作承载力值；二是取产生某范围塑性开展区对应的塑性荷载为地基承载力值；三是极限荷载 P_u 取一定的安全储备后的值为地基承载力值。本节介绍前面两种方法，第三种方法在下节介绍。

2. 临塑荷载

又称比例极限荷载，指基础边缘地基中刚开始出现塑性极限平衡区时基底单位面积上所承担的荷载，对应于 P-S 曲线上的 a 点，是压密变形阶段的终点，塑性变形阶段的起点荷载。以下介绍根据弹性理论和极限平衡条件确定临塑荷载的方法。

设想在均质地基表面上有一条形基础，基础上作用均布铅直荷载，如图 9-4 所示。根

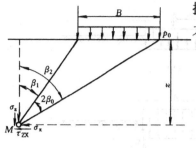

图 9-4

据弹性理论，地基中 M 处由条形荷载 p_0 引起的附加应力为：

$$\sigma_z = \frac{p_0}{\pi}\left[\sin\beta_2\cos\beta_2 - \sin\beta_1\cos\beta_1 + (\beta_2 - \beta_1)\right] \tag{9.3.1}$$

$$\sigma_x = \frac{p_0}{\pi}\left[-\sin(\beta_2 - \beta_1)\cos(\beta_2 + \beta_1) + (\beta_2 - \beta_1)\right] \tag{9.3.2}$$

$$\tau_{zx} = \frac{p_0}{\pi}(\sin^2\beta_2 - \sin^2\beta_1) \tag{9.3.3}$$

从材料力学可得 M 点的主应力与各应力分量之间的关系为

$$\genfrac{}{}{0pt}{}{\sigma_1}{\sigma_3} = \frac{1}{2}\left[(\sigma_z + \sigma_x) \pm \sqrt{(\sigma_z - \sigma_x)^2 + 4\tau_{zx}^2}\right] \tag{9.3.4}$$

将式 (9.3.1)、(9.3.2)、(9.3.3) 代入式 (9.3.4) 得：

$$\genfrac{}{}{0pt}{}{\sigma_1}{\sigma_3} = \frac{p_0}{\pi}\left[(\beta_2 - \beta_1) \pm \sin(\beta_2 - \beta_1)\right] \tag{9.3.5}$$

记 $2\beta_0 = \beta_2 - \beta_1$，有

$$\genfrac{}{}{0pt}{}{\sigma_1}{\sigma_3} = \frac{p_0}{\pi}(2\beta_0 \pm \sin2\beta_0) \tag{9.3.6}$$

作用在 M 点的应力除了由基底附加应力 p_0 引起的外，还有土自重应力。实际工程中基础一般都有埋深 D，则 M 点的土自重应力为：

$$\sigma_{cM} = \sigma_{cd} + \gamma z \tag{9.3.7}$$

$$\sigma_{cd} = \gamma_0 D \tag{9.3.8}$$

式中　σ_{cd}——基底土自重应力；

　　　　γ——持力层土重度；

　　　　γ_0——基础埋深范围土重度；

　　　　z——M 点距基底距离。

　　为了推导方便，假设地基土原有的自重应力场的土侧压力系数 $k_0 = 1$，具有静水压力性质，则自重应力场没有改变 M 点的附加应力场的大小和主应力的作用方向，M 点的总大小主应力为：

$$\genfrac{}{}{0pt}{}{\sigma_1}{\sigma_3} = \frac{p_0}{\pi}(2\beta_0 \pm \sin2\beta_0) + \sigma_{cM} \tag{9.3.9}$$

式中　p_0——基底附加应力；

　　其余符号的意义见图 9-5。

　　当基础荷载大至 M 点应力达到极限平衡状态时，M 点的大小主应力满足下式极限平衡条件（见 7.2.3）：

$$\sin\varphi = \frac{\sigma_1 - \sigma_3}{\sigma_1 + \sigma_3 + 2c\cot\varphi} \tag{9.3.10}$$

将式 (9.3.9) 代入式 (9.3.10)，经整理有：

$$z = \frac{p_0}{\pi\gamma}\left(\frac{\sin2\beta_0}{\sin\varphi} - 2\beta_0\right) - \frac{c}{\gamma\mathrm{tg}\varphi} - D\frac{\gamma_0}{\gamma} \qquad (9.3.11)$$

上式为满足极限平衡条件的塑性区边界方程，给出
了塑性区边界上任意一点的坐标 z 与 $2\beta_0$ 的关系。随着
基础荷载的增大，在基础两侧以下土中塑性区对称地扩
大。在一定荷载作用下，塑性区的最大深度 z_{max} 可按数
学上求极值的方法，由 $\frac{\mathrm{d}z}{\mathrm{d}\beta} = 0$ 的条件求得。

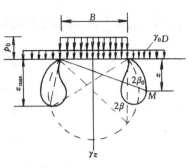

图 9-5　塑性区深度 z_{max}
与张角 $2\beta_0$ 的关系

$$\frac{\mathrm{d}z}{\mathrm{d}\beta} = \frac{2p_0}{\pi\gamma}\left(\frac{\cos2\beta_0}{\sin\varphi} - 1\right) = 0$$

$$\cos2\beta_0 = \sin\varphi$$

$$2\beta_0 = \frac{\pi}{2} - \varphi$$

将它代入式 (9.3.11) 有

$$z_{max} = \frac{p_0}{\pi\gamma}\left(\cot\varphi - \frac{\pi}{2} + \varphi\right) - \frac{c}{\gamma\mathrm{tg}\varphi} - \frac{\gamma_0}{\gamma}D \qquad (9.3.12)$$

根据定义，临塑荷载为地基刚要出现还未出现极限平衡区时的荷载，即 $z_{max} = 0$ 时的
荷载，则令式 (9.3.12) 右侧为零，可得 p_{cr}。

$$p_{cr} = \frac{\pi(\gamma_0 D + c\cot\varphi)}{\cot\varphi + \varphi - \frac{\pi}{2}} + \gamma_0 D \qquad (9.3.13)$$

或
$$p_{cr} = N_d \cdot \gamma_0 D + N_c \cdot c \qquad (9.3.14)$$

$$N_d = \left[\frac{\pi}{\cot\varphi + \varphi - \frac{\pi}{2}} + 1\right] \qquad (9.3.15)$$

$$N_c = \frac{\pi\cot\varphi}{\cot\varphi + \varphi - \frac{\pi}{2}} \qquad (9.3.16)$$

式中　N_d，N_c——承载力系数，也可由表 9-2 查得。

从式 (9.3.14) 可看出，临塑荷载 p_{cr} 由两部分组成，第一部分为基础埋深的影响，
第二部分为地基土粘聚力的作用，这两部分都是内摩擦角的函数，随 φ 的增大而增大。
p_{cr} 随埋深的增大而增大，随 c 的增大而增大。

9.3.2　塑性荷载 $p_{\frac{1}{3}}$、$p_{\frac{1}{4}}$

允许地基产生一定范围塑性区所对应的基础荷载为塑性荷载，$p_{\frac{1}{3}}$、$p_{\frac{1}{4}}$ 表示地基相应
产生 $z_{max} = \frac{1}{3}b$ 和 $z_{max} = \frac{1}{4}b$（b 为条形基础宽）时的基础荷载。

工程实践表明，除了一些地基土特别软弱等特别情况外，采用不允许地基产生塑性区
的临塑荷载 p_{cr} 作为地基承载力特征值的话，不能充分发挥地基的承载能力，取值偏于保
守。对于中等强度以上地基土，将控制地基中塑性区在一定深度范围内的塑性荷载作为地
基承载力特征值，使地基既有足够的安全度，保证稳定性，又能比较充分地发挥地基的承
载能力，从而达到优化设计，减少基础工程量，节约投资目的，符合经济合理的原则。允

许塑性区开展深度的范围大小与建筑物的重要性、荷载性质和大小、基础形式和特性、地基土的物理力学性质等有关。根据工程实践经验，在中心荷载作用下，控制塑性区最大开展深度 $z_{max} = \frac{1}{4}b$，在偏心荷载下控制 $z_{max} = \frac{1}{3}b$，对一般建筑物是允许的。

根据定义，分别将 $z_{max} = \frac{1}{4}b$ 和 $z_{max} = \frac{1}{3}b$ 代入式（9.3.12）得：

$$p_{\frac{1}{4}} = \frac{\pi\gamma}{\cot\varphi + \varphi - \frac{\pi}{2}}\left(\frac{1}{4}b + D + \frac{c}{\gamma}\cot\varphi\right) + \gamma_0 D \qquad (9.3.17a)$$

$$p_{1/4} = N_{b(1/4)}\gamma b + N_d \gamma_0 D + N_c \cdot c \qquad (9.3.17b)$$

$$p_{\frac{1}{3}} = \frac{\pi\gamma}{\cot\varphi + \varphi - \frac{\pi}{2}}\left(\frac{1}{3}b + D + \frac{c}{\gamma}\cot\varphi\right) + \gamma_0 D \qquad (9.3.18a)$$

$$p_{1/3} = N_{b(1/3)}\gamma b + N_d \cdot \gamma_0 D + N_c \cdot c \qquad (9.3.18b)$$

$$N_{b(1/4)} = \frac{\pi}{4\left(\cot\varphi + \varphi - \frac{\pi}{2}\right)} \qquad (9.3.19)$$

$$N_{b(1/3)} = \frac{\pi}{3\left(\cot\varphi + \varphi - \frac{\pi}{2}\right)} \qquad (9.3.20)$$

式中，N_c、N_d 为承载力系数，见式（9.3.15）、（9.3.16）。

从式（9.3.17）、（9.3.18）可以看出，塑性荷载由三部分组成，第一部分表现为基础宽度的影响，实际上是塑性区开展深度的影响，第二、三部分分别反映了基础埋深和地基土粘聚力对承载力的影响，后两部分组成了临塑荷载。N_b、N_c、N_d 是塑性荷载的承载力系数，它们都随内摩擦角 φ 的增大而增大，其值可查表 9-2 得到。分析塑性荷载的组成，可以看到它受地基土的性质、基础埋深、基础尺寸等因素的影响。

以上各式从条形均布荷载，按弹性理论并且假定自重应力场的 $k_0 = 1$ 情况下推导得出，与工程中基底压力非均布、地基土 $k \neq 1$、地基已出现塑性区而非弹性、非理想条形基础等实际情况有一定距离。由于按塑性区开展深度确定承载力的方法在国内已使用了多年，积累了经验，在修正的基础上仍作为一种经验数值在工程界应用。国家地基规范建议的地基承载力计算公式就是在式（9.3.17）基础上经修正得到的。

承载力系数 N_b、N_d、N_c　　　　　　　　　　　　　表 9-2

内摩擦角 φ	$N_{b(1/4)}$	$N_{b(1/3)}$	N_d	N_c
0	0	0	1.0	3.14
2	0.03	0.04	1.12	3.32
4	0.06	0.08	1.25	3.51
6	0.10	0.13	1.39	3.71
8	0.14	0.18	1.55	3.93
10	0.18	0.24	1.73	4.17
12	0.23	0.31	1.94	4.42
14	0.29	0.39	2.17	4.69
16	0.36	0.47	2.43	5.00
18	0.43	0.57	2.72	5.31

内摩擦角 φ	$N_{b(1/4)}$	$N_{b(1/3)}$	N_d	N_c
20	0.51	0.68	3.06	5.66
22	0.61	0.81	3.44	6.04
24	0.72	0.95	3.87	6.45
26	0.84	1.11	4.37	6.90
28	0.98	1.30	4.93	7.40
30	1.15	1.52	5.59	7.95
32	1.34	1.77	6.35	8.55
34	1.55	2.06	7.21	9.22
36	1.81	2.40	8.25	9.97
38	2.11	2.79	9.44	10.80
40	2.45	3.25	10.84	11.73

【例题 9-1】 某条形基础置于一均质地基上，宽 3m，埋深 1m，地基土天然重度 18.0kN/m³，天然含水量 38%，土粒相对密度 2.73，抗剪强度指标 $c = 15$kPa，$\varphi = 12°$，问该基础的临塑荷载 p_{cr}、塑性荷载 $p_{\frac{1}{3}}$、$p_{\frac{1}{4}}$ 各为多少？若地下水位上升至基础底面，假定土的抗剪强度指标不变，其 p_{cr}、$p_{\frac{1}{3}}$、$p_{\frac{1}{4}}$ 有何变化？

【解】 根据 $\varphi = 12°$，查表 9-2 得：

$$N_d = 1.94, \quad N_c = 4.42, \quad N_{b(\frac{1}{4})} = 0.23, \quad N_{b(\frac{1}{3})} = 0.31。$$

将 $c = 15$kPa，$\gamma = \gamma_0 = 18.0$kN/m³，$b = 3.0$m，$D = 1.0$m 及承载力系数代入式 (9.3.14)、(9.3.17)、(9.3.18) 得：

$$p_{cr} = \gamma_0 D N_d + c N_c = 18.0 \times 1.0 \times 1.94 + 15.0 \times 4.42 = 66.3\text{kPa}$$

$$\begin{aligned}
p_{\frac{1}{4}} &= \gamma b N_{b(\frac{1}{4})} + \gamma_0 D N_d + c N_c \\
&= 18.0 \times 3.0 \times 0.23 + 18.0 \times 1.0 \times 1.94 + 15.0 \times 4.42 \\
&= 78.7\text{kPa}
\end{aligned}$$

$$\begin{aligned}
p_{\frac{1}{3}} &= \gamma b N_{b(\frac{1}{3})} + \gamma_0 D N_d + c N_c \\
&= 18.0 \times 3.0 \times 0.31 + 18.0 \times 1.0 \times 1.94 + 15.0 \times 4.42 \\
&= 83.0\text{kPa}
\end{aligned}$$

地下水上升到基础底面，不会对承载力系数产生影响，此时 γ 需取有效重度 $\gamma' = \gamma_{sat} - \gamma_w$

$$\gamma_{sat} = \frac{(d_s - 1)\gamma}{d_s(1 + w)} + \gamma_w$$

$$\gamma' = \gamma_{sat} - \gamma_w = \frac{(d_s - 1)\gamma}{d_s(1 + w)} = \frac{(2.73 - 1.0) \times 18.0}{2.73(1 + 0.38)} = 8.27\text{kN/m}^3$$

$$\therefore \quad p_{cr} = \gamma_0 D N_d + c N_c = 66.3\text{kPa}$$

$$p_{\frac{1}{4}} = \gamma' b N_{b(\frac{1}{4})} + \gamma_0 D N_d + c N_c = 8.27 \times 3.0 \times 0.23 + 66.3 = 72.0\text{kPa}$$

$$p_{\frac{1}{3}} = \gamma' b N_{b(\frac{1}{3})} + \gamma_0 D N_d + c N_c = 8.27 \times 3.0 \times 0.31 + 66.3 = 74.0\text{kPa}$$

从比较可知，当地下水位上升到基底时，地基的临塑荷载没有变化，地基的塑性荷载降低，例题的减小量达 7.6% ~ 11.0%。不难看出，当地下水位上升到基底以上时，临塑荷载也将降低。由此可知，对工程而言，作好排水工作，防止地表水渗入地基，保持水环境对保证地基具有足够的承载能力具有重要意义。

9.4　地基极限承载力计算

9.4.1　普朗德尔极限承载力理论解

土的抗剪强度理论给出，当土中一点破坏时，其最大和最小主应力 σ_1 和 σ_3 之间满足以下关系：

$$\sigma_1 = \sigma_3 \mathrm{tg}^2(45° + \varphi/2) + 2c\mathrm{tg}(45° + \varphi/2) \tag{9.4.1a}$$

或

$$\sigma_3 = \sigma_1 \mathrm{tg}^2(45° - \varphi/2) - 2c\mathrm{tg}(45° - \varphi/2) \tag{9.4.1b}$$

此即极限平衡理论。普朗德尔（1920）根据极限平衡理论对刚性模子压入半无限刚塑性体的问题进行了研究。其中，刚性模子的刚度假定无限大，外荷载作用下不产生变形。所谓刚塑性体是指具有图 9-6 所示应力-应变关系的材料，它具有当应力 σ 小于塑性应力 σ_s 时材料不发生变形，当应力达到塑性应力 $\sigma = \sigma_s$ 时材料发生持续变形的特性。普朗德尔假定条形基础具有足够大的刚度，等同于条形刚性模子，且底面光滑，地基具有刚塑性性质且地基土重度为零，基础置于地基表面。当作用在基础上的荷载足够大时，基础陷入地基中，地基产生如图 9-7 所示的整体剪切破坏。

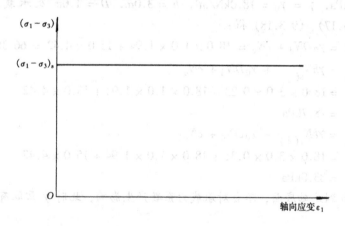

图 9-6　刚塑性材料应力-应变关系曲线（$\sigma_3 = $ 常数）

图 9-7 所示的塑性极限平衡区分为五个部分，一个是位于基础以下的中心锲体，又称主动朗肯区，该区的大主应力 σ_1 的作用方向为竖向，小主应力 σ_3 作用方向为水平向，根据极限平衡理论小主应力作用方向与破坏面成 $45° + \varphi/2$ 角，此即该区两侧面与水平面的夹角。与中心区相邻的是两个辐射向剪切区，又称普朗德尔区，由一组对数螺线和一组辐射向直线组成，该区形似以对数螺旋线 $r_0 e^{\theta \mathrm{tg}\varphi}$ 为弧形边界的扇形，其中心角为直角。与普朗德尔区另一侧相邻的是被动朗肯区，该区大主应力 σ_1 作用方向为水平向，小主应力 σ_3 作用方向为竖向，破裂面与水平面的夹角为 $45° - \varphi/2$。

普朗德尔导出在图 9-7 所示情况下作用在基底的极限压应力，即极限承载力为：

$$p_u = c N_c \tag{9.4.2}$$

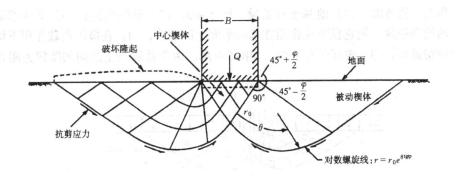

图 9-7　采用普朗德尔对数螺旋线的地基承载力理想化破坏图形（引自 Prandtl，1921）

$$N_c = \cot\varphi\left[\ e^{\pi\mathrm{tg}\varphi}\mathrm{tg}^2(45° + \varphi/2) - 1\right] \tag{9.4.3}$$

式中　N_c——承载力系数；

　　　c、φ——土的抗剪强度指标。

上式是在假定基底光滑，基础埋深为零（$D=0$），地基土无重量情况下导出的极限承载力理论公式，与实际情况有较大的差距。1924 年，赖斯纳（Ressiner）在普朗德尔理论解的基础上考虑了基础埋深的影响（如图 9-8 示），导出了地基极限承载力计算公式：

$$p_u = cN_c + qN_q \tag{9.4.4}$$

$$N_q = e^{\pi\mathrm{tg}\varphi}\mathrm{tg}^2(45° + \varphi/2) \tag{9.4.5}$$

式中　N_q——与内摩擦角有关的承载力系数；

　　　q——基底土自重应力；

其余符号与式（9.4.2）相同。

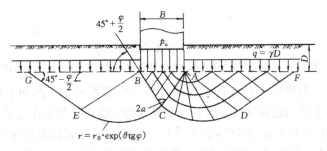

图 9-8　赖斯纳考虑基础埋深对普朗德尔解修正示意图

比较可知，式（9.4.4）是在式（9.4.2）基础上加上了考虑基础埋深影响的项。赖斯纳对普朗德尔的修正不考虑基底以上土的抗剪强度，把基底以上土仅仅采用作用在基底接触面上的柔性超载（$q = \gamma_0 D$）来代替。虽然赖斯纳的修正比普朗德尔理论公式有了进步，但由于没有考虑地基土的重量，没有考虑基础埋深范围内的土的抗剪强度等的影响，其结果与实际工程仍有较大差距，为此，许多学者，如太沙基、斯肯普顿、梅耶霍夫、汉森、魏锡克等先后进行了研究并取得了进展，主要结果见后文示。

9.4.2　太沙基极限承载力理论

对具体工程而言，普朗德尔理论进行了过分的简化，与实际有较大距离，太沙基对此进行了修正，他考虑：（1）地基土有重量，即 $\gamma \neq 0$；（2）基底粗糙；（3）不考虑基底以上填土的抗剪强度，把它仅看成作用在基底平面上的超载；（4）在极限荷载作用下地基发生整体剪切破坏；（5）破坏区有五个，如图 9-9 示。由于基底与土之间的摩擦力阻止了发

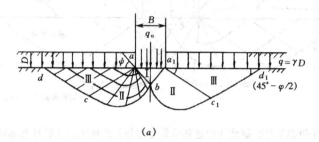

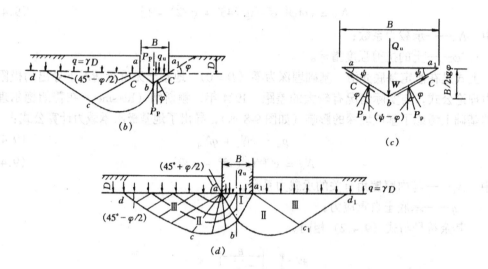

图 9-9　太沙基承载力课题

（a）粗糙基底；（b）完全粗糙基底；（c）弹性楔体受力状态；（d）完全光滑基底

生剪切位移,因此，基底以下的 I 区就像弹性核一样随着基础一起向下移动，为弹性区。由于 $\gamma \neq 0$，弹性 I 区与过渡区（II 区）的交界面为一曲面，为工作方便在此假定为平面，它与水平面的夹角 ψ 界于 φ 与 $45° + \varphi/2$ 之间。II 区的滑动面假定由对数螺旋线和直线组成。除弹性锲体外，在滑动区域范围 II、III 区内的所有土体均处于塑性极限平衡状态，取弹性核为脱离体［见图 9-9(c)］，并取竖直方向力的平衡，考虑单位长基础，有

$$Q_u + W = 2p_p\cos(\psi - \varphi) + cBtg\psi \tag{9.4.6}$$

$$W = 1/4\gamma B^2 tg\psi \tag{9.4.7}$$

式中　B——基础宽度；

　　　　γ——地基土重度，$\gamma = \rho g$，ρ 为土密度，g 为重力加速度；

　　　　ψ——弹性锲体与水平面的夹角，$45° + \varphi/2 > \psi > \varphi$；

　　　　c——地基土的粘聚力；

　　　　φ——地基土的内摩擦角；

　　　　p_p——作用于弹性锲体边界面 ab（或 a_1b）上分别由土的粘聚力 c、超载 q 和土重引起的被动土压力合力，即 $p_p = p_{pc} + p_{pq} + p_{p\gamma}$，它们分别是 c、q、γ 项的

188

被动土压力系数 k_{pc}、k_{pq}、$k_{p\gamma}$ 的函数。太沙基建议采用下式简化确定：

$$p_p = \frac{B}{2\cos^2\varphi}\left(ck_{pc} + qk_{pq} + \frac{1}{4}\gamma B \, \mathrm{tg}\varphi k_{p\gamma}\right) \tag{9.4.8}$$

将式（9.4.8）代入式（9.4.6），可得到

$$p_u = \frac{Q_u}{B} = cN_c + qN_q + \frac{1}{2}\gamma B N_\gamma \tag{9.4.9}$$

式中，N_c、N_q、N_γ 为粗糙基底的承载力系数，是 φ、ψ 的函数。

式（9.4.9）即为基底粗糙情况下太沙基承载力理论公式。其中弹性锲体两侧对称边界面与水平面的夹角 ψ 为未定值。

太沙基给出了基底完全粗糙情况的解答。此时，弹性锲体两侧面与水平面的夹角 $\psi = \varphi$，承载力系数由下式确定：

$$\left.\begin{array}{l}
N_c = \left[\dfrac{e^{\left(\frac{3}{2}\pi - \varphi\right)\mathrm{tg}\varphi}}{2\cos^2(45° + \varphi/2)} - 1\right]\cot\varphi = (N_q - 1)\cot\varphi \\[4mm]
N_q = \dfrac{e^{\left(\frac{3}{2}\pi - \varphi\right)\mathrm{tg}\varphi}}{2\cos^2(45° + \varphi/2)} \\[4mm]
N_\gamma = \dfrac{1}{2}\left(\dfrac{k_{p\gamma}}{\cos^2\varphi} - 1\right)\mathrm{tg}\varphi
\end{array}\right\} \tag{9.4.10}$$

从上式可知，承载力系数为土的内摩擦角 φ 的函数，表示土重影响的承载力系数 N_γ 包含相应被动土压力系数 $k_{p\gamma}$，需由试算确定。

对完全粗糙情况，太沙基给出了承载力系数，如图 9-10 示。由内摩擦角 φ 直接从图 9-10 或表 9-3 可查得 N_c、N_q、N_γ。式（9.4.9）为在假定条形基础下地基发生整体剪切破坏情况下得到的，对于实际工程中存在的方形、圆形和矩形基础，或地基发生局部剪切破坏情况，太沙基给出了相应的经验公式。

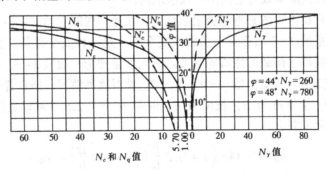

图 9-10 太沙基公式中的承载力系数

对地基发生局部剪切破坏的情况，太沙基建议对土的抗剪强度进行折减，通常取原抗剪强度指标的 2/3，即

$$c^* = \frac{2}{3}c \tag{9.4.11}$$

$$\varphi^* = \mathrm{tg}^{-1}\left(\frac{2}{3}\mathrm{tg}\varphi\right) \tag{9.4.12}$$

φ (度)	N_γ	N_q	N_c	φ (度)	N_γ	N_q	N_c
0	0	1.00	5.7	22	6.5	9.17	20.2
2	0.23	1.22	6.5	24	8.6	11.4	23.4
4	0.39	1.48	7.0	26	11.5	14.2	27.0
6	0.63	1.81	7.7	28	15	17.8	31.6
8	0.86	2.2	8.5	30	20	22.4	37.0
10	1.20	2.68	9.5	32	28	28.7	44.4
12	1.66	3.32	10.9	34	36	36.6	52.8
14	2.20	4.00	12.0	36	50	47.2	63.6
16	3.0	4.91	13.6	38	90	61.2	77.0
18	3.9	6.04	15.5	40	130	80.5	94.8
20	5.0	7.42	17.6				

根据调整后的 c^*、φ^* 由图表查得 N_c、N_q、N_γ 按式 (9.4.9) 计算局部剪切破坏极限承载力。或者，根据 c、φ 查得 N_c'、N_q'、N_γ'，再按下式计算极限承载力

$$p_u = \frac{2}{3}cN_c' + qN_q' + \frac{1}{2}\gamma BN_\gamma' \qquad (9.4.13)$$

对于圆形或方形基础，太沙基建议按下列半经验公式计算地基极限承载力。对方形基础 (宽度为 B)

整体剪切破坏 $\qquad p_u = 1.2cN_c + qN_q + 0.4\gamma BN_\gamma \qquad (9.4.14)$

局部剪切破坏 $\qquad p_u = 0.8cN_c' + qN_q' + 0.4\gamma BN_\gamma' \qquad (9.4.15)$

对圆形基础 (半径为 B)

整体剪切破坏 $\qquad p_u = 1.2cN_c + qN_q + 0.6\gamma BN_\gamma \qquad (9.4.16)$

局部剪切破坏 $\qquad p_u = 0.8cN_c' + qN_q' + 0.6\gamma BN_\gamma' \qquad (9.4.17)$

对宽度 B，长度 L 的矩形基础，可按 B/L 值在条形基础 ($B/L = 0$) 和方形基础 ($B/L = 1$) 的计算极限承载力之间用插入法求得。

根据太沙基理论求得的是地基极限承载力，在此一般取它的 (1/2~1/3) 作为地基承载力特征值，这里的 2~3 旧称安全系数或安全度，是一种安全储备，它的取值大小与结构类型、建筑重要性、荷载的性质等有关。对太沙基理论一般取 2~3。

从图 9-10 或表 9-3 可知，当 $\varphi = 0$，$N_\gamma = 0$。针对这种情况，斯肯普顿建议对作用在软粘土地基 ($\varphi = 0$) 上宽度为 B，长度为 L，埋深 D 小于 2.5 倍基础宽度的矩形基础，按下式估算地基极限承载力。

$$p_u = 5.14c_u\left(1 + 0.2\frac{B}{L}\right)\left(1 + 0.2\frac{D}{B}\right) + \gamma_0 D \qquad (9.4.18)$$

式中 $\quad c_u$——土的天然抗剪强度。

式 (9.4.18) 即为斯肯普顿极限承载力公式。按斯肯普顿公式估算极限承载力时其安全度一般取 1.1~1.5。

【例题 9-2】 资料同 [例题 9-1]，要求：

(1) 按太沙基理论求地基整体剪切破坏和局部剪切破坏时极限承载力，取安全系数为 2，求相应的地基承载力特征值。

(2) 直径或边长为 3m 的圆形、方形基础，其它条件不变，地基产生了整体剪切破坏

和局部剪切破坏，试按太沙基理论求地基极限承载力。

(3) 要求 (1)、(2) 中，若地下水位上升到基础底面，承载力各为多少？

【解】 根据题意有：$c = 15\text{kPa}$，$\varphi = 12°$，$\gamma = 18.0\text{kN/m}^3$，$B = 3\text{m}$，$D = 1\text{m}$，$q = 18\text{kPa}$。

查表得：$N_c = 10.90$，$N_q = 3.32$，$N_\gamma = 1.66$。

当 $c^* = (2/3)c = 10\text{kPa}$，$\varphi^* = (2/3)\varphi = 8°$ 时，$N_c = 8.50$，$N_q = 2.20$，$N_\gamma = 0.86$。

1. 对条形基础

整体剪切破坏，按式 (9.4.9) 计算

$$
\begin{aligned}
p_u &= cN_c + qN_q + (1/2)\gamma B N_\gamma \\
&= 15.0 \times 10.90 + 18.0 \times 3.32 + (1/2) \times 18.0 \times 3.0 \times 1.66 \\
&= 268.08\text{kPa}
\end{aligned}
$$

地基承载力特征值 $\quad f_k = p_u/2 = 268.08/2 = 134.04\text{kPa}$，

局部剪切破坏用 c^*、φ^* 代入式 (9.4.9) 计算

$$
\begin{aligned}
p_u &= c^* N_c + qN_q + (1/2)\gamma B N_\gamma \\
&= 10 \times 8.50 + 18.0 \times 2.20 + (1/2) \times 18.0 \times 3.0 \times 0.86 \\
&= 147.82\text{kPa}
\end{aligned}
$$

地基承载力特征值 $\quad f_k = p_u/2 = 147.82/2 = 73.91\text{kPa}$，

2. 边长为 3m 的方形基础

整体剪切破坏按式 (9.4.14) 计算

$$
\begin{aligned}
p_u &= 1.2cN_c + qN_q + 0.4\gamma B N_\gamma \\
&= 1.2 \times 15.0 \times 10.90 + 18.0 \times 3.32 + 0.4 \times 18.0 \times 3.0 \times 1.66 \\
&= 291.82\text{kPa}
\end{aligned}
$$

$$f_k = p_u/2 = 291.82/2 = 145.91\text{kPa}$$

局部剪切破坏按式 (9.4.15) 计算

$$
\begin{aligned}
p_u &= 0.8cN'_c + qN'_q + 0.4\gamma B N_\gamma \\
&= 0.8 \times 15.0 \times 8.5 + 18.0 \times 2.20 + 0.4 \times 18.0 \times 3.0 \times 0.86 \\
&= 160.18\text{kPa}
\end{aligned}
$$

$$f_k = p_u/2 = 80.09\text{kPa}$$

半径为 1.5m 的圆形基础

整体剪切破坏按式 (9.4.16) 计算

$$
\begin{aligned}
p_u &= 1.2cN_c + qN_q + 0.6\gamma B N_\gamma \\
&= 1.2 \times 15.0 \times 10.90 + 18.0 \times 3.32 + 0.6 \times 18.0 \times 1.5 \times 1.66 \\
&= 282.85\text{kPa}
\end{aligned}
$$

$$f_k = p_u/2 = 141.43\text{kPa}$$

局部剪切破坏按式 (9.4.17) 计算

$$
\begin{aligned}
p_u &= 0.8cN'_c + qN'_q + 0.6\gamma B N_\gamma \\
&= 0.8 \times 15.0 \times 8.50 + 18.0 \times 2.20 + 0.6 \times 18.0 \times 1.5 \times 0.86 \\
&= 155.53\text{kPa}
\end{aligned}
$$

$$f_k = p_u/2 = 77.77 \text{ kPa}$$

3. 地下水位上升到基础底面，则各公式中的 γ 应由 γ' 代替，从 [例题 9-1] 知，$\gamma' = 8.27 \text{kN/m}^3$，则有

条形基础整体剪切破坏
$$p_u = 15.0 \times 10.90 + 18.0 \times 3.32 + (1/2) \times 8.27 \times 3.0 \times 1.66 = 243.85 \text{kPa}$$
$$f_k = p_u/2 = 121.93 \text{kPa}$$

条形基础局部剪切破坏
$$p_u = 10 \times 8.5 + 18.0 \times 2.20 + (1/2) \times 8.27 \times 3.0 \times 0.86 = 135.27 \text{kPa}$$
$$f_k = p_u/2 = 67.63 \text{kPa}$$

方形基础整体剪切破坏
$$p_u = 1.2 \times 15.0 \times 10.90 + 18.0 \times 3.32 + (1/2) \times 8.27 \times 3.0 \times 1.66 = 276.55 \text{kPa}$$
$$f_k = p_u/2 = 138.28 \text{kPa}$$

方形基础局部剪切破坏
$$p_u = 0.8 \times 15.0 \times 8.50 + 18.0 \times 2.20 + 0.4 \times 8.27 \times 3.0 \times 0.86 = 150.13 \text{kPa}$$
$$f_k = p_u/2 = 75.07 \text{kPa}$$

圆形基础整体剪切破坏
$$p_u = 1.2 \times 15.0 \times 10.90 + 18.0 \times 3.32 + 0.6 \times 8.27 \times 1.5 \times 1.66 = 268.32 \text{kPa}$$
$$f_k = p_u/2 = 134.16 \text{kPa}$$

圆形基础局部剪切破坏
$$p_u = 0.8 \times 15.0 \times 8.50 + 18.0 \times 2.20 + 0.6 \times 8.27 \times 1.5 \times 0.86 = 148.00 \text{kPa}$$
$$f_k = p_u/2 = 74.00 \text{kPa}$$

*9.4.3 梅耶霍夫极限承载力理论

从上可知，太沙基理论忽略了覆土的抗剪强度，另外，滑动区被假定与基础底面水平线相交，没有延伸到地表面，这与实际的地基破坏情况不符。针对太沙基承载力理论的局限性，梅耶霍夫（G.G.Meyerhof）开展了工作。他假定滑动面延伸到地表面，使地基土的塑性平衡区随地基埋深增加到最大程度，如图 9-11 示。图示的问题由于数学上的困难而无法得到严格的解答，梅耶霍夫仍采用了假定为基础，用简化的方法推出条形基础在中心荷载作用时均质地基的极限承载力公式。

假定基础底面光滑，发生整体剪切破坏，对称的两组滑动面交与地面 E 点，由直线 AC、对数螺线 CD 和直线 DE 组成，AC 与水平面成 $45° + \varphi/2$。为简化分析，作用在基础侧面 BE 上的合力及上覆土块重量 W 由 BE 面上等代应力 σ_0、τ_0 代替，BE 面与水平面成 β 角。假定基础侧面法向应力 σ_a 按静止土压力分布，基础与侧土的摩擦角为 δ，切向力 $\tau_a = \sigma_a \text{tg} \delta$。

根据上述假定，先考虑粘聚力和超载（σ_0、τ_0），不考虑地基土重度对承载力的影响，再考虑地基土重度，不考虑粘聚力和超载（σ_0、τ_0）对承载力的影响，然后将两部分叠加起来，即可得出地基极限承载力公式，如式（9.4.19）示。
$$q_u = cN_c + \sigma_0 N_q + (1/2)\gamma B N_\gamma \tag{9.4.19}$$

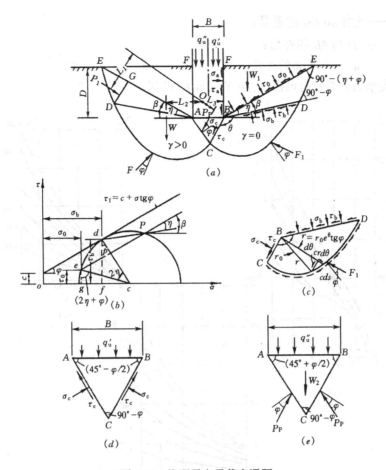

图 9-11　梅耶霍夫承载力课题

$$\sigma_0 = \frac{1}{2}\gamma D\left(k_0\sin^2\beta + \frac{1}{2}k_0\mathrm{tg}\delta\sin2\beta + \cos^2\beta\right) \tag{9.4.20}$$

$$\tau_0 = \frac{1}{2}\gamma D\left(\frac{1 - k_0}{2}\sin2\beta + k_0\mathrm{tg}\delta\sin^2\beta\right) \tag{9.4.21}$$

$$N_{\mathrm{q}} = \left[(1 + \sin\varphi)e^{2\theta\mathrm{tg}\varphi}\right]/\left[1 - \sin\varphi\sin(2\eta + \varphi)\right] \tag{9.4.22}$$

$$N_{\mathrm{c}} = (N_{\mathrm{q}} - 1)\cot\varphi \tag{9.4.23}$$

$$N_{\gamma} = \frac{4p_{\mathrm{p}}\sin(45° + \varphi/2)}{\gamma B^2} - \frac{1}{2}\mathrm{tg}(45° + \varphi/2) \tag{9.4.24}$$

$$P_{\mathrm{p}} = (P_1L_1 + W_1L_2)/L_3 \tag{9.4.25}$$

$$\theta = 135° + \beta - \eta - \varphi/2 \tag{9.4.26}$$

式中　　k_0——静止土压力系数;

　　　　δ——土与基础侧面之间的摩擦角;

　　　　P_{p}——作用在 AC 面上的被动土压力, 作用在离点 A 的 $2/3\ \overline{AC}$ 处, 是在假定不同的中心点 o 时求出的最小被动土压力;

　　L_1、L_2、L_3——分别为 P_1、W_1、P_{p} 离中心点的距离;

　　　　P_1——土体 DEG 引起的压力;

W_1——土体 $ACDG$ 的重量；

η——AD 与 AE 的夹角；

β——AE 与水平面的夹角。

梅耶霍夫承载力系数也可由 β、φ 查图 9-12 得到。

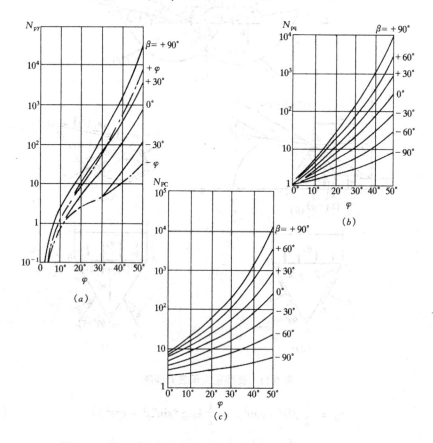

图 9-12　梅耶霍夫公式中的承载力系数（对条形基础，$m=1$）

（a）$N_{p\gamma}$——φ 曲线；（b）N_{pq}——φ 曲线；（c）N_{pc}——φ 曲线

注：m 表示 BE 面抗剪强度发挥系数，$m=1$，表示抗剪强度充分发挥。

梅耶霍夫理论还可用于深基础的承载力分析。

*9.4.4　汉森极限承载力公式

在实际工程中，理想中心荷载作用的情况不是很多，在许多时候荷载是偏心的甚至是倾斜的，这时情况相对复杂一些，基础可能会整体剪切破坏也可能水平滑动破坏。其理论破坏模式见图 9-13 所示。与中心荷载下不同的是，有水平荷载作用时，地基的整体剪切破坏沿水平荷载作用方向一侧发生滑动，弹性区的边界面也不对称，滑动方向一侧为平面，另一侧为圆弧，其圆心即为基础转动中心。随着荷载偏心距的增大，滑动面明显缩小。

汉森（J.B.Hansen）在太沙基理论基础上考虑偏心、倾斜荷载的影响，对承载力计算公式提出了修正公式。

$$P_{uv} = s_c d_c i_c c N_c + s_q d_q i_q q N_q + s_\gamma i_\gamma \frac{1}{2} \gamma B N_\gamma$$

$$(9.4.27)$$

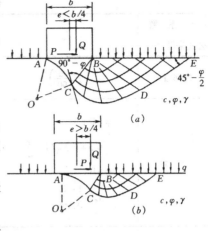

图 9-13　偏心和倾斜荷载下的理论滑动图式

式中　　　P_{uv}——地基极限承载力垂直分量；

　　　　　c——持力层土粘聚力；

　　　　　B——基础宽；

　　　　　q——基础埋深范围旁载，地面平坦时 $q = \gamma_0 D$，γ_0 为基础埋深范围土重度，D 为基础埋深；

N_c, N_q, N_γ——承载力系数，根据土内摩擦角查表 9-4；

s_c, s_q, s_γ——与基础形状有关的形状系数，见表 9-5 示；

i_c, i_q, i_γ——与作用荷载倾斜角有关的倾斜系数，根据土内摩擦角与荷载倾斜角 δ_0 查表 9-6 得到，当基础中心受压时 $i_c = i_q = i_\gamma = 1$；

d_c, d_q——与基础埋深有关的深度系数，查表 9-5。

系　数　N_γ、N_q、N_c　　　　　　　表 9-4

$\varphi°$	N_γ	N_q	N_c	$\varphi°$	N_γ	N_q	N_c
0	0	1.00	5.14	24	6.90	9.61	19.33
2	0.01	1.20	5.69	26	9.53	11.83	22.25
4	0.05	1.43	6.17	28	13.13	14.71	25.80
6	0.14	1.72	6.82	30	18.09	18.40	30.15
8	0.27	2.06	7.52	32	24.95	23.18	35.50
10	0.47	2.47	8.35	34	34.54	29.45	42.18
12	0.76	2.97	9.29	36	48.08	37.77	50.61
14	1.16	3.58	10.37	38	67.43	48.92	61.36
16	1.72	4.33	11.62	40	95.51	64.23	75.36
18	2.49	5.25	13.09	42	136.72	85.36	93.69
20	3.54	6.40	14.83	44	198.77	115.35	118.41
22	4.96	7.82	16.89	45	240.95	134.86	133.86

基础形状修正系数　　　　　　　　　　　表 9-5a

系数　　公式来源	s_c	s_q	s_γ
梅耶霍夫	$\varphi = 0°$: $1 + 0.2(B/L)$ $\varphi \geqslant 10°$: $1 + 0.2(B/L)\text{tg}^2(45° + \varphi/2)$	1.0 $1 + 0.1(B/L)\text{tg}^2(45° + \varphi/2)$	1.0 $1 + 0.1(B/L)\text{tg}^2(45° + \varphi/2)$
汉　森	$1 + 0.2i_c(B/L)$	$1 + i_q(B/L)\sin\varphi$	$1 - 0.4i_\gamma(B/L) \geqslant 0.6$
魏锡克	$1 + (B/L)(N_q/N_c)$	$1 + (B/L)\text{tg}\varphi$	$1 - 0.4(B/L)$

注：1. B、L 分别为基础的宽度和长度。

　　2. i 为荷载倾斜系数，见表 9-5b。

系 数 公式来源	i_c	i_q	i_γ
梅耶霍夫	$\left(1-\dfrac{\alpha}{90°}\right)^2$	$\left(1-\dfrac{\alpha}{90°}\right)^2$	$\left(1-\dfrac{\alpha}{\varphi°}\right)^2$
汉　森	$\varphi=0°:$ $0.5+0.5\sqrt{1-\dfrac{H}{cA}}$ $\varphi>0°:$ $i_q-\dfrac{1-i_q}{N_c\mathrm{tg}\varphi}$	$\left(1-\dfrac{0.5H}{Q+cA\cot\varphi}\right)^5>0$	水平基底: $\left(1-\dfrac{0.7H}{Q+cA\cot\varphi}\right)^5>0$ 倾斜基底: $\left(1-\dfrac{(0.7-\eta/450°)H}{Q+cA\cot\varphi}\right)^5>0$
魏锡克	$\varphi=0°:$ $1-\dfrac{mH}{cAN_c}$ $\varphi>0°:$ $i_q-\dfrac{1-i_q}{N_c\mathrm{tg}\varphi}$	$\left(1-\dfrac{H}{Q+cA\cot\varphi}\right)^m$	$\left(1-\dfrac{H}{Q+cA\mathrm{ctg}\varphi}\right)^{m+1}$

注: 1. 基底面积 $A=BL$, 当荷载偏心时, 则用有效面积 $A_e=B_eL_e$。

2. H 和 Q 分别为倾斜荷载在基底上的水平分力和竖直分力。

3. a 为倾斜荷载与竖直线间的夹角称荷载倾斜角。

4. η 为基础底面与水平面的倾斜角。

5. 当荷载在短边倾斜时, $m=2+(B/L)/(1+(B/L))$, 当荷载在长边倾斜时, $m=2+(L/B)/1+(L/B)$, 对于条形基础 $m=2$。

6. 当进行荷载倾斜修正时, 必须满足 $H\leqslant c_aA+Q\mathrm{tg}\delta$ 的条件, c_a 为基底与土之间的粘着力, 可取用土的不排水剪强 c_u, δ 为基底与土之间的摩擦角。

系 数 公式来源	d_c	d_q	d_γ
梅耶霍夫	$\varphi=0°:$ $1+0.2(D/B)$ $\varphi>10°:$ $1+0.2(D/B)\mathrm{tg}(45°+\varphi/2)$	1.0 $1+0.1(D/B)\mathrm{tg}(45°+\varphi/2)$	1.0 $1+0.1(D/B)\mathrm{tg}(45°+\varphi/2)$
汉　森	$1+0.4(D/B)$	$1+2\mathrm{tg}\varphi(1-\sin\varphi)^2(D/B)$	1.0
魏锡克	$\varphi=0°:$ $1+0.4(D/B)$ $\varphi>0°:$ $d_q-\dfrac{1-d_q}{N_c\mathrm{tg}\varphi}$	$1+2\mathrm{tg}\varphi(1-\sin\varphi)^2(D/B)$	1.0

地 面 倾 斜 修 正 系 数　　　　　　　**表 9-5d**

系　数 公式来源	g_c		$g_q = q_\gamma$
汉　森	$1 - \beta/147°$		$(1 - 0.5\text{tg}\beta)^5$
魏锡克	$\varphi = 0°$: $1 - \left(\dfrac{2\beta}{2 + \pi}\right)$;	$\varphi > 0°$: $g_q - \dfrac{1 - g_q}{N_c\text{tg}\varphi}$	$(1 - \text{tg}\beta)^2$

注：1. β 为倾斜地面与水平面之间的夹角。

　　2. 魏锡克公式规定，当基础放在 $\varphi = 0°$ 的倾斜地面上时，承载力公式中的 N_γ 项应为负值，其值为 $N_\gamma = -2\sin\beta$，并且应满足 $\beta < 45°$ 和 $\beta < \varphi$ 的条件。

基 底 倾 斜 修 正 系 数　　　　　　　**表 9-5e**

系　数 公式来源	b_c	b_q	b_γ
汉　森	$1 - \eta/147°$	$e^{-2\eta\text{tg}\varphi}$	$e^{-2.7\eta\text{tg}\varphi}$
魏锡克	$\varphi = 0$: $1 - \left(\dfrac{2\eta}{5.14}\right)$ $\varphi > 0$: $b_q - \dfrac{1 - b_q}{N_c\text{tg}\varphi}$	$(1 - \eta\text{tg}\varphi)^2$	$(1 - \eta\text{tg}\varphi)^2$

注：η 为倾斜基底与水平面之间的夹角，应满足 $\eta < 45°$ 的条件。

倾 斜 系 数 i_γ、i_q、i_c　　　　　　　**表 9-6**

$\text{tg}\delta_0$	0.1			0.2			0.3			0.4		
i $\varphi°$	i_γ	i_q	i_c	i_γ	i_q	i_c	i_γ	i_q	i_c	i_γ	i_q	i_c
6	0.643	0.802	0.526									
7	0.689	0.830	0.638									
8	0.707	0.841	0.691									
9	0.719	0.848	0.728									
10	0.724	0.851	0.750									
11	0.728	0.853	0.768									
12	0.729	0.854	0.780	0.396	0.629	0.441						
13	0.729	0.854	0.791	0.426	0.653	0.501						
14	0.731	0.855	0.798	0.444	0.666	0.537						
15	0.731	0.855	0.806	0.456	0.675	0.565						
16	0.729	0.854	0.810	0.462	0.680	0.583						
17	0.728	0.853	0.814	0.466	0.683	0.600	0.202	0.449	0.304			
18	0.726	0.852	0.817	0.469	0.685	0.611	0.234	0.484	0.362			
19	0.724	0.851	0.820	0.471	0.686	0.621	0.250	0.500	0.397			
20	0.721	0.849	0.821	0.472	0.687	0.629	0.261	0.510	0.420			
21	0.719	0.848	0.822	0.471	0.686	0.635	0.267	0.517	0.438	0.100		

tgδ_0	0.1			0.2			0.3			0.4		
$\varphi°$ \ i	i_γ	i_q	i_c	i_γ	i_q	i_c	i_γ	i_q	i_c	i_γ	i_q	i_c
22	0.716	0.846	0.823	0.469	0.685	0.637	0.271	0.521	0.451	0.100	0.317	0.217
23	0.712	0.844	0.824	0.468	0.684	0.643	0.275	0.524	0.462	0.122	0.350	0.266
24	0.711	0.843	0.824	0.465	0.682	0.645	0.276	0.525	0.470	0.134	0.365	0.291
25	0.706	0.840	0.823	0.462	0.680	0.648	0.277	0.526	0.477	0.140	0.374	0.310
26	0.702	0.838	0.823	0.460	0.678	0.648	0.276	0.525	0.481	0.145	0.381	0.324
27	0.699	0.836	0.823	0.456	0.675	0.649	0.275	0.524	0.485	0.148	0.384	0.334
28	0.694	0.833	0.821	0.452	0.672	0.648	0.274	0.523	0.488	0.149	0.386	0.341
29	0.691	0.831	0.820	0.448	0.669	0.648	0.273	0.520	0.480	0.150	0.387	0.348
30	0.686	0.828	0.819	0.444	0.666	0.646	0.268	0.518	0.490	0.150	0.387	0.352
31	0.682	0.826	0.817	0.438	0.662	0.645	0.265	0.515	0.490	0.150	0.387	0.356
32	0.676	0.822	0.814	0.434	0.659	0.643	0.262	0.512	0.490	0.148	0.385	0.357
33	0.672	0.820	0.813	0.428	0.654	0.640	0.258	0.508	0.489	0.146	0.382	0.358
34	0.668	0.817	0.811	0.422	0.650	0.638	0.254	0.504	0.486	0.144	0.380	0.358
35	0.663	0.814	0.808	0.417	0.646	0.635	0.250	0.500	0.485	0.142	0.377	0.358
36	0.658	0.811	0.806	0.411	0.641	0.631	0.245	0.495	0.482	0.140	0.374	0.357
37	0.653	0.808	0.803	0.404	0.636	0.628	0.240	0.490	0.478	0.137	0.370	0.355
38	0.646	0.804	0.800	0.398	0.631	0.624	0.235	0.485	0.474	0.133	0.365	0.352
39	0.642	0.801	0.797	0.392	0.626	0.619	0.230	0.480	0.470	0.130	0.361	0.349
40	0.635	0.797	0.794	0.386	0.621	0.615	0.226	0.475	0.466	0.127	0.356	0.346
41	0.629	0.793	0.790	0.377	0.614	0.609	0.219	0.468	0.461	0.123	0.351	0.342
42	0.623	0.789	0.787	0.371	0.609	0.605	0.213	0.462	0.456	0.119	0.345	0.337
43	0.616	0.785	0.783	0.365	0.604	0.600	0.203	0.456	0.451	0.115	0.339	0.333
44	0.610	0.781	0.779	0.356	0.597	0.594	0.202	0.449	0.444	0.111	0.333	0.327
45	0.602	0.776	0.775	0.349	0.591	0.588	0.195	0.442	0.438	0.107	0.327	0.322

*9.4.5 魏锡克极限承载力公式

魏锡克（A.S.Vesic）考虑荷载倾斜、偏心、基础形状、地面倾斜、基底倾斜等的影响，提出了修正公式

$$p_{uv} = cN_c s_c d_c i_c + qN_q s_q d_q i_q + \frac{1}{2}\gamma B N_\gamma s_\gamma d_\gamma i_\gamma \tag{9.4.28}$$

式中 N_c, N_q, N_γ——承载力系数，滑动面形状与 $\beta = 0$ 时梅耶霍夫的假设相同，见图（9-10），系数查表9-7。

式中其余各符号定义同式（9.4.27），其中 d_γ 在式（9.4.28）中没有，是与深度有关的系数，它是考虑埋深范围内土抗剪强度而提高的系数，见表9-5。

式（9.4.28）是一个普遍表达式，是梅耶霍夫、汉森、魏锡克对普朗德尔和太沙基理论公式考虑基础形状、荷载倾斜、基础埋深、地面倾斜、基底倾斜影响的修正公式，修正系数可查表9-5得到，承载力系数相应由图9-12、表9-4、表9-7查得。

φ	N_c	N_q	N_γ	N_q/N_c	$\mathrm{tg}\varphi$	φ	N_c	N_q	N_γ	N_q/N_c	$\mathrm{tg}\varphi$
0	5.14	1.00	0.00	0.20	0.00	26	22.25	11.85	12.54	0.53	0.49
1	5.28	1.09	0.07	0.20	0.02	27	23.94	13.20	14.47	0.55	0.51
2	5.63	1.20	0.15	0.21	0.03	28	25.80	14.72	16.72	0.57	0.53
3	5.90	1.31	0.24	0.22	0.05	29	27.86	16.44	19.34	0.59	0.55
4	6.19	1.43	0.34	0.23	0.07	30	30.14	18.40	22.40	0.61	0.58
5	6.49	1.57	0.45	0.24	0.09						
6	6.81	1.72	0.57	0.25	0.11	31	32.67	20.63	25.99	0.63	0.60
7	7.16	1.88	0.71	0.26	0.12	32	35.49	23.18	30.22	0.65	0.62
8	7.53	2.06	0.86	0.27	0.14	33	38.64	26.09	35.19	0.68	0.65
9	7.92	2.25	1.03	0.28	0.16	34	42.16	29.44	41.06	0.70	0.67
10	8.35	2.47	1.22	0.30	0.18	35	46.12	33.30	48.03	0.72	0.70
11	8.80	2.71	1.44	0.31	0.19	36	50.59	37.95	56.31	0.75	0.73
12	9.28	2.97	1.60	0.32	0.21	37	55.63	42.92	66.19	0.77	0.75
13	9.81	3.26	1.97	0.33	0.23	38	61.35	48.93	78.03	0.80	0.78
14	10.37	3.59	2.29	0.35	0.25	39	67.87	55.96	92.25	0.82	0.81
15	10.98	3.94	2.65	0.36	0.27	40	75.31	64.20	109.41	0.85	0.84
16	11.63	4.34	3.06	0.37	0.29	41	83.86	73.90	130.22	0.88	0.87
17	12.34	4.77	3.53	0.39	0.31	42	93.71	85.38	155.55	0.91	0.90
18	13.10	5.26	4.07	0.40	0.32	43	105.11	99.02	186.54	0.94	0.93
19	13.93	5.80	4.68	0.42	0.34	44	118.37	115.31	224.64	0.97	0.97
20	14.83	6.40	5.39	0.43	0.36	45	133.88	134.88	271.76	1.01	1.00
21	15.82	7.07	6.20	0.45	0.38	46	152.10	158.51	330.35	1.04	1.04
22	16.88	7.82	7.13	0.46	0.40	47	173.64	187.21	403.67	1.08	1.07
23	18.05	8.66	8.20	0.48	0.42	48	199.26	222.31	496.01	1.12	1.11
24	19.32	9.60	9.44	0.50	0.45	49	229.93	265.51	613.16	1.15	1.15
25	20.72	10.66	10.88	0.51	0.47	50	266.89	319.07	762.89	1.20	1.19

*9.4.6 承载力公式应用的若干问题

1. 局部剪切破坏的承载力

本章所述各理论与公式都是在地基产生整体剪切破坏条件下导得的，对于局部剪切破坏情况可以借用太沙基方法，把 c、φ 按式（9.4.11）、（9.4.12）折减后计算。

2. 成层地基承载力

当各土层强度相差不太悬殊情况下，汉森建议按下式近似确定持力层最大深度，然后在此范围内取土层厚度的加权平均值作为持力层的计算重度 $\bar{\gamma}$、计算粘聚力 $\bar{c}$、计算内摩擦角 $\bar{\varphi}$ 求地基承载力。

$$z_{\max} = \lambda B \tag{9.4.29}$$

$$\bar{\gamma} = \Sigma \gamma_i h_i / z_{\max} \tag{9.4.30}$$

$$\bar{c} = \Sigma c_i h_i / z_{\max} \tag{9.4.31}$$

$$\overline{\varphi} = \Sigma\varphi_i h_i / z_{max} \qquad (9.4.32)$$

式中　　B——基础宽；

　　　　λ——系数，根据 φ 和荷载倾角 α 查表 9-8；

　　　　h_i——第 i 土层厚，见图 9-14 示；

γ_i、c_i、φ_i——第 i 层土重度、粘聚力、内摩擦角。

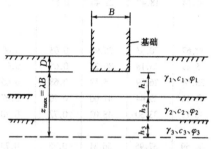

图 9-14　层状地基

λ 值 表　　　表 9-8

$\overline{\varphi}$ / $tg\alpha$	≤20°	21°~35°	36°~45°
≤0.2	0.60	1.20	2.00
0.21~0.30	0.40	0.90	1.60
0.31~0.40	0.20	0.60	1.20

3. 各种承载力公式比较

各种承载力理论都是在一定的假设前提下导出的，它们之间的结果不尽一致，各公式承载力系数和特定条件下持力层比较见表 9-9、表 9-10。从表可知，梅耶霍夫公式考虑了旁载的抗剪强度与基础的摩擦作用，其值最大；太沙基考虑基底摩擦，其值其次；魏锡克和汉森假定基底光滑，其值最小。

梅耶霍夫理论考虑了旁载的抗剪强度、侧土与基础的摩擦，理论上相对合理，但计算繁杂。太沙基得到的是基底完全粗糙的解答，局部剪切的修正也偏小。汉森和魏锡克公式假定基底光滑，计算结果偏小，偏安全。

承载力系数比较表　　　表 9-9

N 值	φ	0°	10°	20°	30°	40°	45°
N_c	梅耶霍夫公式	—	10.00	18.00	39.00	100.00	185.00
	太沙基公式	5.70	9.10	17.30	36.40	91.20	169.00
	魏锡克公式	5.14	8.35	14.83	30.14	75.32	133.87
	汉森公式	5.14	8.35	14.83	30.14	75.32	133.87
N_q	梅耶霍夫公式	—	3.00	8.00	27.00	85.00	190.00
	太沙基公式	1.00	2.60	7.30	22.00	77.50	170.00
	魏锡克公式	1.00	2.47	6.40	18.40	64.20	134.87
	汉森公式	1.00	2.47	6.40	18.40	64.20	134.87
N_γ	梅耶霍夫公式	—	0.75	5.50	25.50	135.00	330.00
	太沙基公式	0	1.20	4.70	21.00	130.00	330.00
	魏锡克公式	0	1.22	5.39	22.40	109.41	271.76
	汉森公式	0	0.47	3.54	18.08	95.45	241.00

注：1. 表中梅耶霍夫公式指按公式（9.4.22）~（9.4.24）所表达的 N_c、N_q 和 N_γ。

　　2. 表中太沙基公式指基底完全粗糙的情况。

计算公式 ＼ D/B	0	0.25	0.50	0.75	1.00
梅耶霍夫	712.0	908.0	1126.5	1360.0	1612.0
太 沙 基	673.0	868.0	1063.0	1258.0	1453.0
魏 锡 克	616.0	811.0	1029.0	1273.0	1541.5
汉　森	532.0	731.0	844.0	1185.0	1389.0

注：1. 表中计算值所用资料：$\gamma = 19.5 \text{kN/m}^3$，$c = 20 \text{kPa}$，$\varphi = 22°$，$B = 4\text{m}$。

2. 极限承载力单位为 kPa。

3. 表中公式的情况同表 9-9。

4. 安全系数问题

地基极限承载力 q_u 与安全系数 k 之比，旧称地基允许承载力、地基承载力标准值，一般称地基承载力特征值，记为 f_k

$$f_k = q_u / k \tag{9.4.33}$$

式中　k——安全系数。

安全系数与多种因素有关，主要有勘察的程度、抗剪强度试验和整理方法、建筑类型与特征、荷载组合、选用的理论公式等，目前尚无统一的标准。太沙基公式适用安全系数为 2～3。汉森公式和魏锡克公式适用安全系数见表 9-11、表 9-12。

土 或 荷 载 条 件	F_s
无粘性土	2.0
粘性土	3.0
瞬时荷载（如风、地震和相当的活荷载）	2.0
静荷载或者长时期的活荷载	2 或 3（视土样而定）

种 类	典型建筑物	所 属 的 特 征	土 的 查 勘	
			完全，彻底的	有 限 的
A	铁路桥 仓库 高炉 水工建筑 土工建筑	最大设计荷载极可能经常出现；破坏的结果是灾难性的	3.0	4.0
B	公路桥 轻工业和公共建筑	最大设计荷载可能偶然出现；破坏的结果是严重的	2.5	3.5
C	房屋和办公室建筑	最大设计荷载不可能出现	2.0	3.0

注：1. 对于临时性建筑物，可以将表中数值降低至 75%，但不得使安全系数低于 2.0 来使用。

2. 对于非常高的建筑物，例如烟囱和塔，或者随时可能发展成为承载力破坏危险的建筑物，表中数值将增加 20%～50%。

3. 如果基础设计是由沉降控制的，必须采用高的安全系数。

习 题 与 思 考 题

9.1　一条形基础，宽 1.5m，埋深 1.0m。地基土层分布为：第一层素填土，厚 0.8m，密

度 $1.80\text{g}/\text{cm}^3$，含水量 35%；第二层粘性土，厚 6m，密度 $1.82\text{g}/\text{cm}^3$，含水量 38%，土粒相对密度 2.72，土粘聚力 10kPa，内摩擦角 $13°$。求该基础的临塑荷载 p_{cr}，塑性荷载 $p_{1/3}$ 和 $p_{1/4}$？若地下水位上升到基础底面，假定土的抗剪强度指标不变，其 p_{cr}，$p_{1/3}$，$p_{1/4}$ 相应为多少？据此可得到何种规律？

9.2 例题 9-2 中，当基础为长边 6m，短边 3m 的矩形时，按太沙基理论计算相应整体剪切破坏、局部破坏及地下水位上升到基础底面时的极限承载力和承载力特征值。列表表示 [例题 9-2] 及上述计算结果，分析表示的结果及其规律。

9.3 试将式 (9.4.8) 代入式 (9.4.6) 进行推导，写成式 (9.4.9) 形式，写出相应的 N_c，N_q，N_γ 表达式。

9.4 某条形基础宽 1.5m，埋深 1.2m，地基为粘性土，密度 $1.84\text{g}/\text{cm}^3$，饱和密度 $1.98\text{g}/\text{cm}^3$，土的粘聚力 8kPa，内摩擦角 $15°$，问：

(1) 整体破坏时地基极限承载力为多少？取安全度为 2.5，承载力特征值（标准值）为多少？

(2) 分别加大基础埋深至 1.6m、2.0m，承载力有何变化？

(3) 若分别加大基础宽度至 1.8m、2.1m，承载力有何变化？

(4) 若地基土内摩擦角为 $20°$，粘聚力为 12kPa，承载力有何变化？

(5) 根据以上的计算比较，可得出那些规律？

9.5 试从式 (9.4.9) 推导，当内摩擦角为 $0°$ 时，地基极限承载力为 $p_u = (2 + \pi)c_u$。

参 考 文 献

1 K. Terzaghi 著. 徐志英译. 理论土力学. 北京：地质出版社，1960

2 钱家欢，殷宗泽主编. 土工原理与计算（第二版）. 北京：中国水利水电出版社，1996

3 郑大同. 地基极限承载力的计算. 北京：中国建筑工业出版社，1979

4 华南理工大学等四校合编. 地基及基础（新一版）. 北京：中国建筑工业出版社，1991

5 Meyehoff, G. G., The Ultimate Bearing Capacity of Foundation. Geotechnique, Vol. 2, 1951

第10章 土坡稳定分析

10.1 概　　述

　　具有倾斜坡面的土体形成土坡。山坡、江河湖海的岸坡等由地质作用形成的土坡称为天然土坡；开挖基坑、路堑和渠道形成的土坡称为挖方土坡，填筑堤、坝形成的土坡称为填方土坡，挖方和填方土坡统称为人工土坡。通常将坡底和坡顶水平，并延伸至无限远的土坡称为简单土坡。简单土坡的外形和各部分名称如图10-1所示。

　　处于土坡上部的土体都有向下运动的趋势，当土体间形成相对运动，原有平衡改变时，称为土坡失稳。土坡失稳的形式可分为三种类型：崩落、滑坡和泥石流。崩落是指土体迅速向坡面外侧空间运动的破坏。滑坡是土体沿着一个或多个滑动面的剪切破坏，而滑动土体本身虽产生大的变形，但仍为一个整体。在泥石流发生时，均伴有粘性流体的运

图 10-1　简单土坡

动。三种失稳形式中，滑坡破坏是本章介绍的内容。图10-2为山西省东廓镇附近一个高速公路的滑坡，当路堤填筑到16m高时，因连日降雨，于1999年9月30日凌晨，在沿公路中心线长约110m范围内，路堤、挡土墙和其下土质山坡发生了整体滑动。

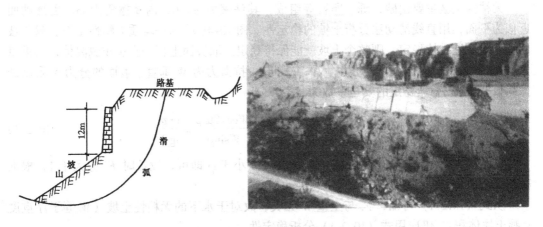

图 10-2　路堤和山坡的滑动

　　勘测表明土坡滑动面的空间分布为簸箕形，在进行稳定性分析时，常简化为平面应变问题，即简化为图10-2所示形状，因忽略两边稳定土体对滑坡体的抗滑力，故分析偏于安全。在平面问题中，滑动面主要有三种形状：圆弧形、直线形和复合形，参见图10-3的(a)、(b)和(c)。在均质粘性土坡中形成圆弧形滑动面，圆弧在坡顶处较陡，一般通过

坡脚，可能发展到坡底以下的土基；在无粘性土（砂、砾和卵石等）土坡中，或无粘性土覆盖层中，常形成直线形滑动面；复合形滑动面一般发生在粘性土坡下有软弱夹层的情况，滑动面由圆弧和直线组成。

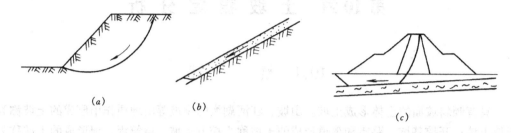

图 10-3 土坡滑动面的形状
(a) 圆弧形；(b) 直线形；(c) 复合形

工程实践中，对滑坡这种失稳形式，一般用极限平衡法分析土坡的稳定性，即沿着一个实际的滑动面或一些假想的滑动面，计算滑坡体沿滑动面向下的滑动力和根据土的抗剪强度计算滑坡体受稳定土体的抗滑力，抗滑力除以滑动力得到土坡稳定的安全系数。根据安全系数的定义可知，滑坡的成因是滑动力增大或抗滑力减小，引起滑动力增大的因素有，在坡顶堆载、修建建筑物和车辆行驶，雨水或地表水渗入使土的重度增加，坡顶竖向裂缝中的水压力、渗透力和地震力对土坡的作用等。引起抗滑力减小的原因有，土的抗剪强度因含水量增加而下降，孔隙水压力增大使有效应力和摩擦力减小，坡脚处土体被冲刷或移走等。在进行土坡稳定分析时应考虑这些因素的影响。

10.2 无粘性土坡的稳定分析

无粘性土坡主要由砂、砾、卵石等组成，其粘聚力 $c = 0$，内摩擦角为 φ，因滑动面近似为平面，用直线滑动法分析土坡的稳定性。图 10-4(a) 为一均质无粘性土坡，只要坡面上的土粒能维持稳定，则整个土坡就能保持稳定。取坡面上任一土块作脱离体，其重量为 W，沿坡面的分力 T 为滑动力，$T = W \cdot \sin\beta$，抗滑力为 W 垂直于坡面的分力 N 乘以摩擦系数 $\mathrm{tg}\varphi$，设土坡稳定的安全系数为 F_s，

$$F_s = \frac{抗滑力}{滑动力} = \frac{N\mathrm{tg}\varphi}{T} = \frac{W\cos\beta\,\mathrm{tg}\varphi}{W\sin\beta} = \frac{\mathrm{tg}\varphi}{\mathrm{tg}\beta} \tag{10.2.1}$$

可见要维持无粘性土坡的稳定，只要坡角 β 小于 φ 即可，设计时 F_s 应大于 1，根据有关规范取值，参见表 10-5 ~ 10-7。

从式（10.2.1）可知，F_s 与土重 W 无关，故对于水下的无粘性土坡（W 等于浮重度 γ' 乘土块体积），仍应用式（10.2.1）分析稳定性。

当无粘性土坡中有稳定渗流时，坡面上任一单位体积土块受到渗透力 $j = i\gamma_w$ 的作用，设渗透力的方向和水平面夹角为 θ，参见图 10-4(b)。分析该土块上的作用力，可得到安全系数 F_s，

$$F_s = \frac{抗滑力}{滑动力} = \frac{[\gamma'\cos\beta - i\gamma_w\sin(\beta-\theta)]\mathrm{tg}\varphi}{\gamma'\sin\beta + i\gamma_w\cos(\beta-\theta)} \tag{10.2.2}$$

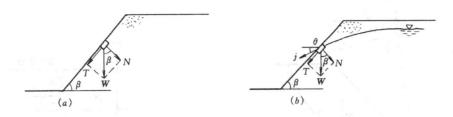

图 10-4 无粘性土坡的稳定分析

当渗流方向沿坡面向下时，$\theta = \beta$，水力坡降 $i = \sin\beta$，代入式（10.2.2）得

$$F_s = \frac{\gamma'\cos\beta\,\mathrm{tg}\varphi}{(\gamma' + \gamma_w)\sin\beta} = \frac{\gamma'\,\mathrm{tg}\varphi}{\gamma_{sat}\,\mathrm{tg}\beta} \qquad (10.2.3)$$

饱和重度 γ_{sat} 约为浮重度 γ' 的两倍，比较式（10.2.1）和式（10.2.3）可见，当有顺坡面向下的渗流时，安全系数减小了一半，也就是说处于极限平衡时的坡角，从无渗流时的 $\beta = \varphi$，减小到 $\beta = \mathrm{tg}^{-1}\left(\frac{1}{2}\mathrm{tg}\varphi\right)$。

在土坡坡面有无粘性土覆盖层的情况，例如砂垫层和块石护坡或防渗土工膜斜墙上的保护层，也可应用式（10.2.1）和式（10.2.3）进行稳定分析，式中的 $\mathrm{tg}\varphi$ 应取无粘性土覆盖层与其下材料的界面摩擦系数。

10.3　粘性土坡的稳定分析

10.3.1　瑞典圆弧法

在均质粘性土坡中，滑动面为圆弧形，简称滑弧。在图 10-5(a) 中，有一假设的滑弧，圆心在 O 点，半径为 r，滑弧所对的圆心角为 ψ 度，则滑弧长度 $L = \pi r\psi/180$。取滑弧上面的滑动土体为脱离体，并视为刚体，根据各力对 O 点力矩的平衡条件，可得到安全系数的计算式，

$$F_s = \frac{抗滑力矩}{滑动力矩} = \frac{\tau_f L r}{Wd} \qquad (10.3.1)$$

式中　τ_f——粘性土的抗剪强度，kPa；

　　　W——滑动土体重，kN/m；

　　　d——滑动土体重心至圆心的水平距离，m。

这个方法是由瑞典的彼得森（K. E. Petterson, 1915）提出的，故称为瑞典圆弧法。式（10.3.1）中，$\tau_f = c + \sigma\,\mathrm{tg}\varphi$，而滑弧上各点的法向应力 σ 是变化的，这给该式的应用带来困难，但对饱和粘土坡，在不排水条件下，$\varphi_u = 0$，$\tau_f = c_u$ 和 σ 无关，则式（10.3.1）改写为

$$F_s = \frac{c_u L r}{Wd} \qquad (10.3.2)$$

式（10.3.2）用于分析饱和粘土坡形成过程和刚竣工时的稳定分析，称为 $\varphi_u = 0$ 法。

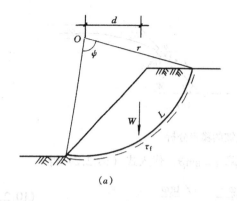
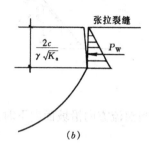

图 10-5　瑞典圆弧法稳定分析

在应用式（10.3.1）计算滑动力矩时，应将 W 以外其他附加的力考虑在内，例如坡顶堆载和车辆荷载对圆心 O 的滑动力矩。另一种情况是粘性土坡的坡顶裂缝，在 $\varphi_u = 0$ 的情况，裂缝深度可用临界深度 $z_c = 2c/\gamma$ 计算，考虑裂缝被水充满时，须附加水压力的合力 P_w 对圆心 O 的滑动力矩，参见图 10-5(b)。坡顶裂缝的另一影响是减小了滑弧长度，改变为 $L - z_c$。

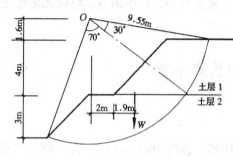

图 10-6　【例 10.1】图示

【例题 10.1】　土坡的外形和滑弧位置如图 10-6 所示，土层 1 的 $c_u = 20\text{kPa}$，$\varphi_u = 0$，土层 2 的 $c_u = 25\text{kPa}$，$\varphi_u = 0$，两土层的重度 $\gamma = 19\text{kN/m}^3$，滑坡体总面积为 46.9m^2，试计算土坡相对于该滑弧的稳定安全系数，如果考虑坡顶的张拉裂缝，且裂缝被雨水充满，此时的稳定安全系数又为多大？

【解】　因有两个土层，且 $\varphi_u = 0$，将式（10.3.2）改写为

$$F_s = \frac{\Sigma c_{ui} L_i r}{Wd}$$

代入有关数据，得

$$F_s = \frac{3.14 \times (20 \times 30° \times 9.55 + 25 \times 70° \times 9.55) \times 9.55/180}{46.9 \times 19 \times (2 + 1.9)}$$

$$= \frac{(20 \times 4.998 + 25 \times 11.66) \times 9.55}{3475.3}$$

$$= \frac{3738.44}{3475.3} = 1.08$$

当考虑坡顶张拉裂缝时，先计算裂缝深度和水压力合力，

$$z_c = \frac{2c}{\gamma} = \frac{2 \times 20}{19} = 2.105\text{m}$$

$$P_w = \frac{1}{2} \gamma_w z_c^2 = 0.5 \times 9.8 \times 2.105^2 = 21.71\text{kN/m}$$

考虑滑弧长度减小 z_c 和增加水压力引起的滑动力矩，则

$$F_s = \frac{[20 \times (4.998 - 2.105) + 25 \times 11.66] \times 9.55}{3475.3 + 21.71 \times \left(\frac{2}{3} \times 2.105 + 1.6\right)}$$

$$= \frac{3336.4}{3540.5} = 0.94$$

算例结果表明安全系数从 1.08 下降到 0.94，可见必须采取措施防止坡顶裂缝的产生，或及时填平已出现的裂缝。

以上是对一个假设滑弧求得的稳定安全系数，为找到最危险的滑弧，同时求得最小安全系数，还应假设一系列滑弧，分别计算安全系数，比较得最小值。为减轻试算的工作量，弗伦纽斯（Fellenius，1927）发现，$\varphi = 0$ 的情况，最危险滑弧通过坡脚，而圆心为 AO 和 BO 的交点，参见图 10-7，AO 和 BO 的方向由 β_1 和 β_2 确定，β_1 和 β_2 值和坡角或坡比有关，列于表 10-1。对 $\varphi \neq 0$ 的情况，最危险滑弧在 MO 的延长线上，图 10-7 给出 M 点的位置，可在此延长线上选 O_1、O_2、O_3 等作为圆心，分别绘制过坡脚的试算圆弧，并计算安全系数，然后沿延长线作 F_s 对圆心位置的曲线，从而求得最小安全系数 F_{smin} 和对应的圆心 O_m。

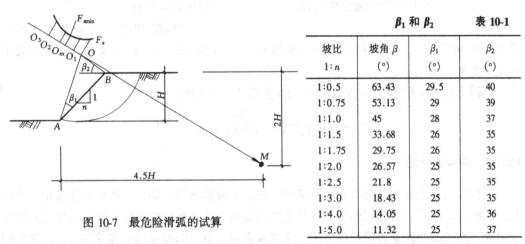

图 10-7 最危险滑弧的试算

		β_1 和 β_2	表 10-1
坡比	坡角 β	β_1	β_2
$1:n$	(°)	(°)	(°)
1:0.5	63.43	29.5	40
1:0.75	53.13	29	39
1:1.0	45	28	37
1:1.5	33.68	26	35
1:1.75	29.75	26	35
1:2.0	26.57	25	35
1:2.5	21.8	25	35
1:3.0	18.43	25	35
1:4.0	14.05	25	36
1:5.0	11.32	25	37

对于非均质土坡或土坡外形和荷载较复杂的情况，为求得最危险滑弧，还应在过 O_m 点的 MO 垂直线两侧再取一些圆心进行试算比较。

此外，陈惠发（美国，1980）根据计算机大量试算经验，给出最危险滑弧通过坡底的 a 点和坡顶的 b 点，这两点分别距坡脚和坡肩 0.1nH，参见图 10-8。而圆心位置在 ab 的垂直平分线上。

10.3.2 泰勒稳定数法

泰勒（D.W.Taylor，1937）和其后的一些研究者为简化最危险滑弧的试算工作，首先研究饱和粘土（$\varphi_u = 0$）土坡，在坡底以下一定深度 ηH 有硬质土层的情况，其后发展到 $\varphi \neq 0$ 的土坡。根据几何相似原

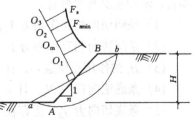

图 10-8 最危险滑弧试算
（陈惠发，1980）

理，选取影响土坡稳定的五个参数，土的重度 γ、抗剪强度参数 c、φ、土坡形状参数 β 和 H，并将 γ、c 和 H 三个参数定义为稳定数 N_s，

$$N_s = \frac{c}{\gamma H} \qquad\qquad (10.3.3)$$

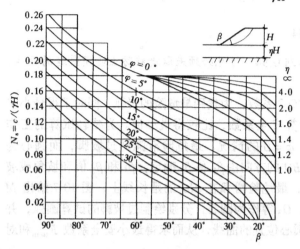

图 10-9　泰勒稳定数 N_s 图

稳定数 N_s 为一无量纲参数。泰勒等人计算均质土坡在极限平衡状态（$F_s = 1$）N_s 和 φ、β 的关系，并制作了稳定数图，参见图 10-9。应用稳定数图可根据 γ、c、φ 和 β 求极限坡高 H，也可根据 γ、c、φ 和 H 求极限坡角 β。在五个参数均已知的情况，亦可应用稳定数图求最小安全系数，方法是由 φ 和 β 从图中查得 N_s，则 $F_{smin} = c/(\gamma H N_s)$。稳定数法一般适用于坡高不超过 10m 的均质土坡的设计，或用于土坡稳定的初步设计。

【例题 10.2】　一均质土坡的坡角 $\beta = 25°$，坡高 $H = 8m$，土的重度 $\gamma = 19.2 \text{kN/m}^3$，$c = 10 \text{kPa}$，$\varphi = 15°$，试求该土坡的最小稳定安全系数 F_{smin}。

【解】　据 $\varphi = 15°$ 和 $\beta = 25°$，从图 10-9 查得 $N_s = 0.048$。

$$F_{smin} = \frac{c}{\gamma H N_s} = \frac{10}{19.2 \times 8 \times 0.048} = 1.356$$

10.3.3　普遍条分法

工程界很多土坡的外形复杂不是简单土坡，土坡的土质不均匀，坡顶和坡面作用有荷载，因此滑动面不一定是圆弧形，这给选择滑动面上的抗剪强度和计算滑动或抗滑力矩带来困难。解决的办法是将滑坡体分成一系列铅直薄土条，例如 n 条，条宽为 Δx_i，参见图 10-10（a）。因条宽较薄，条底滑动面上土的抗剪强度可视为常数，条顶外荷载、条底反力和土条的重力均可视为作用在条的中心线上。取其中第 i 条作为脱离体，参见图 10-10（b），分析其受力和平衡条件。已知量有外荷载 Q_{iH}、Q_{iV}，重力 W_i，土条底部的 c_i 和 φ_i；未知量及其数量有，

(1) 条间切向相互作用力 V_i，计 $n-1$ 个；

(2) 条间法向相互作用力 H_i，计 $n-1$ 个；

(3) H_i 的作用点位置 a_i，计 $n-1$ 个；

(4) 条底法向反力 N_i，计 n 个；

(5) 条底切向力 T_i，因存在固定关系 $T_i = (c_i l_i + N_i \text{tg}\varphi_i)/F_s$，故 n 个条仅一个未知量 F_s。

综上，共有未知量 $4n-2$ 个。n 个条的平衡方程只有 $3n$ 个，属 $n-2$ 次超静定问题，

解决的办法是假设条间相互作用力的大小、方向和作用点，补充 $n-2$ 个方程。

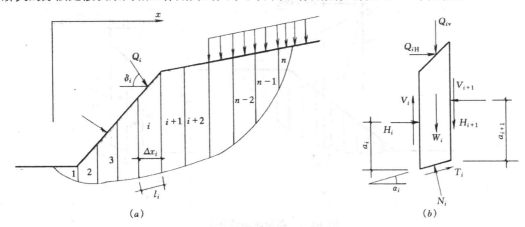

图 10-10 普遍条分法

摩根斯坦和普赖斯（Morgenstern and Price，1965）假设条间相互作用力符合下列关系，

$$\frac{V(x)}{H(x)} = \lambda f(x) \qquad (10.3.4)$$

式中，λ 为常数，待求，$f(x)$ 为某个假定的函数，对 $n-1$ 个分界面的 x 坐标，相当于增加了 $n-1$ 个方程，考虑到 λ 增加了一个未知量，补充的方程和超静定次数相同，λ 和 $f(x)$ 可借助计算机求得精确解。从式（10.3.4）可见，$\lambda f(x)$ 实际上定义了条间力的方向，其正确选择应考虑到条间力作用位置（a_i），并保证条底切向反力 T_i 不超过（$c_i l_i + N_i tg\varphi_i$），这有赖于工程经验。类似的工作还有扬布（Janbu）和斯宾塞（Spencer）等提出的方法。因为 $f(x)$ 选择的困难和求解的困难，目前还未得到广泛应用，但普遍条分法较为合理，并为其他简化分析方法提供了比较的标准。最常用的两种简化分析法是弗伦纽斯法和毕肖普简化法。

10.3.4 弗伦纽斯条分法

弗伦纽斯（Fellenius，瑞典，1927）根据圆弧滑动面和将滑坡体视为刚体的假设，为方便计算滑动力矩和选择滑弧上土的抗剪强度指标，将滑坡体分成一系列铅直土条，假定各土条两侧分界面上作用力的合力大小相等、方向相反，且作用线重合，即不计条间相互作用力对平衡条件的影响，然后根据整个滑动土体的力矩平衡条件，求得稳定安全系数。该法古老且简单，又称为瑞典条分法。

图 10-11（a）所示土坡和滑弧，将滑坡体分成 n 个土条，其中第 i 条宽度为 b_i，条底视为直线，长为 l_i，该土条的受力标于图 10-11（b），$E_i = E_{i+1}$。

根据第 i 条上各力对 O 点力矩的平衡条件，考虑到 N_i 通过圆心，不出现在平衡方程中，然后对 n 条的力矩平衡方程求和得

$$\Sigma T_i r = \Sigma W_i r \sin\alpha_i \qquad (10.3.5)$$

T_i 和 N_i 之间存在固定关系

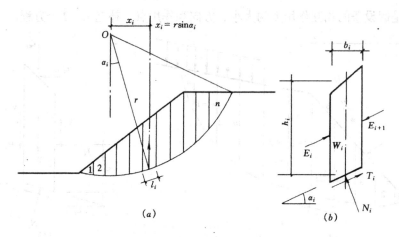

图 10-11 弗伦纽斯条分法

$$T_i = \frac{1}{F_s}(c_i l_i + N_i \text{tg}\varphi_i) \tag{10.3.6}$$

根据条底法线方向力的平衡条件，考虑到 $E_i = E_{i+1}$，得

$$N_i = W_i \cos\alpha_i \tag{10.3.7}$$

将式（10.3.6）和（10.3.7）代入式（10.3.5）整理得，

$$F_s = \frac{\Sigma(c_i l_i + W_i \cos\alpha_i \text{tg}\varphi_i)}{\Sigma W_i \sin\alpha_i} \tag{10.3.8}$$

式中 α_i 可直接从图中量取，或量得 x_i 后，计算 $\sin\alpha_i = x_i/r$。α_i 存在正负问题，当土条重量沿滑弧产生下滑力时，α_i 为正；当产生抗滑力时，α_i 为负。

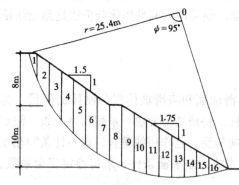

图 10-12 弗伦纽斯法算例

式（10.3.8）是弗伦纽斯法采用总应力分析法求土坡稳定的安全系数，当采用有效应力分析法时，抗剪强度指标应取 c_i' 和 φ_i'，在计算 W_i 时，土条在浸润线以下部分应取饱和重度计算，考虑到条底孔隙水压力 u_i 的作用，$N_i' = N_i - u_i l_i$，式（10.3.8）改写为，

$$F_s = \frac{\Sigma[c_i' l_i + (W_i \cos\alpha_i - u_i l_i)\text{tg}\varphi_i']}{\Sigma W_i \sin\alpha_i} \tag{10.3.9}$$

【例题 10.3】 有一粘性土坡，坡高 18m，土的重度为 19.6kN/m³，粘聚力 28.6kPa，内摩擦角 15.5°，用弗伦纽斯法验算沿图 10-12 所示滑弧的稳定安全系数。

【解】 将滑坡体分成 16 个竖直土条，按式（10.3.8）中各项计算，列于表 10-2。

从表 10-2 可计算得稳定安全系数

$$F_s = \frac{\Sigma(c_i l_i + W_i \cos\alpha_i \text{tg}\varphi_i)}{\Sigma W_i \sin\alpha_i}$$

$$= \frac{1204.1 + 992.1}{1626.9}$$

$$= 1.35$$

按弗伦纽斯法计算沿一假设滑弧的稳定安全系数　　　　　　　　表 10-2

土条号	土条宽 b_i (m)	土条高 h_i (m)	土条重 $W_i = \gamma b_i h_i$ (kN)	x_i (m) x_i/r	$\sin\alpha_i$	$\cos\alpha_i$	$W_i\sin\alpha_i$ (kN)	$W_i\cos\alpha_i \mathrm{tg}\varphi_i$ (kN)	l_i (m)	$c_i l_i$ (kN)
1	1.12	2.0	43.9	24.0	0.945	0.327	41.5	3.98		
2	2.0	4.8	188.2	22.5	0.886	0.464	166.7	24.2		
3	2.0	7.0	274.4	20.5	0.807	0.591	221.4	44.9		
4	2.0	8.0	313.6	18.5	0.728	0.686	228.3	59.6		
5	2.0	8.4	329.3	16.5	0.650	0.760	214.0	69.3		
6	2.0	8.8	345.0	14.5	0.571	0.821	197.0	78.4		
7	2.0	8.8	345.0	12.5	0.492	0.871	169.7	83.2		
8	2.0	9.0	352.8	10.5	0.413	0.911	145.7	89.0	$\Sigma l_i = 25.4 \times 95$ $\times 3.14/180$ $= 42.1$	$\Sigma c_i l_i = 28.6 \times 42.1$ $= 1204.1$
9	2.0	9.4	368.5	8.5	0.335	0.942	123.4	96.2		
10	2.0	8.8	345.0	6.5	0.256	0.967	88.3	92.4		
11	2.0	8.0	313.6	4.5	0.177	0.984	55.5	85.5		
12	2.0	7.4	290.1	2.5	0.098	0.995	28.4	80.0		
13	2.0	6.0	235.2	0.5	0.010	1.000	2.35	65.1		
14	2.0	4.8	188.2	-1.5	-0.059	0.998	-11.1	52.0		
15	2.0	3.6	141.1	-3.5	-0.138	0.990	-19.5	38.7		
16	3.5	1.6	109.8	-5.75	-0.226	0.974	-24.8	29.6		

$\Sigma W_i \sin\alpha_i = 1626.9 \mathrm{kN}$；　$\Sigma W_i \cos\alpha_i \mathrm{tg}\varphi = 992.1 \mathrm{kN}$。

　　弗伦纽斯法计算过程简单，但因为条间力的假设和实际情况有差别，计算结果存在误差，误差随滑弧中心角 ψ，以及随 F_s 值的增加而加大，和更精确的分析方法相比，误差在 $5\% \sim 20\%$，但偏于安全。可以用普遍条分法与其相比，n 个条共 $4n-2$ 个未知量，假设不计条间力的影响，减少了 $3n-3$ 个未知量，还剩 $n+1$ 个未知量。弗伦纽斯法补充了 n 个条底法线方向力的平衡方程和 1 个总体力矩平衡方程，使方程数与未知量数相等，但并未满足每个条的平衡方程。当用有效应力法，即式（10.3.9），分析稳定安全系数时，可能引起更大的误差。

10.3.5 毕肖普简化法

　　毕肖普（Bishop, 1955）简化条分法也是一种圆弧滑动条分法，与弗伦纽斯法不同之处在于条间力的假设。毕肖普假设条间力沿竖直方向的分力大小相等方向相反，参见图 10-13，用有效应力法分析，即 $V_i' = V_{i+1}'$。因分条上作用有水平方向条间力，为求得 N_i' 的大小，可以写出竖直方向力的平衡方程，

$$W_i = (N_i' + u_i l_i)\cos\alpha_i + T_i'\sin\alpha_i \qquad (10.3.10)$$

T_i' 和 N_i' 间存在下列关系，

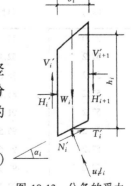

图 10-13　分条的受力

$$T'_i = \frac{1}{F_s}(c'_i l_i + N'_i \operatorname{tg}\varphi'_i) \tag{10.3.11}$$

将式（10.3.11）代入式（10.3.10）得，

$$N'_i = \left(W_i - \frac{c'_i l_i}{F_s}\sin\alpha_i - u_i l_i \cos\alpha_i\right)/m'_{\alpha i} \tag{10.3.12}$$

式中

$$m'_{\alpha i} = \cos\alpha_i + \frac{\sin\alpha_i \operatorname{tg}\varphi'_i}{F_s} \tag{10.3.13}$$

在写出各力对滑弧圆心之矩并求和时，条间力为内力不出现在平衡方程中，故得到与式（10.3.5）类似的平衡方程

$$\Sigma T'_i r = \Sigma W_i r \sin\alpha_i \tag{10.3.14}$$

将式（10.3.10）、（10.3.11）、（10.3.12）代入式（10.3.14），考虑到 $l_i \cos\alpha_i = b_i$，整理得，

$$F_s = \frac{1}{\Sigma W_i \sin\alpha_i}\Sigma \frac{c'_i b_i + (W_i - u_i b_i)\operatorname{tg}\varphi'_i}{m'_{\alpha i}} \tag{10.3.15}$$

如不计孔隙水压力的影响，可用总应力法分析，得到，

$$F_s = \frac{1}{\Sigma W_i \sin\alpha_i}\Sigma \frac{c_i b_i + W_i \operatorname{tg}\varphi_i}{m_{\alpha i}} \tag{10.3.16}$$

式中

$$m_{\alpha i} = \frac{\sin\alpha_i \operatorname{tg}\varphi_i}{F_s} + \cos\alpha_i \tag{10.3.17}$$

从式（10.3.15）和（10.3.16）可见，等号右端也出现 F_s 项，因此安全系数的求解需要一个迭代过程，例如先假设一个 F_s 值，与计算得到的 F_s 值比较，如果不一致，修正假设的 F_s 值，直到 F_s 的计算值与假设值相比，差值可以忽略不计为止。计算经验表明，其收敛速度是很快的。

【例题 10.4】 用毕肖普简化法求解 [例题 10.3]。

【解】 将滑动土体分成 16 个竖直土条，按式（10.3.16）和式（10.3.17）列表计算。

因部分计算工作与弗伦纽斯法相同，故沿用表 10-2 中的前 8 列，直至 $W_i \sin\alpha_i$ 项。其后的运算列于表 10-3。

按简化毕肖普法计算沿一假想滑弧的稳定安全系数　　　表 10-3

$c_i b_i$ (kN)	$W_i \operatorname{tg}\varphi_i$ (kN)	$m_{\alpha i} = \cos\alpha_i + \dfrac{\sin\alpha_i \operatorname{tg}\varphi_i}{F_s}$		$\dfrac{c_i b_i + W_i \operatorname{tg}\varphi_i}{m_{\alpha i}}$	
		$F_s = 1.37$	$F_s = 1.42$	$F_s = 1.37$	$F_s = 1.42$
32.03	12.16	0.518	0.511	85.31	86.48
57.2	52.13	0.643	0.637	170.0	171.6
57.2	76.01	0.754	0.748	176.7	178.1
57.2	86.87	0.833	0.828	173.0	174.0
57.2	91.22	0.891	0.887	166.6	167.3
57.2	95.57	0.936	0.932	163.2	163.9
57.2	95.57	0.970	0.967	157.8	158.0
57.2	97.73	0.995	0.992	155.7	156.2
57.2	102.1	1.010	1.010	157.7	158.3

c_ib_i (kN)	$W_i\text{tg}\varphi_i$ (kN)	$m_{ai} = \cos\alpha_i + \dfrac{\sin\alpha_i\text{tg}\varphi_i}{F_s}$		$\dfrac{c_ib_i + W_i\text{tg}\varphi_i}{m_{ai}}$	
		$F_s = 1.37$	$F_s = 1.42$	$F_s = 1.37$	$F_s = 1.42$
57.2	97.73	1.020	1.020	151.9	151.9
57.2	86.87	1.020	1.020	141.2	141.2
57.2	80.36	1.020	1.010	136.2	136.2
57.2	65.15	1.000	1.020	122.4	120.0
57.2	52.13	0.970	0.986	112.7	110.9
57.2	39.09	0.962	0.963	100.1	99.99
100.1	30.42	0.928	0.930	140.6	140.3

$$\Sigma = 2316.6 \qquad \Sigma = 2314.4$$

先假设 $F_s = 1.37$，将表 10-3 和表 10-2 中数据代入式（10.3.16）得

$$F_s = \frac{1}{\Sigma W_i\sin\alpha_i}\Sigma\frac{c_ib_i + W_i\text{tg}\varphi_i}{m_{\alpha i}}$$

$$= \frac{2316.6}{1626.9} = 1.424$$

再假设 $F_s = 1.42$，将表中数据代入式（10.3.16）得

$$F_s = \frac{2314.4}{1626.9} = 1.423$$

因计算值与假设值差别很小，土坡的稳定安全系数为 1.42。

毕肖普简化法只假设土条两侧的竖向剪切力大小相等方向相反，保留了两侧的水平作用力，其计算精度比弗伦纽斯法高，与更精确的计算方法相比，稳定安全系数的误差不超过 7%，大多数情况在 2% 左右，且偏于安全，因此，该法得到广泛的应用。与弗伦纽斯法相同，条间相互作用力并未列为未知量，故 n 个土条的未知量仍为 $n+1$ 个，运用竖向力平衡和总体力矩平衡方程求解，实际上，也没有满足各个土条的平衡条件。

从 m_{ai} 的算式（10.3.17）可以看到，当 α_i 为负值时，特别是其绝对值较大时，m_a 可能接近零，则 F_s 趋于无穷大；从式（10.3.12）也可以分析出，当 α_i 较大，c 值较大时，N_i 可能出现负值，这些不合理结果出现的原因是，滑弧的假设不符合土压力理论，或者是抗剪强度的取值不正确。一般解决的措施如下，合理选择假设滑弧的位置，使其在坡顶处不要太陡，例如限制坡顶处 $\alpha_i \leqslant 45° + \dfrac{\varphi}{2}$，在坡脚处限制 $|\alpha_i| \leqslant 45° - \dfrac{\varphi}{2}$；另一方面应提高剪切试验的精度，提供合理的抗剪强度参数。

以上各节的计算是针对一个假设滑弧的，为得到土坡稳定的安全系数，还需假设多个滑弧，求得最小安全系数，相对于最小安全系数的滑弧才是可能失稳的滑动面，可见计算工作是十分复杂的。目前已有很多关于土坡稳定分析的程序，借助计算机完成试算工作。这些程序的主要功能如下，先选择某个滑弧的圆心，并限制滑弧通过某个点或与某条水平线相切，程序可根据滑坡体形状自动分条，并计算安全系数，然后在选定圆心的周围按一定间距确定不同的圆心，计算安全系数，比较这些安全系数的大小，获得最小安全系数。程序可以采用弗伦纽斯法、毕肖普简化法，或其他更精确的方法，能够适合复杂的土坡外形和土层条件，还可以考虑渗透力的作用等。

*10.3.6　复合滑动面稳定分析

当土坡下面存在软弱或疏松夹层时，滑动面可能不完全是圆弧形，其中一部分沿着夹层面，参见图 10-14。

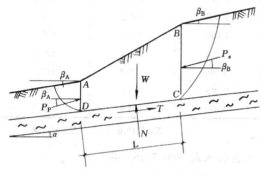

工程中常用 $ABCD$ 作脱离体分析复合滑动面的稳定性，假设在竖直面 BC 和 AD 上分别作用有主动土压力和被动土压力的合力 P_a 和 P_p，并假设力的作用方向分别平行于坡顶和坡底，沿夹层表面 CD 向下的滑动力为 S，

$$S = P_a\cos(\beta_B - \alpha) - P_p\cos(\beta_A - \alpha)$$
$$+ W\sin\alpha \qquad (10.3.18)$$

式中 α、β_A 和 β_B 参见图 10-14。

图 10-14　复合滑动面稳定分析

沿 CD 面提供的抗滑动力 T 取决于夹层土的抗剪强度，用有效应力分析，

$$T' = c'L + \left[W\cos\alpha + P'_a\sin(\beta_B - \alpha) - P'_p\sin(\beta_A - \alpha) \right]\mathrm{tg}\varphi' \qquad (10.3.19)$$

式中　L 为 CD 面长度，P'_a、P'_p 为用有效应力强度指标计算得主动和被动土压力的合力。

土坡稳定的安全系数

$$F_s = \frac{T'}{S'} \qquad (10.3.20)$$

式中　S' 参见式（10.3.18），将 P_a 和 P_p 分别用 P'_a 和 P'_p 代替。

在计算中隐含了这样的假设，BC 和 AD 面同时达到主动和被动极限平衡状态，且 CD 面上发挥了土的抗剪强度，实际上，三种状态所需的变形是不一致的，因此，复合滑动面的稳定分析只是一种近似计算。此外，和圆弧滑动分析类似，为求得最小安全系数，还需假设不同的 BC 和 AD 面位置进行计算比较，当夹层中存在孔隙水压力时，还应考虑它对抗滑动力的影响。

10.4　稳定渗流和地震条件下土坡的稳定分析

运用条分法已经解决了许多复杂条件下土坡的稳定分析，例如土坡外形复杂不是简单土坡，土坡内有不同土层或存在地下水，坡顶或坡面有荷载等，求解的关键是土条重量的计算和条底抗剪强度参数的选择。运用条分法还可分析稳定渗流和地震条件下土坡的稳定性。

10.4.1　稳定渗流作用下土坡的稳定分析

工程中土坡稳定渗流常发生在下列一些情况，堤坝挡水时的下游边坡、地下水位以下的基坑边坡等。稳定渗流对土坡稳定的影响表现在渗透力的作用，此外，浸润线以下土的重度取浮重度。在 10.2 节分析无粘性土坡稳定时已运用了这些概念。在粘性土坡中分析较复杂，首先需计算确定浸润线的位置，绘制流网，每个土条在浸润线以下的单元，例如

图 10-15(a) 中的 abcd，体积为 V，受到总渗透力的作用，其大小为 $jV = i\gamma_w V$，方向沿流线，作用在单元的形心上，水力坡降 i 由土条包含的流网计算。单元 abcd 的重量为 $\gamma' V$ 和总渗透力 $i\gamma_w V$ 的合力 R 构成了渗流的作用，参见图 10-15(b)。因等势线不是竖直的，流网与土条的划分不一致，给计算带来困难，此外，合力 R 的计算亦较复杂，故一般不用此法分析渗流的作用。

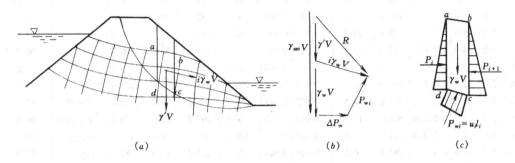

图 10-15 渗流作用下土坡稳定分析

另一种分析方法是取 abcd 中的孔隙水作为脱离体，参见图 10-15(c)，用以分析总渗透力的作用。该脱离体受的力有孔隙水重量 $\gamma_w V_v$、土粒浮力的反作用力 $\gamma_w V_s$，V_v 和 V_s 分别为 abcd 中孔隙和土粒的体积，以上两力的合力为 $\gamma_w V$，相当于 abcd 中无土粒充满水的重量，分别标于图 10-15(c) 和 (b) 中。此外，还有两竖直面 ad 和 bc 上总孔隙水压力之差 $\Delta P_w = P_i - P_{i+1}$，土条底面孔隙水压力 $P_{wi} = u_i l_i$。从 (b) 图可见 $\gamma_w V$、ΔP_w 和 P_{wi} 三力也构成了总渗透力 $i\gamma_w V$，因 $\gamma' V + \gamma_w V = \gamma_{sat} V$，从 (b) 图还可看出，用 $\gamma_{sat} V$、ΔP_w 和 P_{wi} 三力同样可求得第一种分析方法求得的 $\gamma' V$ 和 $i\gamma_w V$ 的合力 R，而计算却方便得多。将土条上各力对 O 点取矩，ΔP_w 为内力不出现在平衡方程中，$\gamma_{sat} V$ 为土条的饱和重量，考虑到土条有部分处在下游水位以下，则该部分应以浮重度计算，按有效应力分析法，土坡稳定的安全系数 F_s 用弗伦纽斯法计算，

$$F_s = \frac{\Sigma [c'_i l_i + (W_i \cos\alpha_i - u_i l_i)\mathrm{tg}\varphi'_i]}{\Sigma W_i \sin\alpha_i} \tag{10.4.1}$$

式中
$$W_i = (\gamma h_{i1} + \gamma_{sat} h_{i2} + \gamma' h_{i3})b_i \tag{10.4.2}$$

h_{i1}、h_{i2} 和 h_{i3} 分别为第 i 土条在浸润线以上、浸润线至下游水位和下游水位至滑动面的高度，参见图 10-16。

关于 u_i 的计算，严格讲应过土条底部中点作等势线，取图 10-16 中的 y_{wi} 为计算水头，即 $u_i = \gamma_w(y_{wi} - h_{i3})$。近似计算可用 $h_{i2} + h_{i3}$ 代替 y_{wi}，则 $u_i = \gamma_w h_{i2}$，虽有误差，差值不大，且偏于安全。

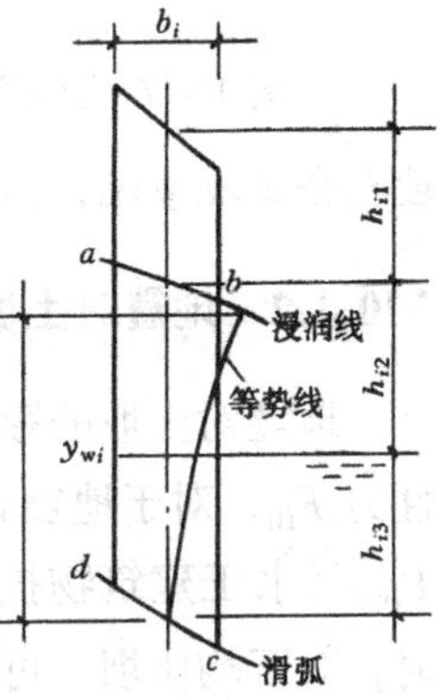

【例题 10.5】 在例题 10.3 的土坡中，当有如图 10-17 所示浸润线和下游水位的情况下，土的浮重度 $\gamma' = 10.3\mathrm{kN/m^3}$，有效应力抗剪强度参数 $c' = 10\mathrm{kPa}$，$\varphi' = 28.5°$，试计算稳定渗流条件下对同一假设滑弧的稳定安全系数。

【解】 将滑坡体分成 16 个土条，按式 (10.4.1) 逐项计算，列于表 10-4 中。

图 10-16 土坡稳定计算

有稳定渗流时沿一假设滑弧的稳定安全系数　　　　　　　　　　　表 10-4

土条号	土条宽 b_i (m)	土条高 h_{i1}	h_{i2}	h_{i3} (m)	土条重 W_i (kN)	x_i (m) x_i/r	$\sin\alpha_i$ $\cos\alpha_i$	$W_i\sin\alpha_i$ (kN)	$W_i\cos\alpha_i$ (kN)	u_i (kN/m)	$u_i l_i$ (kN)	$c'_i l_i$ (kN)	$(W_i\cos\alpha_i - u_i l_i)tg\varphi'_i$ (kN)
1	1.12	2.0	0	0	43.9	24.0	0.945 / 0.327	41.5	14.4	0	0		7.82
2	2.0	4.8	0	0	188.2	22.5	0.886 / 0.464	166.7	87.3	0	0		47.4
3	2.0	5.6	1.4	0	275.8	20.5	0.807 / 0.591	222.6	163.0	13.7	46.3		63.4
4	2.0	4.3	3.7	0	317.3	18.5	0.728 / 0.686	231.0	217.7	36.3	106.0		60.7
5	2.0	3.4	5.0	0	334.3	16.5	0.650 / 0.760	217.3	254.1	49.0	128.9		68.0
6	2.0	2.5	6.3	0	351.3	14.5	0.571 / 0.821	200.6	288.4	61.7	150.5	$\Sigma c'_i l_i = c'L$	74.9
7	2.0	1.6	6.0	1.2	328.6	12.5	0.492 / 0.871	161.7	286.2	58.8	135.2	$= 10 \times 95$	82.0
8	2.0	1.5	5.5	2.0	321.1	10.5	0.413 / 0.911	132.6	292.5	53.9	114.2	$\times 3.1416$	96.8
9	2.0	1.4	5.0	3.0	317.7	8.5	0.335 / 0.942	106.4	299.3	49.0	103.9	$\times 25.4/$	106.1
10	2.0	0.8	4.4	3.6	282.4	6.5	0.256 / 0.967	72.3	273.1	43.1	89.2	180	99.9
11	2.0	0.6	3.5	3.9	244.6	4.5	0.177 / 0.984	43.3	240.7	34.3	69.6	$= 421.2$	92.9
12	2.0	0.5	2.5	4.4	210.7	2.5	0.098 / 0.995	20.6	209.6	24.5	49.2		87.1
13	2.0	0.3	1.3	4.4	154.1	0.5	0.010 / 1.000	1.55	154.7	12.7	25.4		70.2
14	2.0	0.2	0.5	4.1	112.4	-1.5	-0.059 / 0.998	-6.63	112.2	4.9	9.8		55.6
15	2.0	0	0	3.6	74.2	-3.5	-0.138 / 0.990	-10.2	73.5	0	0		39.9
16	3.5	0	0	1.6	57.7	-5.75	-0.226 / 0.974	-13.0	56.2	0	0		30.5
								$\Sigma = 1588.3$					$\Sigma = 1083.2$

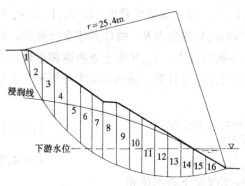

图 10-17　稳定渗流土坡稳定算例

土坡在稳定渗流条件下的稳定安全系数 F_s,

$$F_s = \frac{\Sigma[c'_i l_i + (W_i\cos\alpha_i - u_i l_i)\mathrm{tg}\varphi'_i]}{\Sigma W_i\sin\alpha_i}$$

$$= \frac{421.2 + 1083.2}{1588.3}$$

$$= 0.95$$

和没有渗流条件下（例 10.3）的安全系数 $F_s = 1.35$ 相比，稳定渗流条件下的安全系数大幅度下降，必须采取相应的工程措施提高土坡的稳定性，参见 10.6 节。在水位骤降的上游土坡也会出现渗流，其稳定分析和上述的方法相同。

*10.4.2　地震对土坡稳定的影响

地震对土坡的影响，可用拟静力法计算，即在每一土条的重心施加一个水平向地震惯性力 F_{ih}，对于地震设计烈度为 8、9 的 1、2 级土石坝，还要同时施加竖向地震惯性力 F_{iv}。《水工建筑物抗震设计规范》SL 203—97 中规定，采用拟静力法进行抗震稳定计算时，对于均质坝，可采用瑞典圆弧法（弗伦纽斯法）进行验算；对于 1、2 级及 70m 以上的土石坝，宜同时采用毕肖普简化法。

毕肖普简化法计算安全系数 F_s 的公式为，

$$F_s = \frac{1}{\Sigma(W_i \pm F_{iv})\sin\alpha_i + \dfrac{M_h}{\gamma}} \Sigma \frac{c_i b_i + (W_i \pm F_{iv} - u_i b_i)\mathrm{tg}\varphi_i}{\cos\alpha_i + \dfrac{\sin\alpha_i \mathrm{tg}\varphi_i}{F_s}} \qquad (10.4.3)$$

式中　$W_i = (\gamma h_{i1} + \gamma_{sat} h_{i2} + \gamma' h_{i3})b_i$，参见式(10.4.2)；

　　　$F_{iv} = a_h \xi W_i a_i / 3g$；

　　　$F_{ih} = a_h \xi W_i a_i / g$；

　　　a_h——水平向设计地震加速度代表值，当设计烈度为7、8和9时，a_h分别为 0.1g、0.2g 和 0.4g；

　　　g——重力加速度；

　　　ξ——地震作用的效应折减系数，取 0.25；

　　　a_i——质点 i（土条重心）的动态分布系数，按图 10-18 的规定采用，表中 a_m 在设计烈度为 7、8、9 度时，分别取 3.0、2.5 和 2.0；

　　　M_h——F_{ih}对圆心的力矩；

　　　c_i、φ_i——地震作用下土的粘聚力和内摩擦角。

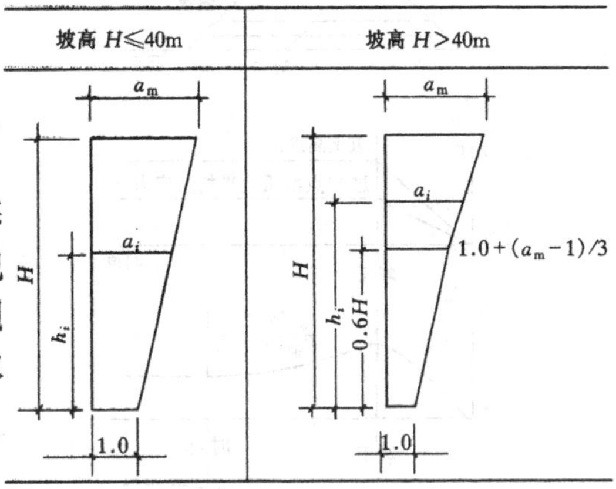

图 10-18　动态分布系数 a_i

10.5　孔隙水压力的估算和抗剪强度指标的选用

　　土坡形成过程或运用期间，土坡和地基中的应力、土的抗剪强度都在随时间变化，因此土坡稳定的安全系数也在不断变化，除填筑或开挖引起的总应力变化外，最重要的影响因素就是不同的排水条件引起的孔隙水压力的变化。在有效应力分析中，无论是弗伦纽斯法［式（10.3.9）］，还是毕肖普简化法［式（10.3.15）］都必须正确估算孔隙水压力的变化，找出土坡形成和运用期间何时为最小安全系数，也就是最危险的临界状态，这是运用这些公式的关键。此外，土的抗剪强度指标有不排水剪 c_u、φ_u、固结不排水剪 c_{cu}、φ_{cu} 和有效应力指标 c'、φ'，其值相差很大，引起安全系数计算的差别甚至比选用不同的分析方法影响还大。

　　下面根据具体的工程问题，分析孔隙水压力的变化，确定最危险的临界状态，然后介绍孔隙水压力的估算方法，并简要总结抗剪强度指标的选择。

10.5.1　临界状态分析

　　1. 软基上堤坝的填筑（图 10-19）

　　随着堤坝高度逐渐上升，地下水位以下处于假设滑动面上的一点 M 的剪应力 τ 也在逐渐增大，如果施工速度较快，土的渗透系数较小，不计排水的影响，则孔隙水压力 u 逐渐上升。因含水量不变，则不排水剪抗剪强度 τ_f 为常数。堤坝竣工时，剪应力 τ 增至最大值，故安全系数降至最小值。竣工后，τ 不变，随着 u 的消散，τ_f 增大，因此安全系数逐渐提高。

从以上分析可见，堤坝竣工时为临界状态，可选用不排水剪抗剪强度指标，按总应力分析法计算安全系数。孔隙水压力的初值和最终值均由地下水位定，而竣工时最大，但当采用总应力分析法时，不需要考虑 u 的变化，如果竣工时安全，其他时刻堤坝也是安全的。

2．挖方土坡和水位下降时的上游坡（图 10-20）

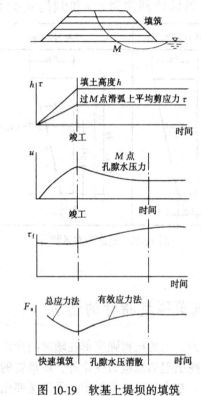

图 10-19　软基上堤坝的填筑　　　　图 10-20　挖方土坡与水位下降时的上游坡

随着挖方卸荷，滑弧上任一点 M 的剪应力 τ 增加，假设挖方较快，M 点含水量不变，不排水剪抗剪强度 τ_f 不变，当用总应力法分析时，竣工时安全系数下降至最小值。挖方过程因土坡膨胀，u 下降为负值，挖方结束后，负值消失，并且逐渐上升，则 τ_f 下降，而挖方结束后，τ 不变，故安全系数仍在继续下降，因此，用总应力法分析不能求得临界状态，应该采用有效应力法分析开挖后长期稳定性。

类似的情况还有水位骤降时的上游坡，下降前两水位之间的土体重度从浮重度增至饱和重度，引起假设滑动面上的剪应力 τ 增加，水位下降引起 u 下降，含水量不变则 τ_f 不变，其变化规律和开挖过程类似（见图 10-20），故安全系数逐渐下降，水位下降稳定后安全系数最小，为临界状态。与开挖竣工后不同之处在于，水位下降稳定后，τ 不变，而 u 将逐渐消散，τ_f 增加，故安全系数有一个上升过程。以上分析和工程实践是吻合的，堤坝上游坡的滑动破坏常发生在水位骤降时，因安全系数随着水位下降而减小，甚至在未减小到最小值时（最低水位）土坡即发生滑动。

3．土坡的渐进性破坏

有些天然土坡或挖方土坡在形成以后很长时间发生了滑动，分析原因并不是外荷载变化或含水量增加。这类土坡通常为超固结土，其抗剪强度的特点是小应变对应的峰值强度较高，而大应变对应的残余强度很低。应力分析表明在坡脚处有剪应力集中现象，如剪应力超过峰值强度，则坡脚处破坏，应变增大，伴随着强度下降，引起应力重分布，应力集中现象从坡脚向坡内发展，最终导致滑动破坏。此外，在相同上覆压力作用下，超固结粘土中水平应力比正常固结粘土中大，这加剧了开挖时的剪应力集中，因超固结粘土中贮存了较大的应变能，开挖后初始阶段起到阻止横向扩张的作用，随着逐渐风化，应变能释放，土坡才因剪应力集中和重分布而破坏，故表现出较长的延时。分析这类土坡的破坏，不应采用峰值强度，而应采用残余强度指标。所谓残余强度是大剪切应变对应的强度，在大应变条件下，破坏了土的粘聚力 c，同时 φ 也有所下降，这时土的抗剪强度不完全依赖于土中的含水量和液性指数，而主要由土的结构因素定。对已滑动土坡的反分析得到的强度指标和残余强度是接近的。

总结以上分析可见，稳定安全系数最小的临界状态，对填方坡出现在竣工时，对挖方坡存在一个逐渐下降过程，直至土坡形成后很长时间才趋于常数，当土坡挡水时，上游坡最小安全系数出现在水位骤降结束时，下游坡出现在稳定渗流形成时。这里分析的是最小安全系数，应注意在安全系数下降的过程，土坡就可能发生滑动。

10.5.2 孔隙水压力的估算

如前所述，当验算填方土坡竣工时的稳定安全系数时，采用总应力分析法，可以不计孔隙水压力的影响，其他情况稳定安全系数的计算均采用有效应力分析法，这时土的抗剪强度指标 c'、φ' 和土坡的稳定安全系数都受孔隙水压力 u 的影响，u 的初始值和最终值可由静止地下水位或稳定渗流的流网计算得到，可视为独立变量，但在填筑或挖方的施工过程，以及土坡前水位骤降的情况，u 是变化的，可用第 7 章的 A、B 系数进行估算，这时 u 并非独立变量，而是依赖于主应力的变化，即

$$u = u_0 + \Delta u = u_0 + B[\Delta\sigma_3 + A(\Delta\sigma_1 - \Delta\sigma_3)]$$

上式可简化为，

$$u = u_0 + \overline{B}\Delta\sigma_1 \tag{10.5.1}$$

$$\overline{B} = B\left[A + (1 - A)\frac{\Delta\sigma_1}{\Delta\sigma_3}\right] \tag{10.5.2}$$

式中 $\overline{B}$ 可称为全孔隙压力系数，从式（10.5.1）可知，$\overline{B}$ 是超静水孔隙压力 $u - u_0$ 与大主应力增量 $\Delta\sigma_1$ 的比值，可从三轴剪切试验获得。

1. 施工过程 u 的估算

土坡形成期间，假想滑弧上任一点大主应力的变化 $\Delta\sigma_1$ 近似等于该点以上土柱重量的变化，即 $\Delta\sigma_1 = \gamma h$，填筑时，$h$ 为正值；挖方时，h 为负值，等于挖去的土柱高度。据式（10.5.1）得，

$$u = u_0 + \overline{B}\gamma h \tag{10.5.3}$$

式中 u_0 为孔隙水压力的初始值，对非饱和土而言 u_0 为负值，含水量越高 u_0 越接近于零，故孔隙水压力的上限值为

$$u = \overline{B}\gamma h \tag{10.5.4}$$

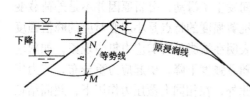

图 10-21　上游坡水位骤降过程

当填方土坡竣工时，如前所述采用总应力法分析，实际上，填筑过程总要延续一段时间，u 是消散的，故总应力分析偏于保守，也可用式（10.5.4）计算 u，并按有效应力法分析土坡的稳定。

2. 上游坡水位骤降过程 u 的估算

上游坡水位骤降过程如图 10-21 所示，假设土的渗透系数很小，水位下降过程土坡不排水，则原浸润线以下的土仍是饱和的，水位下降前假想滑动面上一点 M 的孔隙水压力为，

$$u_0 = \gamma_w(h + h_w - h') \tag{10.5.5}$$

式中　h——M 点以上土柱高度；

　　　h_w——N 点以上水柱高度；

　　　h'——原稳定渗流至 M 点的水头损失。

假设水位下降至 N 点以下，则 M 点大主应力的改变，即为其上水柱的减小，

$$\Delta\sigma_1 = -\gamma_w h_w$$

M 点孔隙水压力的变化 Δu 和 u 分别为，

$$\Delta u = \overline{B}\Delta\sigma_1 = -\overline{B}\gamma_w h_w$$

$$u = u_0 + \Delta u = \gamma_w(h + h_w - h') - \overline{B}\gamma_w h_w$$

$$= \gamma_w[h + h_w(1 - \overline{B}) - h']$$

饱和土在总应力减小情况（水位下降），$\overline{B}$ 值稍大于 1，偏于安全取 $\overline{B} = 1$，则

$$u = \gamma_w(h - h') \tag{10.5.6}$$

将假想滑动面上的 u 值 [式（10.5.4）或（10.5.6）] 代入土坡稳定分析的式（10.3.9）或（10.3.15），即可按有效应力分析法计算安全系数。

从以上分析可见孔隙水压力估算的重要性，此外，估算的精度受到一些简化假设和 $\overline{B}$ 值的影响，有可能与实际土坡中的 u 值有差别，所以对一些重要的工程，例如高土石坝、高挖方土坡等，应在土坡或坝基埋设孔隙水压力计，用实测的 u 值进行稳定分析。

10.5.3　抗剪强度的取值

土坡稳定分析中，土的抗剪强度对安全系数影响很大，而抗剪强度的取值取决于加荷情况、土的性质和排水条件等。一般结论是，用总应力分析法时，采用不排水或固结不排水抗剪强度；用有效应力分析法时，采用有效应力抗剪强度指标，即排水剪抗剪强度。例如在堤坝填筑或土坡挖方过程和竣工时，如土体和地基的渗透系数很小，且施工速度快，孔隙水来不及消散，可用总应力分析法，采用快剪或三轴不排水剪测得的抗剪强度；在分析挖方土坡的长期稳定性或稳定渗流条件下的稳定时，应采用有效应力分析法，采用慢剪或三轴排水剪测试的抗剪强度；在分析上游坡因水位骤降对稳定影响时，因堤坝已经历长期运行，土体固结并浸水饱和，可采用饱和土样的固结快剪或三轴固结不排水剪测试的抗剪强度。

在设计土坡时，如附近有已经滑动的土坡，可用反分析法确定土的抗剪强度。在反分

析时，可令安全系数为1，用勘测的滑动面反算平均抗剪强度，供设计时参考。

10.6 滑坡的防治和土坡稳定的安全系数

土坡失稳的原因是假想滑动面上剪应力增加和抗剪强度减小，因此，可从减小剪应力和提高抗剪切力两方面采取措施，防治滑坡。

(1) 排水和防渗：在坡顶和坡面设置排水沟，防止地表水渗入土坡或浸入坡顶裂缝中，必要时应采取表面防渗措施，例如用灰土或混凝土护面，提高粘性土压实度亦可起到防渗作用。对存在渗透稳定的土坡，例如堤坝，应设置防渗斜墙或心墙，在坝内设水平排水体以降低浸润线，或在渗流出逸的坡面设贴坡排水体，在坡脚设排水棱体。

(2) 支挡和加固：根据滑动力的大小采用重力式挡土墙或抗滑桩支护，对土坡下地基为软土的情况，可采用地基处理措施提高抗剪强度，如排水固结、振冲碎石桩等，地基处理的方法将在《基础工程》课程中介绍。

(3) 减载：减载措施在坡顶或接近坡肩处的坡面进行，在不影响土坡功用的前提下，减小该区域土方量，例如放缓坡比，或采用轻质填料；如坡顶有建筑物，应尽量远离坡肩等。

(4) 反压：反压措施应在坡脚附近进行，在该处增加填方量形成反压平台有两个作用，一是因为该处假想滑弧的 α_i 值为负值，增加土重即增加了抗滑力；二是反压平台增加了滑弧的长度，也就增加了抗滑力。工程实践中，常用的放缓坡比或在坡面设置戗台（平台）的措施实质上是减载和反压的综合。

(5) 坡面防护：采用草皮、砌石或混凝土护面可防止坡面风化及坡脚的冲蚀。

以上滑坡的防治措施应根据工程地质、水文地质条件，以及设计和施工的情况，分析可能产生滑坡的主要原因，然后选用。例如，地形地貌上两边陡峭的山坡，一边出现缓坡或坡积层，说明这里曾发生过滑坡，古滑坡常因坡顶加载而再次滑动，图 10-2 的路堤即因此而滑动破坏。在水文地质条件上，坡脚处是否有泉水出露、是否会经受洪水冲蚀；在岩土性质上，土坡和地基中是否有软弱夹层，如软弱夹层富含蒙脱石、滑石和绿泥石等矿物成分，也极易形成滑坡。对滑坡的初期监测是十分重要的，裂缝的开展、地表的变形、草木的倾倒给出了滑坡的迹象，应尽早采取防护和整治措施。

滑坡防治措施的选择和设计都是以稳定分析为基础的，大多数土坡形成和运行的实践表明，本章介绍的一些稳定分析方法是合适的，但也存在一些例外情况，普瑞嘉（Braja）引用了四个典型的土坡实例，采用毕肖普简化法和有效应力强度指标，并根据现场测量的孔隙水压力值分析土坡的稳定安全系数，这四个例子的 F_s 在 1.04～1.24，但都在堤坝建筑过程中，高度达 3.7～9.6m 时，发生了滑坡。分析这些事故，主要原因是抗剪强度选择偏高，但也从另一个侧面说明，安全系数必须大于1，并应留有足够的裕度。

目前对土坡稳定安全系数的取值，不同部门有不完全相同的要求，这里引用国家标准《堤防工程设计规范》GB 50286—98 中的规定，土坡抗滑稳定的安全系数不小于表 10-5 中的数值。

表 10-5 中规定的抗滑稳定安全系数与《碾压土石坝设计规范》规定的抗滑稳定安全系数相同，其中正常运用条件即为设计条件；非常运用条件是指地震、施工期的运用等。

防洪标准 [重现期（年）]		≥100	<100 且≥50	<50 且≥30	<30 且≥20	<20 且≥10
堤防工程的级别		1	2	3	4	5
安全系数	正常运用条件	1.30	1.25	1.20	1.15	1.10
	非常运用条件	1.20	1.15	1.10	1.05	1.05

还有一些规范和手册根据大量设计和运行经验规定了土坡坡度的允许值，例如《建筑地基基础设计规范》GB 50007—2002 中，规定了土质边坡坡度允许值（表 10-6）和压实填土边坡坡度的允许值（表 10-7）。

土质边坡坡度允许值 表 10-6

土 的 类 别	密实度或状态	坡度允许值（高宽比）	
		坡高在 5m 以内	坡高为 5~10m
碎 石 土	密 实	1:0.35~1:0.50	1:0.50~1:0.75
	中 密	1:0.50~1:0.75	1:0.75~1:1.00
	稍 密	1:0.75~1:1.00	1:1.00~1:1.25
粘 性 土	坚 硬	1:0.75~1:1.00	1:1.00~1:1.25
	硬 塑	1:1.00~1:1.25	1:1.25~1:1.50

注：1. 表中碎石土的充填物为坚硬或硬塑状态的粘性土；
　　2. 对于砂土或充填物为砂土的碎石土，其边坡坡度允许值均按自然休止角确定。

压实填土的边坡允许值 表 10-7

填 料 名 称	压实系数 λ_c	边坡允许值（高宽比）			
		填土厚度 H（m）			
		$H \leqslant 5$	$5 < H \leqslant 10$	$10 < H \leqslant 15$	$15 < H \leqslant 20$
碎石、卵石	0.94~0.97	1:1.25	1:1.50	1:1.75	1:2.00
砂夹石（其中碎石、卵石占全重 30%~50%）		1:1.25	1:1.50	1:1.75	1:2.00
土夹石（其中碎石、卵石占全重 30%~50%）		1:1.25	1:1.50	1:1.75	1:2.00
粉质粘土、粘粒含量 $\rho_c \geqslant 10\%$ 的粉土		1:1.50	1:1.75	1:2.00	1:2.25

注：当压实填土厚度大于 20m 时，可设计成台阶进行压实填土的施工。

在选用上列两表坡度允许值时，如边坡高度大于表中规定，或地下水比较发育或具有软弱结构面的倾斜地层，则边坡的坡度允许值应另行设计。

习题与思考题

10.1 一均质无粘性土坡，土的浮重度 $\gamma' = 9.65 \text{kN/m}^3$，内摩擦角 $\varphi = \varphi' = 33°$，设计稳定安全系数为 1.2，问下列三种情况，坡角 β 应取多少度？（1）干坡；（2）水下浸没土坡；（3）当有顺坡向下稳定渗流，且地下水位与坡面一致时。（答：28.4°；28.4°；15.0°）

10.2 图 10-22 是一坝坡防渗层结构，防渗斜墙为塑料膜，其上是厚度 $H = 0.6\text{m}$ 的砂砾石保护层，砂砾石的 $c = 0$，$\varphi = \varphi' = 35°$，重度 $\gamma = 19.2\text{kN/m}^3$，饱和重度 $\gamma_{sat} = 20.2\text{kN/m}^3$；测得砂砾料与膜的界面特性如下，粘聚力 $c = c' = 4\text{kPa}$，摩擦角 $\varphi_f = \varphi_f' = 15°$，已知坝坡和保护层坡角均为 27°，求下列情况的稳定安全系数，（1）干坡；（2）地下水位同保护层表面，且有顺坡向下的稳定渗流时。（答：1.29；0.71）

10.3 一深度为 8m 的基坑，放坡开挖坡角为 45°，土的粘聚力 $c_u = 40\text{kPa}$，$\varphi_u = 0°$，重度 $\gamma = 19\text{kN/m}^3$，试用瑞典圆弧法求图 10-23 所示滑弧的稳定安全系数，并用泰勒图表法求土坡的最小稳定安全系数。（答：1.70；1.65）

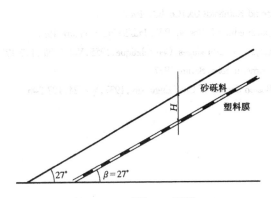

图 10-22　习题 10.2 图示

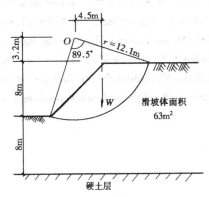

图 10-23　习题 10.3 图示

10.4 若考虑坡顶张拉裂缝的影响，计算习题 10.3 中土坡在裂缝中无水和充满水两种情况的安全系数。（答：1.32；0.85）

10.5 用弗伦纽斯条分法按有效应力分析，求图 10-24 所示土坡的稳定安全系数，土的重度 $\gamma = 19.4\text{kN/m}^3$，饱和重度 $\gamma_{sat} = 20.0\text{kN/m}^3$，有效粘聚力 $c' = 10\text{kPa}$，有效内摩擦角 $\varphi' = 29.5°$。图中分条数为 8，其中 1~7 条条宽 1.5m，第 8 条条宽 1.0m。（图中浸润线和坡外侧水位用于习题 10.7）

10.6 用毕肖普简化条分法求上题的土坡稳定安全系数。

10.7 当图 10-24 中有地下水位，且坡外侧水位与第 1 分条顶部齐平时，考虑稳定渗流的作用，求土坡稳定安全系数。

10.8 请用 FORTRAN 语言或 C 语言编制毕肖普简化条分法程序，输入已知数据有坡高 H，坡角 β，土的重度 γ，粘聚力 c，内摩擦角 φ，滑弧圆心坐标 (x, y)，分条数 n，假设滑弧过坡脚，输出数据为安全系数 F_s。用编制的程序计算习题 10.6。

10.9 补充输入间距 Δ，分别令滑弧圆心坐标为 $(x + \Delta, y)$，$(x - \Delta, y)$，$(x, y + \Delta)$，$(x, y - \Delta)$，计算安全系数，并比较得最小安

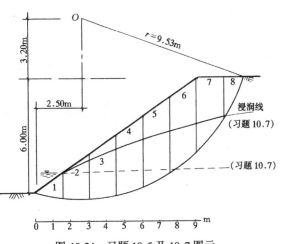

图 10-24　习题 10.5 及 10.7 图示

全系数，输出最小安全系数和相应圆心坐标。

参 考 文 献

1　冯国栋主编．土力学．北京：水利电力出版社，1984

2　钱家欢主编．土力学．南京：河海大学出版社，1988

3　罗嘉运编著．岩土工程及路基．北京：中国铁道出版社，1997

4　Perloff W. H. and Baron W. . Soil mechanics. New York：John Wiley & Sons, 1976

5　Craig R. F. . Soil mechanics(Fourth Edition). Van Nostrand Rainhold(UK)Co. ltd, 1987

6　Braja M. Das. Principles of geotechnical engineering(Fourth edition). Boston：PWS Publishing company, 1997

7　Bishop A. W. . The use of slip circle in the stability analysis of earth slopes. Geotechnique, 1955, Vol. 5, No. 1, 7-17

8　Fellenius W. . Erdstatische Berechnungen. ren. ed. , W. Ernst u Sons, Berlin, 1927

9　Taylor D. W. . Stability of earth slopes. Journal of the Boston Society of Civil Engineers, 1937, Vol. 24, 197-246